"十三五"江苏省高等学校重点教材(编号:2017-1-123)
高等职业教育"互联网+"土建类系列教材
江苏高校品牌专业建设工程·建筑工程技术专业

测量技术

(第 2 版)

主　编　胡永进　杨小花
副主编　高小慧　张珂峰　蒋志峰
参　编　韩　旭　董　薇
主　审　周兴元

南京大学出版社

内容简介

本教材根据高等职业教育项目式课程教学的基本要求编写。全书共分基础知识、项目训练两大模块，其中项目训练模块是本书的重点，分为距离测量和直线定向、水准测量、角度测量、全站仪、小区域控制测量、大比例尺地形图测绘、地形图的应用、园林工程测量、园林道路测量等项目。本书内容详实，实用性强，能较大地激发学生的学习兴趣和求知欲望。本书可作为高等职业教育园林、园艺等相关专业教学用书，也可供园林相关部门的生产和科研工作者参考使用，也可作为测量从业人员知识与技能的培训证书。

图书在版编目(CIP)数据

测量技术 / 胡永进，杨小花主编. —2 版. —南京：南京大学出版社，2019.7(2023.8 重印)

ISBN 978-7-305-08701-1

Ⅰ. ①测… Ⅱ. ①胡… ②杨… Ⅲ. ①测量学 Ⅳ. ①P2

中国版本图书馆 CIP 数据核字(2019)第 216966 号

出版发行 南京大学出版社
社　　址 南京市汉口路 22 号　　　邮　　编 210093
出 版 人 王文军

书　　名 测量技术
主　　编 胡永进 杨小花
责任编辑 朱彦霖　　　编辑热线 025-83597482

照　　排 南京开卷文化传媒有限公司
印　　刷 广东虎彩云印刷有限公司
开　　本 787 mm×1092 mm 1/16 印张 15.75 字数 547 千
版　　次 2023 年 8 月第 2 版第 2 次印刷
ISBN 978-7-305-08701-1

定　　价 43.00 元
网　　址：http://www.njupco.com
官方微博：http://weibo.com/njupco
微信服务号：njuyuexue
销售咨询热线：(025)83594756

修订前言

《测量技术》依托江苏农林职业技术学院院级精品课程资源建设，组织相关老师进行了编写。本课程是高职园林专业的一门专业基础课，通过学习，可使学生掌握园林测量相应的理论知识和实践技能，能进行小范围地形图的测绘、地形图的识别与应用、园林工程的测量与施工放样等工作；为学习《园林工程》《园林规划设计》等课程和提高全面素质、增强职业应变能力打下一定的基础。

本教材是因生产需要根据国家示范性高职院校重点专业建设和人才培养要求而编写的，充分体现了高等职业教育人才的培养特色。

测量学作为园林专业的专业基础课，是一门实践性很强的课程，因此，在编写过程中，我们始终紧扣高等职业教育专业人才培养目标和人才培养规格，贯彻"以服务为宗旨，以就业为导向"的职业教育方针，以能力培养为主线，理实一体，并采用了新型编写体例，围绕实训项目开展理论教学，初步克服了传统专业所追求的理论系统性和完整性。教材内容新颖，贴近园林生产实际，技能可操作性强。

本书由胡永进(江苏农林职业技术学院，项目一、项目五、项目六、项目十)、杨小花(江苏农林职业技术学院，项目二、项目三、项目四)任主编；高小慧(江苏农林职业技术学院，项目九、附录3、附录4)、张珂峰(南通开放大学，项目八)、蒋志峰(江苏农林职业技术学院，项目七、附录5)任副主编；韩旭(江苏农林职业技术学院，综合实训、附录7)、董薇(江苏建筑职业技术学院，附录1、附录2、附录6)参编。全书由胡永进负责统稿。江苏农林职业技术学院周兴元教授审阅了书稿，并提出了宝贵意见，在此表示衷心感谢。

修订后教材政治思想观点正确，符合党和国家的各项方针、政策、法律、法规；体现辩证唯物主义和历史唯物主义。弘扬爱国主义和民族精神，有利于学生树立正确的历史观、民族观、国家观和文化观；培养学生爱岗敬业、团队协作能力和创新创业意识，有助于学生树立正确的人生观、价值观和择业观。

教材内容丰富，能结合行业开展教学，力求充分发挥测量课程实训教学的优势，根据职业岗位要求和职业资格标准的要求，以技能大赛为依托，以岗位职业技能为核心，以职业能力为主线，以获取岗位技能证书为途径，探索将"岗、证、赛"三者有机融入测量教材的方法。本书既有丰富的教材形式和内涵，明确的编写项目考核方案、考核标准和评分细则，又兼顾知识教育和能力教育，强调"岗、证、课、赛"。

该教材有配套“园林技术”国家资源库《园林测量技术》数字化教材，含碎片化微课资源100个。教材编写突出培养应用型人才的特点，具备“教、学、做”基本要素，大量利用测绘新技术，提升学生操作实践能力。教材结构模块化，有利于按需施教，因材施教，学生能很好地与其他专业课程衔接。教材充分体现了职业性、实践性和开放性，有一定的应用推广价值。

本书适用于高等职业院校、大专函授、成人高校园林类专业，也可作为园林企业的职业培训教材和园林职工的参考书。

在编写过程中编者参考了国内外有关著作，在此谨向有关作者深表谢意！由于编者水平有限，教材中难免有错漏和不妥之处，敬请批评指正。

编者

2019年5月

目　录

课外阅读参考书籍

[1] 李秀江.测量学(第四版).北京:中国农业出版社,2013.

[2] 金为民.测量学.北京:中国农业出版社,2006.

[3] 郑金兴.园林测量(第二版).北京:高等教育出版社,2014.

[4] 陈涛,王文焕.园林工程测量.北京:化学工业出版社,2009.

绪　论

知识目标

1. 了解测量学的概念、学科分类及其发展趋势，熟悉园林工程测量的作用、任务和教学目标；

2. 了解水准面、大地水准面的概念，熟悉地球的形状和大小；

3. 了解测量工作的基本内容、熟悉测量工作的基本原则和基本要求。

技能目标

1. 能够运用平面坐标和高程确定地面点的位置；

2. 能够使用临时性标志或者永久性标志对地面点进行标定；

3. 能够进行测量误差分析。

任务一　测量的基础知识

测绘科学是一门古老的科学，在人类的文明发展史中起着重要的作用。测绘科学的发展首先从满足人们兴修水利、划分土地、军事战争及航海等需要开始。

一、测量学的任务及其作用

(一) 分类

测量学是研究如何测定地面点的位置和高程，将地球表面的地形及其他信息测绘成图，以及确定地球的形状和大小的科学。

根据研究的范围和对象不同，迄今测量学的发展已经形成以下几个分支学科：

普通测量学：研究地球表面小范围测绘的基本理论、技术和方法，不顾及地球曲率的影响，把地球局部表面当作平面看待，是测量学的基础。

大地测量学：研究整个地球的形状和大小，解决大地区控制测量和地球重力场问题的学科。大地测量必须考虑地球曲率的影响。大地测量又可分为常规大地测量学和卫星大地测量学。

摄影测量与遥感学：研究利用摄影或遥感技术获取被测物体的形状、大小和空间位置(影像或数字形式)，进行分析处理，绘制地形图或获得数字化信息的理论和方法的学科。可分为地面摄影测量学、航空摄影测量学、水下摄影测量学和航天摄影测量学。

地图制图学：研究利用测量的成果来绘制各种地图的理论、工艺和方法的学科，称为地图制图学。其内容包括地图编制及电子地图制作与应用等。

海洋测绘学:是以海洋水体和海底为对象,研究海洋定位、测定海洋大地水准面和平均海水面、海底和海面地形、海洋环境等自然和社会信息的地理分布及编制各种海图的理论和技术的学科。内容包括海洋大地测量、海道测量、海底地形测量和海图编制。

工程测量学:研究有关城市建设、矿山工厂、水利水电、农林牧业、道路交通、地质矿产等领域各种工程的勘测设计,建设施工,竣工验收,生产经营,变形监测等方面的测绘工作。可分为建筑工程测量、园林工程测量、线路工程测量、桥隧工程测量等。

(二) 任务

本教材主要属于普通测量学的范畴,也包括一般工程测量的方法,其任务有以下两个方面:

测图(测定) 使用测量仪器和工具,对小区域的地形进行测量,并按一定的比例尺绘制成图,供规划设计使用。

测设(放样) 将图上已规划设计好的工程或建筑物的位置和高程,准确地测设到实地上,作为施工依据。

随着电子计算机、微电子技术、激光技术、遥感技术和空间技术的发展和应用,为测量学提供了新的手段和方法,推动着测量学的理论向前发展。测绘技术的不断发展与更新,使测量学的面貌发生了日新月异的变化。测量仪器也趋于小型化、自动化、智能化。测量学正朝着数据的自动获收、自动记录和自动处理的方向发展。

先进的地面测量仪器如光电测距仪、电子经纬仪、电子水准仪、电子全站仪等在测量中得到了广泛的应用,为测量工作的现代化创造了良好的条件;全球定位系统 GPS 的应用与发展,为测量提供了面目一新的技术手段,是一种高速度、高精度、高效率的定位技术。电子全站仪与电子计算机、数控绘图仪组成的数字化测图系统迅猛发展,已成为数字化时代不可缺少的地理信息系统(GIS)的重要组成部分。

(三) 作用

测量学在国民经济、国防建设和科学研究等各个方面都有着重要作用。

在国民经济建设中,诸如城乡建设、资源调查、能源开发、环境保护、江河治理、交通运输、道路管线等工程的勘测设计与施工,都离不开测量技术、地形图和其他测绘资料。

在国防建设方面,地形图和电子地图被称为“军事指挥员的眼睛”,一切战略部署、战役指挥、战术进攻和各项国防工程的设计与施工等,均需测绘技术作保障。

在科学研究方面,研究地球的形状和大小、地震预测预报、地壳升降、海陆变迁、土地资源的利用与监测、航天技术的研究等,更需要高科技含量的测绘技术与方法。

在农林业科学中,测量学也处处大显身手,如森林和土地资源清查、农林业区划、农田基本建设;作物产量和病虫害的预测预报;荒山荒地调查、宜林地的造林设计、苗圃的布局与建立;农田防护林、水土保持林的营造;小流域综合开发、退耕还林和风沙源治理;农业科技示范园、森林公园及园林工程和果园的规划设计、施工;森林旅游的开展,林区道路和排灌渠道勘测、设计等等,都需要测图和用图,测量学发挥着其他学科不可替代的重要作用。

总之,测量学是现代化建设不可缺少的基础性学科,测量工作也因此被赞誉为国民经济建设的先锋和尖兵。在 21 世纪“精细农业”、“精细林业”现代化生产模式和技术体系的建设中,地球空间信息技术、全球卫星定位技术和遥感技术等现代高科技测绘技术和手段将会发挥巨大的作用。作为从事农林科学的技术人员，更应掌握必要的测绘理论知识和基本操作技能，更好地为农林业生产服务。

二、地球的形状和大小

测量工作是在地球表面上进行的，其表面是一个高低不平，极其复杂的自然表面，陆地最高的珠穆朗玛峰高达 8 848.86 m，最低的马里亚纳海沟深达 11 022 m，但这样的高低起伏相对于半径为 6 371 km 的庞大地球而言是可以忽略不计的。由于海洋约占地球表面的 71%，陆地仅占 29%，因此，地球总的形状可以认为是被海水包围的球体。可以假想将静止的海水面延伸到大陆内部，形成一个封闭曲面，这个静止的海水面称为水准面。海水有潮汐变化，时高时低，所以水准面有无数多个，其中通过平均海水面的一个水准面称为大地水准面，它所包围的形体称为大地体。如图 0-1 所示，它非常接近一个两极扁平，赤道隆起的椭球，大地水准面的特性是处处与铅垂线正交，然而，由于地球内部物质分布不均匀，引起重力方向发生变化。使大地水准面成为一个不规则的复杂曲面，且不能用数学公式来表达，因此，大地水准而还不能作为测量成果的基准面。为了便于测量、计算和绘图，选用一个椭圆绕它的短轴旋转而成的椭球体来表示地球形体，称为参考椭球体.如图 0-2 所示。椭球体形状、大小与大地体非常接近，通常用这个椭球面作为测量与制图的基准面，并在这个椭球面上建立大地坐标系。

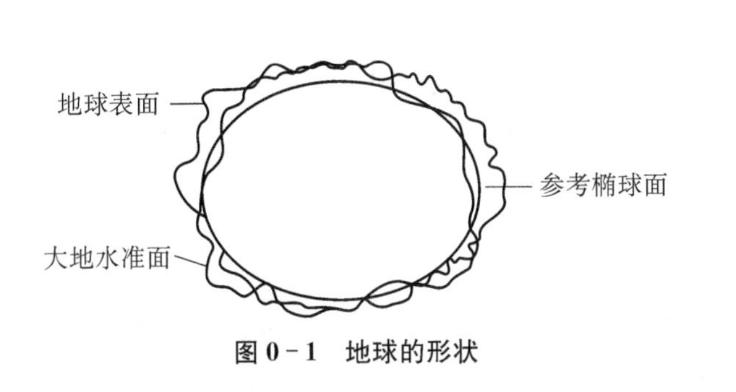

图 0-1 地球的形状

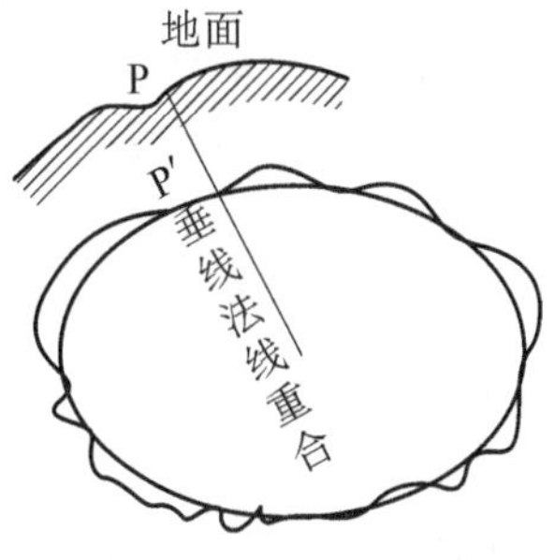

图 0-2 参考椭球定位

决定地球椭球体形状大小的参数为椭圆的长半径 a 和短半径 b，扁率 α。随着空间科学的进步，可以越来越精确地测定这些参数，截至目前，已知其精确值。

$$a = 6\ 378\ 137\ \text{m}$$
$$b = 6\ 356\ 752\ \text{m}$$
$$\alpha = \frac{a-b}{a} = \frac{1}{298.257}$$

由于参考椭球体的扁率很小，当测区面积不大时，可以把地球视为圆球，其半径

$$R = (2a+b)/3 \approx 6\ 371\ \text{km}$$

地球的形状确定后，还应进一步确定大地水准面与旋转椭球面的相对关系，才能把观测结果换算到椭球面上。如图 0-2 所示，在一个国家的适当地点，选择一点 P，设想把椭球与大地体相切，切点 P' 点位于 P 点的铅垂线方向上，这时椭球面上 P' 的法线与大地水准面的铅垂线相重合，使椭球的短轴与地轴保持平行，且椭球面与这个国家范围内的大地水准面差

距尽量的小。于是椭球与大地水准面的相对位置便固定下来，这就是参考椭球的定位工作，根据定位的结果确定了大地原点的起算数据，并由此建立国家大地坐标系。

三、地面点位的确定

测量工作的实质就是测定地面点的位置，而地面点的位置是用三维坐标，即用平面位置和高程表示的。下面介绍几种用以确定地面点位的坐标系。

（一）测量坐标系

1. 地理坐标系

地理坐标系属球面坐标系，依据采用的投影面不同，又分为天文地理坐标系和大地地理坐标系。

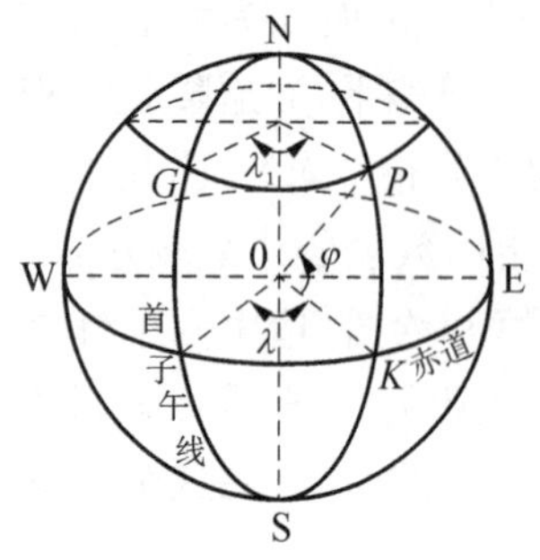

图 0-3　地理坐标系

地理坐标指用“大地经度”和“大地纬度”来表示地面点在球面上的位置，称为地理坐标。过地面上任一点 P 的铅垂线与地球旋转轴 NS 所组成的平面称为该点的天文子午面，天文子午面与大地水准面的交线称为天文子午线，也称经线。称过英国格林尼治天文台 G 的天文子午面为首子午面。过 P 点的天文子午面与首子午面的二面角称为 P 点的天文经度。在首子午面以东 0°～180°称为东经，以西 0°～180°称为西经。同一子午线上各点的经度相同。

过 P 点垂直于地球旋转轴的平面与地球表面的交线称为 P 点的纬线，垂直于地轴并通过球心 O 的平面称为赤道面，赤道面与椭球面的交线称为赤道。过 P 点的铅垂线与赤道平面的夹角称为 P 点的天文纬度。在赤道以北为北纬，在赤道以南为南纬，取值范围为 0°～90°。

2. 独立平面直角坐标

当测量区域较小时（如半径小于 10 km 的范围），用经纬度表示点的平面位置则十分不方便。这时，我们可以用测区中心点的切平面代替椭球面作为基准面，在切平面上建立独立平面直角坐标系，则点的平面位置可以用该点的直角坐标（x，y）表示。为避免坐标出现负值，因此通常将坐标原点选在测区的西南角。

测量学上的高斯平面直角坐标系与数学上的笛卡尔平面直角坐标系的不同点可归纳为：

（1）坐标轴不同。高斯坐标系的纵坐标为 x，正方向指向北，横坐标轴为 y，正方向指向东，而笛卡尔坐标系的坐标轴 x 为横坐标，y 为纵坐标；

（2）坐标象限不同。高斯坐标系以北东区（NE）为第一象限，顺时针划分为四个象限，代号为Ⅰ、Ⅱ、Ⅲ、Ⅳ。笛卡尔坐标也是以北东区（NE）为第一象限，但逆时针划分为四个象限；

（3）表示直线方向的方位角 α 起算基准不同。高斯坐标是以纵轴 x 的北端起算，顺时针计值。笛卡尔坐标系以横轴 x 东端起算，逆时针计值（图 0-4，0-5）。

这是因为在测量中南北方向是最重要的基本方向，直线的方向也都是从正北方向开始按顺时针方向计量的，但这种改变并不影响三角函数的应用。

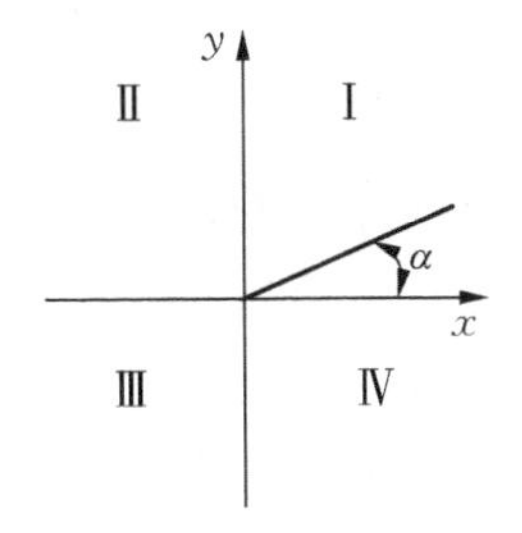

图 0-4 笛卡儿直角坐标系

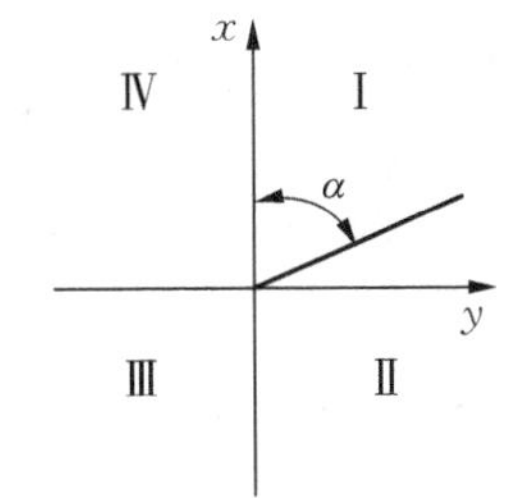

图 0-5 平面直角坐标系

3. 我国的坐标系统

(1) 1954 年北京坐标系

20 世纪 50 年代,由于国家建设的急需,我国地面点的大地坐标是通过与苏联 1942 年普尔科沃坐标系中的控制点联测,经过我国东北传算过来的,这些点经过平差后,其坐标系统定名为 1954 年北京坐标系。

实际上,这个坐标系统是苏联 1942 年普尔科沃坐标系的延伸,它采用的是克拉索夫斯椭球元素值,大地原点在苏联普尔科沃天文台,由于距离我国甚远,在我国范围内该参考椭球体面与大地水准面存在明显差距。

(2) 1980 西安坐标系

1978 年 4 月,在西安召开了全国天文大地网平差会议,会议对建立我国新的坐标系作了充分的讨论和研究,决定建立新的大地坐标系,并命名为"1980 国家大地坐标系"。该坐标系的大地原点设在我国中部的陕西省泾阳县永乐镇,位于西安市西北方向的 60 km 处,简称"西安原点";椭球元素采用了 1975 年国际大地测量与地球物理联合会(简 IUGG)16 届大会推荐的数值:$a=6\ 378\ 140$ m;$\alpha=1:298.257$。

采用该元素并经定位后,参考椭球面与我国大地水准面有较好的吻合,加之大地原点改在我国中部,因而全网统一整体平差和推算坐标的精度就更加均匀和精确。

(3) 2000 国家大地坐标系

2000 坐标系是全球地心坐标系在我国的具体体现,其原点为包括海洋和大气的整个地球的质量中心。2000 坐标系采用的地球椭球参数如下:

$$\text{长半轴}\quad a=6\ 378\ 137\ \text{m}$$

$$\text{扁率}\quad f=1/298.257\ 222\ 101$$

我国自 2008 年 7 月 1 日起启用 2000 国家大地坐标系。2000 坐标系与现行国家大地坐标系转换、衔接的过渡期为 8 至 10 年。自 2018 年 7 月 1 日起全面使用 2000 国家大地坐标系。

(二) 测量高程系

1. 绝对高程、相对高程和高差

地面点至大地水准面的垂直距离称为绝对高程或称海拔,简称高程,如图 0-6 中的 H_A、H_B。

若远离国家高程控制点或为便于施工,在局部地区亦可建立假定高程系统,地面点到假定水准面的垂直距离,称为相对高程或假定高程。

两点高程之差称为高差,以 h 表示。如图 0-6 所示,A、B 两点的绝对高程分别为 H_A、

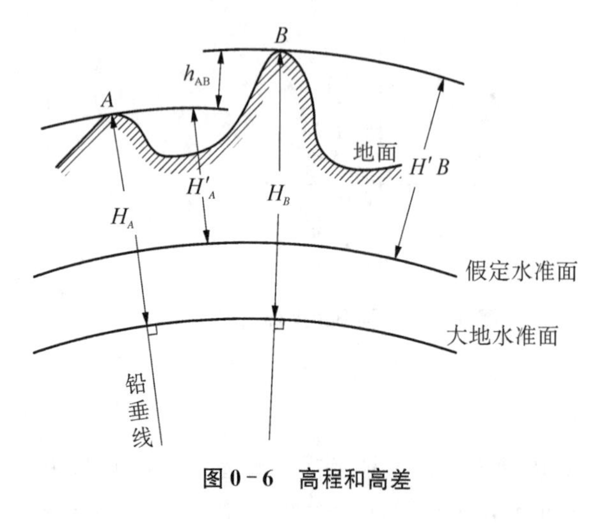

图 0－6　高程和高差

H_B，相对高程分别为 H'_A、H'_B，则 AB 两点的高差为：

$$h_{AB}=H_B-H_A=H_B'-H_A'$$

2. 我国的高程系统

(1) 1956 年黄海高程系

为使我国的高程系统达到统一，规定采用以青岛验潮站 1950～1956 年测定的黄海平均海水面作为全国统一高程基准面，凡由该基准面起算的高程，统称为"1956 年黄海高程系"，该高程系的青岛水准原点的高程 72.289 m。如图 0－7 所示。

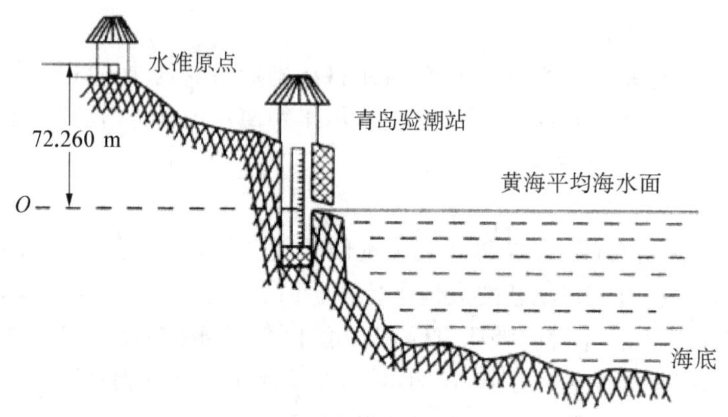

图 0－7　我国的高程系统

(2) 1985 国家高程基准

由于观测数据的积累，我国从 1987 年起，决定采用青岛验潮站 1953～1979 年潮汐观测资料计算出的平均海水面，重新推算出水准原点的高程为 72.260 m，并命名为"1985 国家高程基准"，同时"1956 年黄海高程系"即相应废止。

(三) 水平面代替水准面的限度

在普通测量中，由于测区小，工程对测量精度要求较低，简化一些复杂的投影计算，不会影响工程质量。这时可视椭球面为球面，不考虑椭球曲率的变化，甚至可视大地水准面为水平面，不考虑地球曲率的影响，直接把地面点沿铅垂线投影到水平面上，以确定其位置。但是，以水平面代替水准面是有一定限度的。本节主要讨论地球曲率对测量工作的影响，从中我们可以看出用水平面代替水准面的限度。

1. 地球曲率对距离的影响

在图 0－8 中，设 AB 为水准面一段弧长 D，所对圆心角为 θ，地球半径为 R，另自 A 点作切线 AB'，设长为 l。若将切于 A 点的水平面代替水准面的圆弧，则在距离上将产生误差 ΔD

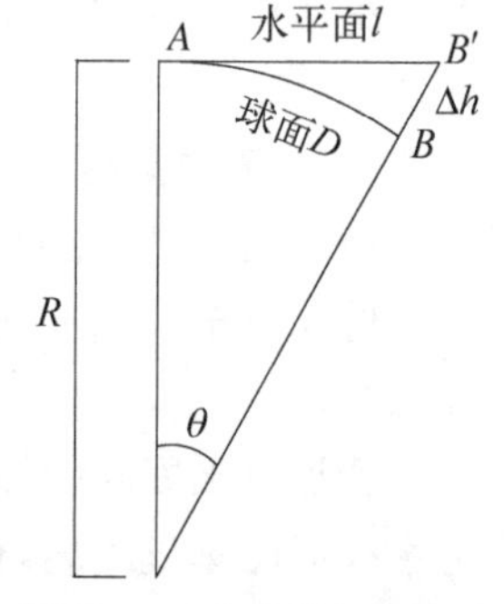

图 0－8　地球曲率的影响

$$\Delta D=l-D=R(\text{tg}\,\theta-\theta)$$

将 $\text{tg}\,\theta=\theta+\frac{1}{3}\theta^3+\cdots$代入,得

$$\Delta D=\frac{D^3}{3R^2}$$

两端用 D 去除,得相对误差为

$$\frac{\Delta D}{D}=\frac{D^2}{3R^2} \tag{0-1}$$

取 $R=6\ 371$ km,ΔD 值见表 0-1。由该表可知,当 $D=10$ km 时,$\Delta D/D=1:121$ 万,小于目前精密的距离测量误差,即使在 $D=20$ km 时,$\Delta D/D=1:30$ 万,实际上将水准面当作水平面,即沿圆弧丈量的距离作为水平距离,其误差可忽略不计。

2. 地球曲率对高差的影响

由图 0-8 可知,A、B 两点在同一水准面上,高程相等,若以水平面代替水准面,则 B 点移到 B' 点,高差误差为 Δh,可知

$$(R+\Delta h)^2=R^2+l^2$$

$$\Delta h=\frac{l^2}{2R+\Delta h}$$

若 D 代替 l,同时略去分母中的 Δh,则

$$\Delta h=\frac{D^2}{2R} \tag{0-2}$$

表 0-1 地球曲率的影响

误差/cm	圆弧长度/km							
	0.1	0.2	0.4	1	5	10	50	100
Δh	0.08	0.31	1.3	8	196	785		
ΔD				0.001	0.10	0.82	103	820

不同 D 值的 Δh 仍列于表 0—1 中。当 $D=1$ km 时,Δh 也有 8 cm 的误差。可见地球曲率对高差的影响,即使在很短距离内也必须考虑。

3. 地球曲率对角度的影响

由球面三角学知道,一个空间多边形在球面上投影的各内角之和,较其在平面上投影的各内角之和大一个球面角超 ε 的数据(如图 0-9 所示),

其公式为:

$$\varepsilon=\rho\frac{P}{R^2} \tag{0-3}$$

式中 ε——球面角超值(″);

P——球面多边形的面积(km²);

R——地球半径(km);

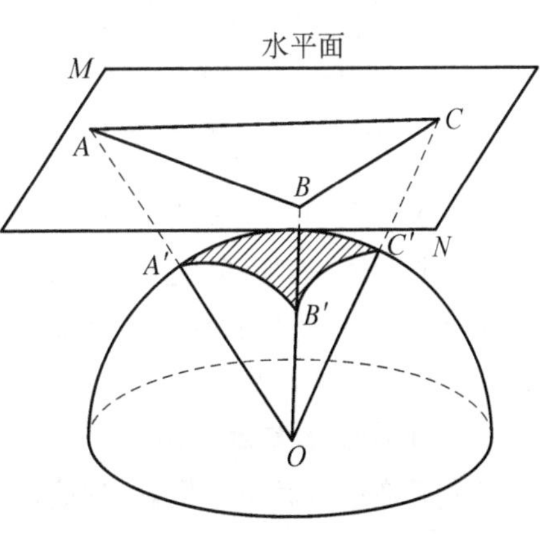

图 0-9 地球曲率对角度的影响

ρ——一弧度的秒值，$\rho=206\ 265''$。

当 $P=10\ km^2$ 时，$\varepsilon=0.05''$；当 $P=100\ km^2$ 时，$\varepsilon=0.51''$；当 $P=400\ km^2$ 时，$\varepsilon=2.03''$。因此，在面积在 $P=100\ km^2$ 以内时，一般的角度测量中不需要考虑地球曲率的影响。

四、测量工作概述

（一）测量的基本问题

测量工作的服务领域虽然十分广泛，内容也很繁杂，但其中心工作是确定一定的空间位置，一方面将地面上点的位置在图纸上表示出来，称之为测绘；另一方面将图纸上设计的点标定到地面上，称之为测设或放样。

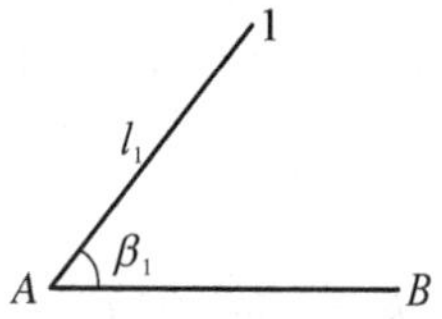

图 0－10 测定点位的基本测量工作

如图 0－10 所示，设 A、B 两点为已知点，即已知其(x,y,H)，欲确定 1 号点点位，只要知道 β_1 角和距离 l_1，即可得到 1 号点的位置，另外还需测量 A 点和 1 点的高差 h_{A1}，才能知道 1 号点的高程，$H_1=H_A+h_{A1}$。因此，为了确定一点的空间位置，需要测角 β_1、测距 l_1 和测高差 h，所以高程测量、距离测量和角度测量是测量的基本工作，观测、计算和绘图是测量工作的基本技能。

普通测量学的任务之一就是测定地球表面的地形并绘制成图。而地形是错综复杂的，在测量时可将其分为地物和地貌两大类，地物就是地表面的固定性物体，如居民地、道路、水系、独立地物等。地貌是指地球表面各种起伏的形态，如高山峻岭、丘陵盆地等。

地面上的地物和地貌是千差万别的，那么从何处入手对它们进行测绘呢？根据点、线的几何关系可知，地物的轮廓线是由直线和曲线组成的，曲线又可视为许多短直线段所组成，如图 0－11 中是一栋房子的平面图形，它是由表示房屋轮廓的一些折线所组成。测量时只要确定四个屋角 1、2、3、4 各转折点在图上的位置，把相邻点连接起来，房屋在图上的位置就确定了。

图 0－12 为一山坡地形，其地形变化情况可用坡度变换点 1、2、3、4 各点所组成的线段表示。因为相邻点内的坡度认为是一致的，因此，只要把 1、2、3、4 各点的高程和平面位置确定后，地形变化的情况也就基本反映出来了。

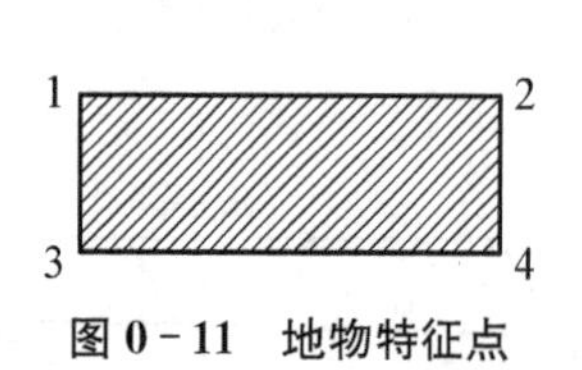

图 0－11 地物特征点

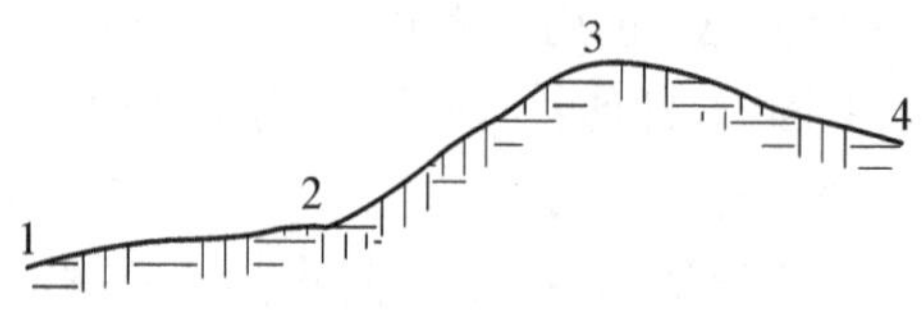

图 0－12 地貌特征点

上述两例中的 1、2、3、4 点，分别称为地物特征点和地貌特征点。

综上所述，地物和地貌的形状总是由自身的特征点构成的，只要在实地测绘出这些特征点的位置，它们的形状和大小就能在图上得到正确反映。因此，测量的基本问题就是测定地面点的平面位置和高程。

（二）测量的基本工作

为了确定地面点的位置，需要进行哪些测量工作呢？如图 0－13 所示，设 A、B 为地面上的两点，投影到水平面上的位置分别为 A'、B'。若 A 点的位置已知，要确定 B 点的位置，

除丈量出 A、B 的水平距离 D_{AB} 之外，还需知道 B 点在 A 点的哪一方向。图上 A'、B' 的方向可用过 A' 点的指北方向与 $A'B'$ 的水平夹角 α 表示，α 角称为方位角。有了 D_{AB} 和 α，B 点在图上的位置 B' 就可确定。如果还需确定 C 点在图上的位置，需丈量 BC 的水平距离 D_{BC} 与 B 点上相邻两边的水平角 β。因此为了确定地面点的平面位置，必须测定水平距离和水平角。

在图中还可以看出，A、B、C 三点不是等高的，要完全确定它们在三度空间内的位置，还需要测量其高程 H_A，H_B，Hc 或高差 h_{AB}，h_{BC}。

由此可见，距离、角度和高程是确定地面点位置的三个基本几何要素，距离测量、角度测量与高程测量是测量的基本工作。

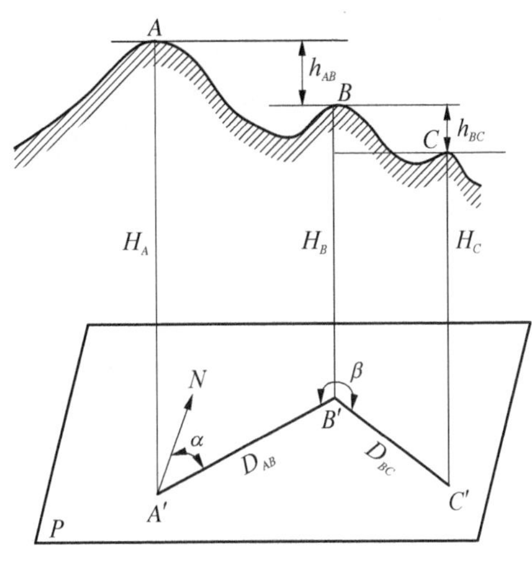

图 0－13　地面点位的确定

（三）测量的基本原则

测绘地形图时，一般情况下，要在一个测站点上将该测区的所有地物和地貌测绘出来是不可能的。如图 0－15 所示，一开始就在测区内的第一点起连续进行测量，即在测完 A 站附近的地形之后，测定第二测站 B 的位置。然后将仪器搬到 B 站测绘，继而又测定 C 站位置、又在 C 站继续测绘，如此将一幅图测完，是不可行的。内于测定每一测站均有误差存在，且前一站的误差传递给后一站，使误差逐站积累。如图 0－14 所示，测定 B 点时有误差 $\Delta\beta_1$ 及 d_1，使其位置移至 B'，测 C 点时，由于前站 B 误差的影响，C 点位置移至 C'，又因测定 C 点时的误差 $\Delta\beta_2$ 与 d_2，致使它的位置移至 C''，由此所测的房屋，从正确位置 5、6、7、8 移至 5″、6″、7″、8″。测站愈多，误差积累愈大，就不可能得到一张符合精度要求的地形图。一幅图如此，就整个测区而言，就更难保证精度，因此不能采用这种方法测量。

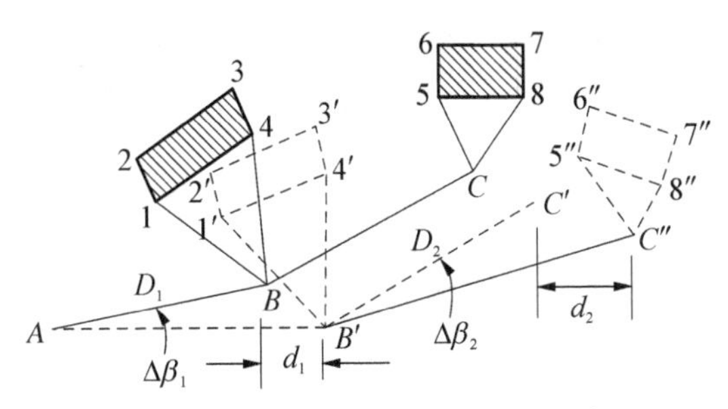

图 0－14　误差积累对测图的影响

为了防止误差积累，确保测量精度，测量工作必须按照下列程序进行。

首先在整个测区内选择一些密度较小，分布合理且具有控制意义的控制点，如图 0－14 中的 A、B、C…点，然后用比较精密的仪器和方法，把它们的位置测定出来，以保证整体的精度，测定控制点的工作称为控制测量。

通过必要的计算，精确求出这些控制点的平面位置和高程，并将点展绘到图上。然后以这些控制点为测站来测绘周围的地形，直至测完整个测区，这部分工作称为碎部测量。

总之，在测量的布局上，是**“由整体到局部”**，在测量的次序上，是**“先控制后碎部”**，在测量精度上，是**“从高级到低级”**，这就是测量工作应遵循的基本原则。

测量工作有外业与内业之分。在野外利用测量仪器和工具，在测区内进行实地勘查、选点、测定地面点间的距离、角度和高程，称为外业；在室内将外业测量的数据进行处理、计算和绘图，称为内业。

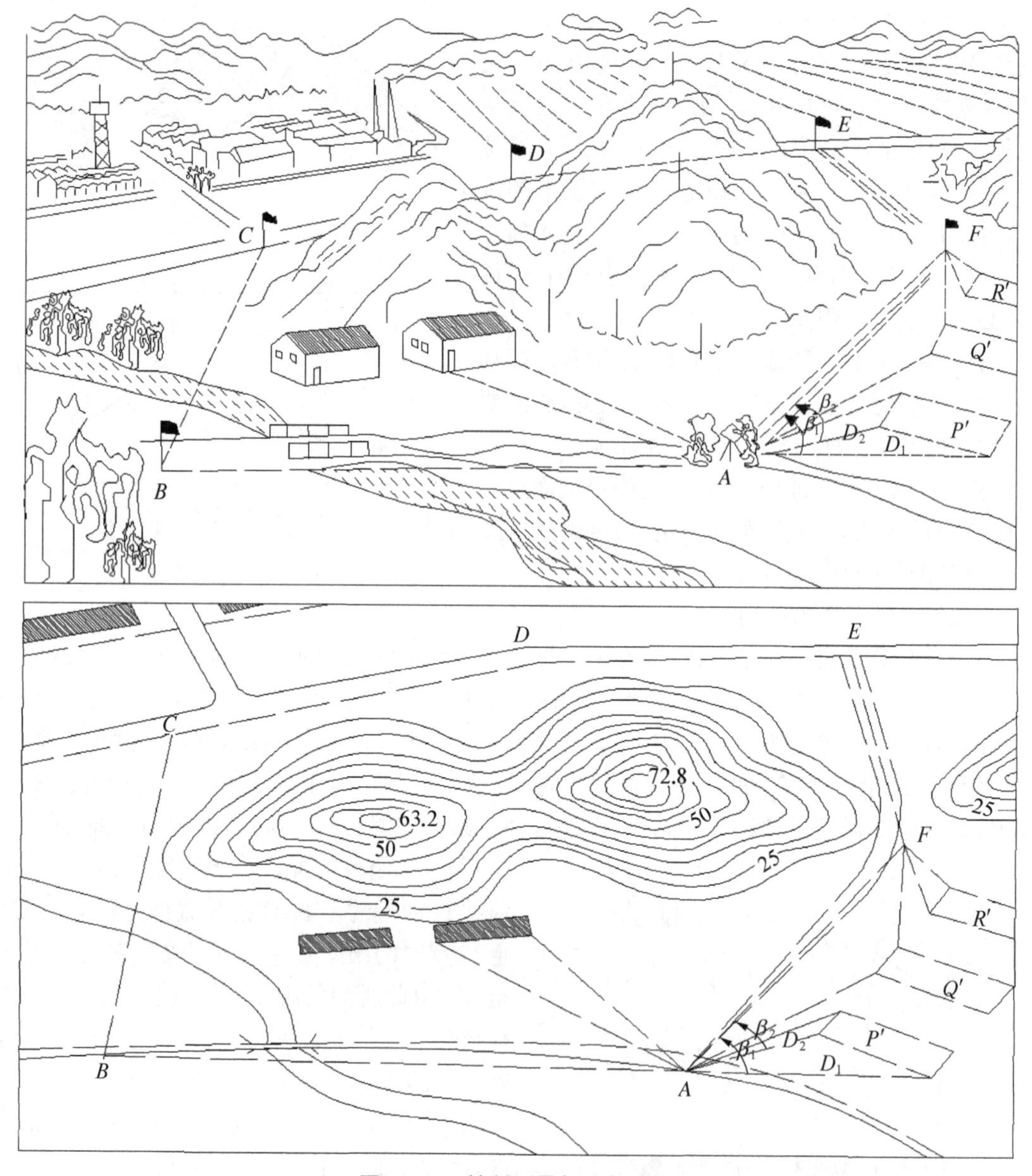

图 0－15　控制测量与碎部测量

“步步有检核”的含义是:测绘工作的每项成果必须经过检核,保证无误后才能进行下一步工作,中间环节只要有一步是错的,以后的工作徒劳无益。坚持这项原则,就能保证测绘成果合乎技术规范要求。

五、几种常见的图

测量成果之一是以图的形成表示。根据成图要求、测区面积大小、内容表示的特点和制图方法的不同,又可分为平面图、地形图、地图、影像地图和断面图等。

(一) 平面图

由前述知,可把小地区的地球表面当成平面而不考虑地球曲率的影响,如图 0－16 所示,地面上图形 A、B、C、D 各点位于不同的水平面上,如分别过各点作铅垂线 AA',BB',

CC'，DD'，它们必与水平面正交且相互平行。若将交点构成的图形 $A'B'C'D'$ 按比例尺缩小，便得到图形 $abcd$，这种图称为平面图，它是地面图形在水平面上的正射投影的缩小图形，其特点是平面图形与实际地物的位置成相似关系。平面图一般只表示地物，不表示地貌。

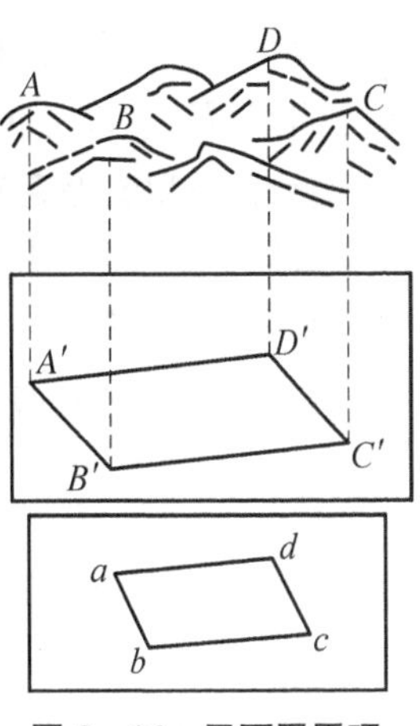

图 0-16　平面图原理

（二）地图

按一定的法则，将地球表面的自然和社会现象缩小，经制图综合，用地图符号表现在平面上，以反映地表现象的地理分布，相互联系、相互制约关系的图称为地图。具有严格的数学基础、统一的符号系统和文字注记。按表示内容，可分为普通地图、专题地图；按比例尺大小，可分为大、中、小比例尺地图；按表示方法、制作材料、使用情况分，有挂图、立体地图、桌图、影像地图、地球仪等。广义的地图包括剖面图、三维空间图（如地理模型、地球仪等）和其他星球图。随着计算机技术和数字化技术的发展，还包括数字地图、电子地图等。

（三）地形图

按一定的比例尺，表示地物、地貌平面位置和高程的正射投影图。是普通地图的一种，着重表示地形，比例尺大于 1∶100 万。地貌一般用等高线表示，能反映地面的实际高度、起伏特征，具有一定的立体感。地物用图式符号加注记表示。具有存储和传输地物、地貌的类别、数量、形态等信息的空间分布、联系和变化的功能。地形图是经过实地测绘或根据遥感图像并配合有关调查资料编制而成，又是编制其他地图的基础。

（四）影像地图

地形图是通过对地形作正射投影获取的，航测像片则是由投影线交于一点的中心投影所获取的影像。由于地面的起伏和航空摄影时不能把投影轴线处于绝对垂直位置，致使初始航摄像片，存在地面起伏引起的投影误差和像片倾斜造成的像点位移。所以，各点的比例尺不一致，把初始的像片经过倾斜纠正和投影差纠正，像片各点比例尺就均一了。把这种经过纠正的像片拼接起来，再绘上图廓线和千米网格制成的图就成为像片平面图。

像片平面图虽然平面位置上可像地形图一样使用，但像片上没有注记和等高线，阅读和量算不甚方便。因此，在像片平面图上加绘了等高线、注记和某些地物、地貌符号，得到一种新的地形图，称为影像地图。其特点是：既有航摄像片的内容，又有地形图的特点，信息丰富，成图速度快，现势性强，便于读图和分析，因此得到日益广泛地应用。

（五）断面图

断面就是铅垂面切入地面的截面。过地面上某一方向的铅垂面与地表面的交线称为该方向的断面图，可分为纵断面图和横断面图。它反映出地面某一方向的高低起伏状况。

任务二　测量误差概述

一、观测误差及其分类

测量实践证明，不论采用的仪器多么精密，观测多么仔细，对某一物理量进行多次观测则会发现，各观测值之间总存在差异。例如对地面上某一距离往返丈量若干次，每次观测结果之间都可能存在差值，这说明观测值中存在误差。

（一）观测误差定义

真值：观测量客观上存在的一个能代表其真正大小的数值，一般用 X 表示。

观测值：对该量观测所得的值，一般用 L_i 表示 。

真误差：观测值与真值之差，一般用 $i=\Delta_i=L_i-X$ 表示。

（二）测量误差的来源

观测误差来源于仪器误差、人的感官能力限制引起的观测误差和外界环境（如温度、湿度、风力、大气折光等）的影响，这三方面的客观条件统称观测条件。因为任何测量工作都离不开观测条件，所以观测误差的产生是不可避免的。

（三）误差的分类

按观测误差对观测结果影响性质的不同，可分为系统误差和偶然误差两类。

1. *系统误差*

在相同的观测条件下，对某量进行一系列观测，若误差的出现在数值大小和符号上均相同，或按一定的规律变化，这种误差称为系统误差。如某 30 m 钢尺与标准尺比较短 1 cm，用该尺丈量 300 m 的距离就会产生 10 cm 误差，量距越长，则误差积累越多。故系统误差具有积累性，但又有一定规律，因而可设法加以消除或减弱。

2. *偶然误差*

在相同的观测条件下，对某量作一系列观测，若误差出现的符号和数值大小均不一致，从表面上看单个误差无任何规律性，这种误差称为偶然误差。例如用刻至 1 mm 的钢尺量距，最多能估读到 1/10 mm。且每次估读又不能绝对正确，但在相同的观测条件下重复多次观测某量后，在大量的偶然误差中也具有一定的统计规律性，观测次数愈多，这种规律性愈明显。

例如，在相同条件下对某一个平面三角形的三个内角重复观测了 358 次，由于观测值含有误差，故每次观测所得的三个内角观测值之和一般不等于 180°，按下式算得三角形各次观测的误差 Δ_i（称三角形闭合差）：

$$\Delta_i = a_i + b_i + c_i - 180° \tag{0-4}$$

式中 α_i, b_i, c_i 为三角形三个内角的各次观测值（$i=1,2,\cdots,358$）。

现取误差区间 $d\Delta$（间隔）为 0.2″，将误差按数值大小及符号进行排列，统计出各区间的误差个数 k 及相对个数 $\frac{k}{n}$（$n=358$），见表 0-2。

表 0-2　误差统计分析

误差区间	负误差		正误差	
″	个数 k	相对个数	个数 k	相对个数
0.0～0.2	45	0.126	46	0.128
0.2～0.4	43	0.112	41	0.115
0.4～0.6	33	0.092	33	0.092

续表

误差区间	负误差		正误差	
″	个数 k	相对个数	个数 k	相对个数
0.6～0.8	23	0.064	21	0.059
0.8～1.0	17	0.047	16	0.045
1.0～1.2	13	0.036	13	0.036
1.2～1.4	6	0.017	5	0.014
1.4～1.6	4	0.011	2	0.006
1.6 以上	0	0.000	0	0.000
总和	181	0.505	177	0.495

从表 0-2 的统计数字中，可以总结出在相同的条件下进行独立观测而产生的一组偶然误差，具有以下四个统计特性：

(1) 在一定的观测条件下，偶然误差的绝对值不会超过一定的限值；

(2) 绝对值小的误差比绝对值大的误差出现的可能性大；

(3) 绝对值相等的正误差与负误差出现的机会相等；

(4) 当观测次数无限增多时，偶然误差的算术平均值趋向于零，即

$$\lim_{x \to +\infty} \frac{[\Delta]}{n} = 0 \tag{0-5}$$

式中 [ ]——表示总和；

n——观测次数；

$[\Delta]$——真误差总和；$[\Delta]=\Delta_1+\Delta_2+\cdots+\Delta_n$。

实践证明，偶然误差不能用计算改正或用一定的观测方法简单地加以消除，只能根据偶然误差特性来改进观测方法，并合理地处理观测数据，以减少观测误差的影响。

3. 粗差

粗差也称错误，是由于观测者使用仪器不正确或疏忽大意，如测错、读错、听错、算错等造成的错误，或因外界条件发生意外的显著变动引起的差错。粗差的数值往往偏大，使观测结果显著偏离真值。因此，一旦发现含有粗差的观测值，应将其从观测结果中剔除出去。一般讲，只要严格遵守测量规范，工作中仔细谨慎，并对观测结果作必要的检核，粗差是可以避免和发现的。

二、评定观测值精度的标准

为了衡量测量结果的精度，必须有统一的衡量精度的标准，才能进行比较鉴别。

1. 中误差

在相同的观测条件下，设对某一量进行了 n 次观测，其结果为 $L_1, L_2, \cdots, L_n$，每个观测值的真误差为 $\Delta_1, \Delta_2, \cdots, \Delta_n$。则取各个真误差的平方总和的平均数的平方根，称为观测值的中误差，以“m”表示。即

$$m=\pm\sqrt{\frac{\Delta_1^2+\Delta_2^2\cdots\Delta_n^2}{n}}=\pm\sqrt{\frac{[\Delta\Delta]}{n}} \tag{0-6}$$

例:有两个组对一个三角形分别作了10次观测,各组根据每次观测值求得三角形内角和的真误差为

第一组:+3″、−2″、−4″、+2″、0″、−4″、+3″、+2″、−3″、−1″;

第二组:0″、−1″、−7″、+2″、+1″、+1″、−8″、0″、+3″、−1″。

两组观测值的中误差分别为

$$m_1=\pm\sqrt{\frac{3^2+(-2)^2+(-4)^2+2^2+0^2+(-4)^2+3^2+2^2+(-3)^2+(-1)^2}{10}}=\pm 2.7''$$

$$m_2=\pm\sqrt{\frac{0^2+(-1)^2+(-7)^2+2^2+1^2+1^2+(-8)^2+0^2+3^2+(-1)^2}{10}}=\pm 3.6''$$

因 $m_1<m_2$,所以第一组精度高于第二组。

从中误差的定义和上例可以看出:中误差与真误差不同,中误差只表示该观测系列中一组观测值的精度;真误差则表示每个观测值与真值之差,用 Δ 表示。显然,一组观测数据的真误差愈大,中误差也就愈大,精度就愈低。反之,精度就愈高。由于是同精度观测,故每一观测值的精度均为 m。通常称 m 为任一次观测值的中误差。

2. *容许误差*

容许误差又称极限误差。根据误差理论及实践证明,在大量同精度观测的一组误差中,绝对值大于2倍中误差的偶然误差,其出现的可能性约为5%;大于3倍中误差的偶然误差,其出现的可能性仅有0.3%,且认为是不大可能出现的。因此一般取3倍中误差作为偶然误差极限误差。

$$\Delta_{容}=3m \tag{0-7}$$

有时对精度要求较严,也可采用 $\Delta_{容}=2m$ 作为容许误差。

3. *相对误差*

在某些测量工作中,有时用中误差还不能完全反映测量精度,例如测量某两段距离,一段长200 m,另一段长1 000 m,它们的中误差均为±0.2 m,但因量距误差与长度有关,则不能认为两者的精度一样。为此用观测值的中误差与观测值之比,并将其分子化为1,即用 $\frac{1}{N}$ 形式表示,称为相对误差。本例前者为0.2/200=1/1 000,后者为0.2/1 000=1/5 000,可见后者的精度高于前者。

$$K=\frac{m}{L}=\frac{I}{\frac{L}{m}}=\frac{I}{N} \tag{0-8}$$

思考与练习

一、选择

1. 地球上自由静止的水面,称为(　　)。

A. 水平面　　B. 水准面　　C. 大地水准面　　D. 地球椭球面

2. 关于大地水准面的特性,下列说法正确的是(　　)。

A. 大地水准面有无数个　　B. 大地水准面是不规则的曲面

C. 大地水准面是唯一的　　D.大地水准面是封闭的

3. 绝对高程指的是地面点到(　　)的铅垂距离。

A. 任意水准面　　B. 水平面　　C. 大地水准面　　D. 椭球面

4. 在同一高程系统内,两点间的高程差叫(　　)。

A. 标高　　B. 海拔　　C. 高差　　D. 高程

5. 我国的高程系统目前采用的是(　　)。

A. 吴淞高程系统　　B. 1956 年黄海高程系

C. 大连零点　　D. 1985 国家高程基准

6. 1985 国家高程基准中水准原点高程为(　　)。

A. 72.260 m　　B. 72.289 m　　C. 72.269 m　　D. 72.280 m

7. 由测量平面直角坐标系的规定可知(　　)。

A. 象限与数学平面直角坐标象限编号及顺序方向一致

B. X 轴为纵坐标轴,Y 轴为横坐标轴

C. 方位角由纵坐标轴逆时针量测 0°～360°

D. 东西方向为 X 轴,南北方向为 Y 轴

8. 为了确定地面点位,测量工作的基本观测量有(　　)。

A. 角度　　B. 高差　　C. 距离　　D. 坐标值

9. 测量工作的基本原则是从整体到局部、从高级到低级和(　　)。

A. 先控制后细部　　B. 先细部后控制

C. 控制与细部并行　　D. 测图与放样并行

10. 测量上确定点的位置是通过测定三个定位元素来实现的,下列哪个不在其中(　　)。

A. 距离　　B. 方位角　　C. 角度　　D. 高差

11. 测量工作的主要任务是(　　)、角度测量和距离测量,这三项也称为测量的三项基本工作。

A. 地形测量　　B. 工程测量　　C. 控制测量　　D. 高程测量

12. 下列选项中,不属于测量误差因素的是(　　)。

A. 测量仪器　　B. 观测者的技术水平

C. 外界环境　　D. 测量方法

13. 测量误差按其性质可分为(　　)和系统误差。

A. 偶然误差　　B. 中误差　　C. 粗差　　D. 平均误差

14. (　　)是测量中最为常用的衡量精度的标准。

A. 系统误差　　B. 偶然误差　　C. 中误差　　D. 限差

15. 等精度观测是指(　　)的观测。

A. 允许误差相同　　B. 系统误差相同　　C. 观测条件相同　　D. 偶然误差相同

16. 在相同的观测条件下进行一系列的观测,如果误差出现的符号和大小具有确定性的规律,这种误差称为(　　)。

A. 偶然误差　　B. 极限误差　　C. 相对误差　　D. 系统误差

17. 偶然误差具有(　　)特性。

A. 有限性　　B. 集中性　　C. 对称性　　D. 规律性

E. 抵偿性

二、简答和计算

1. 什么是大地水准面？普通测量学的任务有哪些？
2. 笛卡儿直角坐标系与测量学的直角坐标系有什么区别？
3. 简述用水平面代替水准面对距离和高程测量有何影响？
4. 平面图、地形图、地图及断面图四者有何区别？
5. 什么叫绝对高程？什么叫相对高程？什么叫高差？
6. 测量工作的基本内容、基本原则是什么？

项目一

距离测量和直线定向

知识目标

1. 熟悉端点尺和刻线尺的区别；

2. 掌握对直线定线和距离丈量的方法；

3. 掌握直线方向的表示方法；熟记直线定向、基本方向的种类、方位角和象限角等基本概念；

4. 熟悉罗盘仪的构造，掌握测定直线磁方位角的方法；

5. 掌握视距测量的观测、记录、计算方法。

技能目标

1. 能够根据丈量精度要求和测区实际情况进行直线定线，并熟练地利用钢尺丈量水平距离；

2. 能够利用光学经纬仪进行距离测量工作；

3. 掌握罗盘仪测定直线正、反磁方位角的方法步骤，能够正确计算所测直线的平均磁方位角。

任务一　距离测量

一、距离的概念

距离测量是测量工作的三个基本工作之一，同角度测量、高差测量一样，其目的都是为了确定地面点的位置。所谓距离是指两点间的水平长度。如图 1-1 所示，地面上 A、B 两点间的水平距离，指通过 A 点、B 点的铅垂线投影到水平面的直线长度。

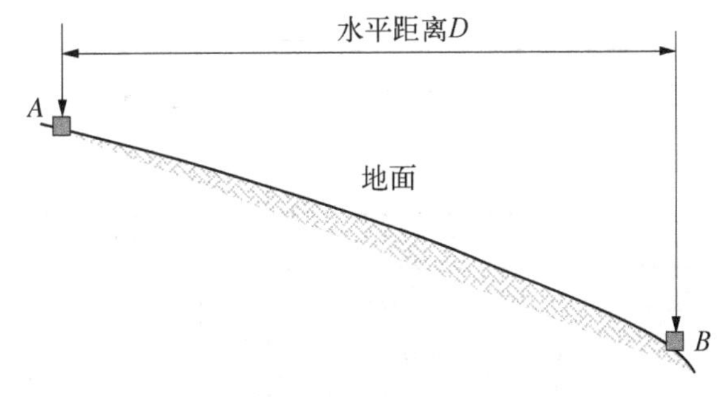

图 1-1　水平距离

目前，最常用的测距方法有三种，即：直接丈量、视距测量和电磁波测距。本节介绍直接丈量的工具和方法。

二、地面点的标志和丈量工具

(一) 地面点的标志

测量工作中，地面点的标志可以表示出点在地面上的实际位置，便于安置仪器、工具进行观测。根据用途不同及保留时间的长短，可将地面点标志分为临时点标志和永久点标志。

1. 临时点标志

临时点标志，可以用 20～30 cm 长，3～6 cm 粗的木桩打入土中，并在桩顶钉一小钉或者刻划一"＋"字，以便精确的表示点的位置，如图 1－2(a)所示。如遇岩石、桥墩等固定物体，或者城市中硬化过的地面，也可在其上刻划一"＋"字作为标志，如图 1－2(b)所示。

图 1－2　地面点的标志

2. 永久点标志

永久点标志一般采用石桩或混凝土桩，并在桩顶刻划一"＋"字或将金属、瓷等做成的标志镶嵌在顶面内，以标定点位，如图 1－2(c)所示。永久点标识的大小和埋设要求，在测量规范中有详细的说明。

(二) 丈量工具

1. 钢尺

钢尺是钢制的带尺，宽约 10～15 mm，长度有 20 m、30 m 和 50 m 三种。一般钢尺在起点至第一个 10 cm 间，甚至整个尺长内都刻有毫米分划，如图 1－3 所示。根据钢尺零点位置的不同，可分为端点尺和刻线尺两种。端点尺，以尺的最外端边线作为刻划的零线。刻线尺，以刻在钢尺前端的"0"刻划线作为尺长的零线。使用时，必须注意钢尺的零点位置，如图 1－4。

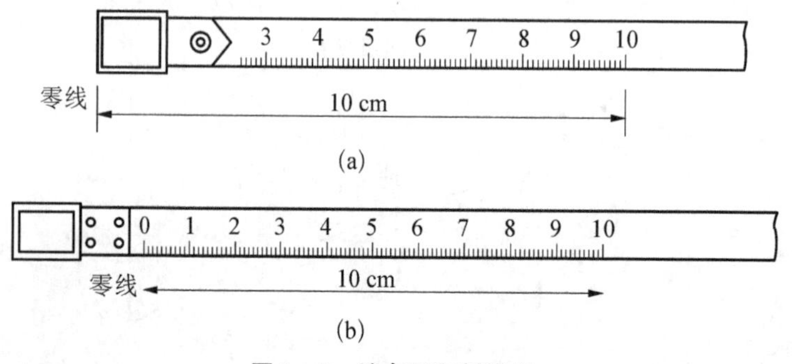

图 1－3　端点尺和刻线尺

2. 皮尺

皮尺是用麻丝与金属丝织成的带状尺。常用的有 20 m、30 m 和 50 m 等几种，尺上刻划至厘米，它一般为端点尺。皮尺弹性大，只用在精度较低的量距工作中。如图 1-5 所示。

图 1-4 钢尺

3. 测绳

测绳是由细麻绳和金属丝制成的线状绳尺，长度有 50 m、100 m 等几种，测绳尺的起点处包有"0"符号金属圈，每 1 m 处都有铜箍刻以米数注记，其精度比皮尺还低。如图 1-6 所示。

图 1-5 皮尺

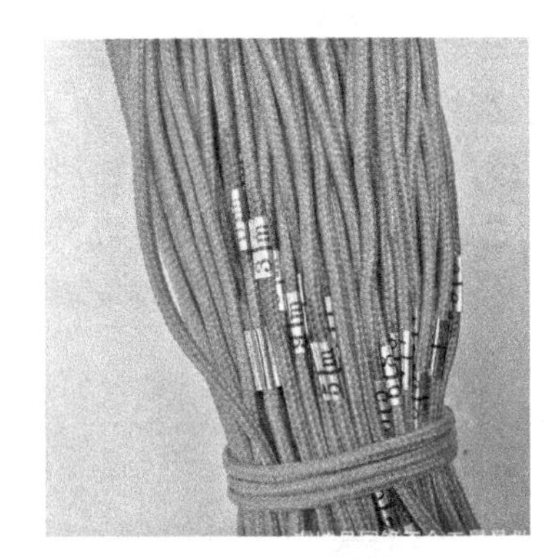

图 1-6 测绳

4. 标杆(花杆、测杆)

标杆用木材、玻璃钢或铝合金制成，长 2 m 或 3 m，直径 3～4 cm，用红、白油漆交替漆成 20 cm 的小段，杆底装有锥形铁脚以便插入土中，或对准点的中心，作观测点觇标用。如图 1-7 所示。

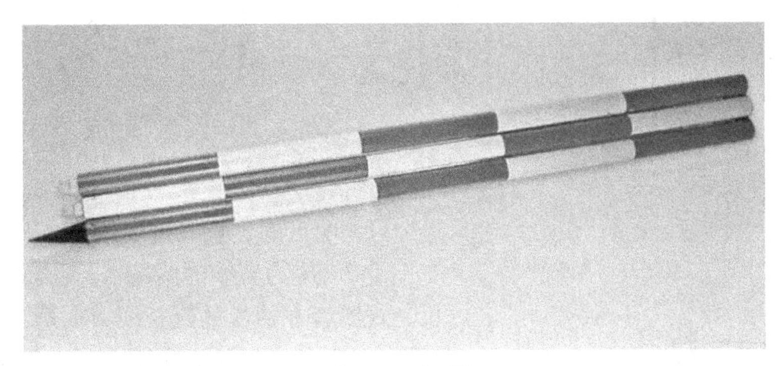

图 1-7 标杆

5. 测钎

测钎由粗铁丝加工制成，长 30～40 cm，上端弯成环形，下端磨尖，常用于标定尺端点和整尺段数，一般以 11 根为一组，穿在铁环中。如图 1-8 所示。

6. 垂球

垂球又称线垂，金属制成，外形似圆锥形，上端系有细线，它是对点、标点和投点的工具。

有时为了克服地面起伏的障碍，垂球常挂在垂球架中使用。如图 1－9 所示。

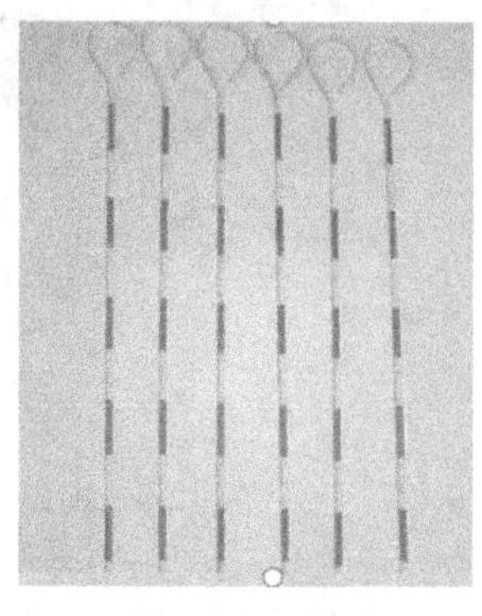

图 1－8　测钎

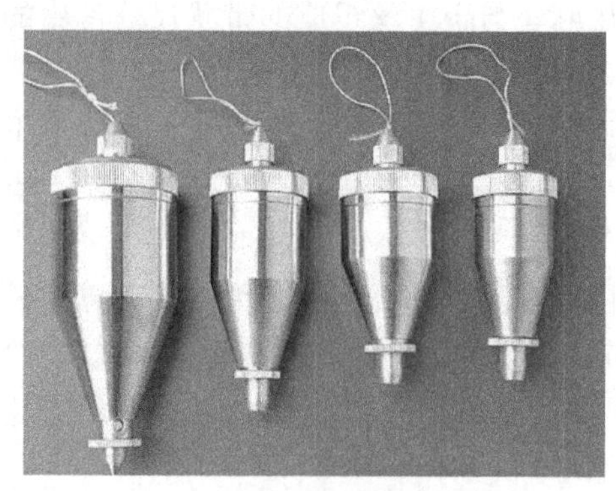

图 1－9　垂球

（二）直线定线

在丈量两点间距离时，如距离较长或地势起伏较大，一个尺段不能完成距离丈量，为使多个尺段丈量沿已知直线方向进行，就需在两点间的直线上，再标定一些点位，这一工作称为直线定线。当距离丈量精度要求不高时，采用标杆目估定线；如果精度要求较高时，则采用经纬仪定线。

1. 目估定线法

（1）两点间定线

如图 1－10 所示，A、B 为地面上互相通视的两点。为了在 AB 直线上定出中间点，可先在 A、B 两点上竖立花杆，一人站在 A 点后 1～2 m 处，由 A 瞄向 B，使 A、B 点、花杆与观测者呈一直线。另一人手持花杆由 B 点走向 A 点。到离 B 点接近一尺段的地方，按照观测者的指挥，左右移动花杆直到位于 AB 直线上为止，插上花杆得点 1。同法可定出其它点。

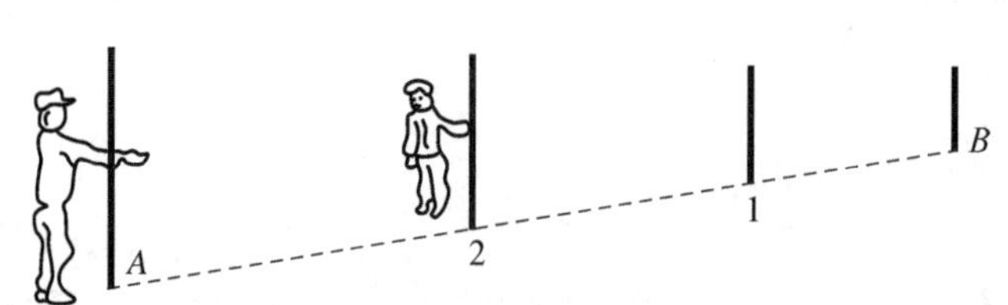

图 1－10　直线定线

（2）两点的延长线上定线

设 A、B 为直线的两端点，现需将直线 AB 延长。观测者在 AB 的延长线方向适当距离 1 处立标杆，观测自己所立标杆是否与 A、B 两标杆复合，经左右移动标杆，直到 1 点标杆在 A、B 方向线上，即定出 AB 上的 1 点，同法再定出其他点。

（3）过山头定线

如图 1－11 所示，A、B 两点位于山坡两侧，互不通视，现在要在 A、B 的连线上标定出 C、D 点，可采用逐渐接近的法进行目估定线。

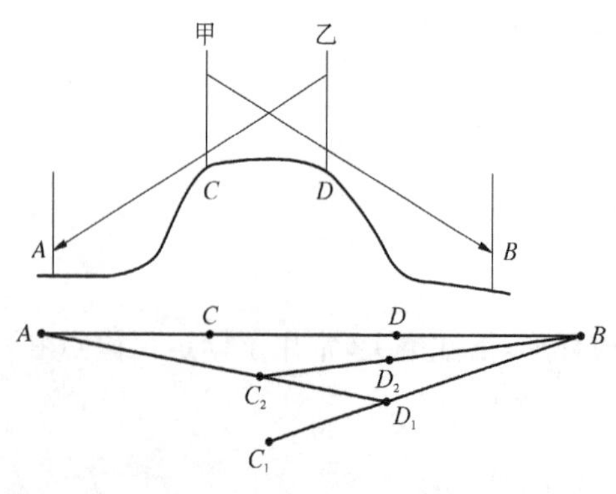

图 1－11　过山头定线

定线时，先在 A、B 两点立标杆，然后甲乙两人持标杆于山坡上，各自能看到 B、A 两点的地方，先由甲在 C_1 处立标杆，按照 C_1B 的方向，指挥乙在 D_1 立标杆，使 C_1、D_1、B 三标杆在一直线上。再由乙按照 D_1A 渐接近直线，直到 C、D、B 三标杆在一直线上，D、C、A 三标杆也在一直线上结束，这时 A、B、C、D 四点就在一条直线上，完成定线。

(4) 过山谷定线

如图 1-12 所示，过山谷定线，其方法与两点间定线相同，只是山谷地势低，由 A 看 B 时，不可能看到中间一系列标杆，因此定线时，由谷顶逐渐向谷底进行作业。先在 A、B 立标杆，观测者甲根据 AB 的方向定出 a 点，再由乙根据 BA 方向定出 b 点，最后在 Ab 方向上定出 c 点。这样，根据地面情况可以在 AB 间定出一系列点。

2. 经纬仪定线法

如图 1-13，在待测距离的一端点 A 安置经纬仪，然后照准另一端点 B 的花杆，固定照准部，并指挥另一司尺员在距 B 小于一整尺段的地方沿垂直于测线方向左右移动，直到与望远镜竖丝完全重合为止。

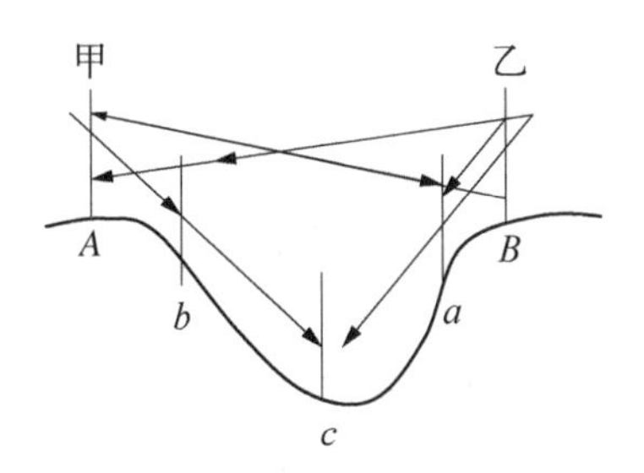

图 1-12　过山谷定线

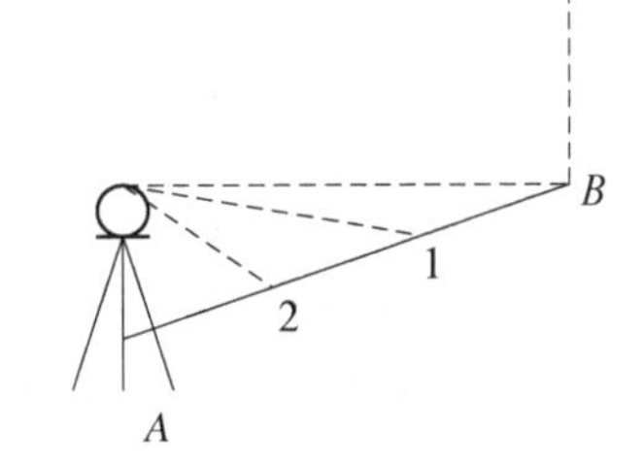

图 1-13　经纬仪定线

三、距离丈量的一般方法

距离丈量的目的在于获得两点间的水平距离。根据地面坡度不同，量距可分为平坦地面和倾斜地面量距两种。

(一) 在平坦地段量距

1. 丈量方法

平坦地面上的直线丈量工作可以先直线定线后再丈量，也可以边定线边丈量。下面以边定线边丈量介绍。直线丈量至少由 2 人进行，其中走在前面的称为前司尺员，后面的称为后司尺员。如图 1-14 所示，先在 A、B 两点立标杆，标出直线方向。后司尺员手持 1 支测钎和尺的零端立于 A 点，前司尺员手持 5 支或 10 支测钎和尺的终端，直线方向前进，在后司尺员的指挥下定线，然后前司尺员把尺铺在直线方向上，2 人同时把尺拉紧、拉直、抬平、拉稳。当后司尺员把尺的零点对准 A 时喊“好”，前司尺员在尺的终端刻线处竖直插 1 支测钎，得 1 点，这样便量完一个整尺段的距离。后司尺员拿起原有的一支测钎，同前司尺员一起把尺抬起共同前进，当司尺员以达 1 点时喊

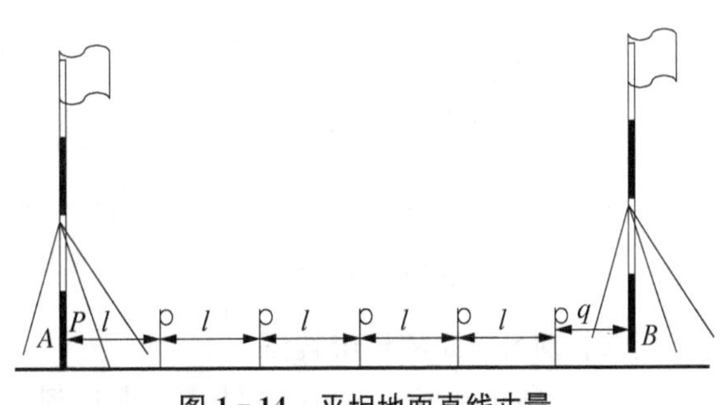

图 1-14　平坦地面直线丈量

"停",依同样方法丈量第二尺段。量毕,后司尺员拔起第1点的测钎,继续向前丈量,直至不足整尺段时,前司尺员把某一适当整分划对准 B 点,后司尺员读出厘米和毫米数,求出不够整尺段的余数。在计数测钎数时,不足整尺段的1支测钎不计算在内。则 AB 的水平距离为:

$$D = n \times l + q \tag{1-1}$$

式中:l——整尺段长度;

n——测钎数,即整尺段数;

q——不足整尺的零尺段长。

2. 丈量精度的评定

为了防止错误和提高丈量的精度,通常丈量工作,必须往返丈量。由 A 点量到 B 点为往测,由 B 点量至 A 点为返测,并将两次结果加以比较,其结果的差数称为较差。较差本身不能说明丈量的精度,必须与所量长度联系起来一并考虑,所以直线丈量精度通常采用较差与往返丈量的平均长度之比值来衡量,并化成分子为1的分数,称为相对误差(K)。

$$\text{误差}(K) = \frac{\text{较差}}{\text{平均长度}} = \frac{1}{\dfrac{\text{平均长度}}{\text{较差}}} = \frac{1}{N} \tag{1-2}$$

其中,较差 $= | D_{往} - D_{返} |$

一般情况下,平坦地区相对误差不应大于1/3 000;在量距困难地区,相对误差不应大于1/2 000。如果超出该范围,应重新进行丈量。

【例1-1】在平坦地区,用钢尺往返丈量了一段距离,其平均值为302.688 m,往返丈量距离之差为61 mm,问相对误差 K 达到多少?符合不符合规范要求?

解:$K = \dfrac{\Delta D}{\overline{D}} = \dfrac{0.061}{302.688} \approx \dfrac{1}{4\,962} < \dfrac{1}{3\,000}$

因此,符合规范要求。

(二)在倾斜地段量距

1. 平量法

如图1-15所示,如果各尺段两端高差较小,可将尺一段抬高,或将两端同时抬高,目估使尺面水平,尺的末端用垂球对点,逐段丈量,最后累加求和即为所求距离。

2. 斜量法

如果地面坡度比较均匀,可沿斜坡丈量出倾斜距离 L,并用罗盘仪或经纬仪测出地面测出倾斜角 θ,然后按下式计算水平距离 $D = L \cdot \cos\theta$,如图1-16。

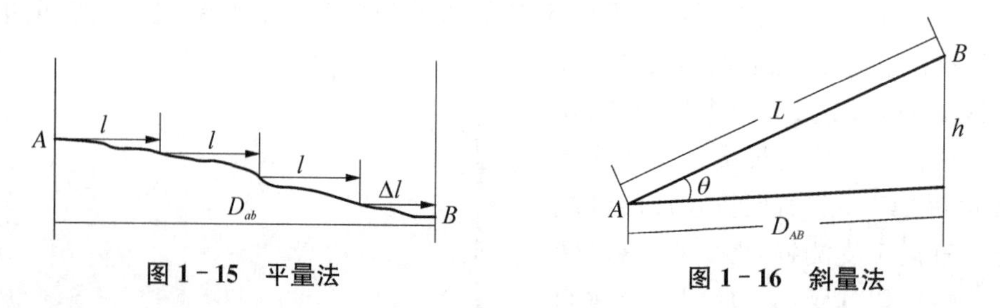

图1-15 平量法 **图1-16 斜量法**

(三)钢尺量距的精密方法

钢尺量得的边长,一般方法精度只能达到1/1 000~1/5 000,当量距精度要求较高时,如果达到 1/10 000～1/40 000，这时应采用精密方法进行丈量。若测距精度要求在 1/5 000 以上，则应在外界条件良好的情况下，用弹簧秤施加一定的拉力进行丈量，同时考虑尺长、温度和倾斜对丈量的影响。在一定的拉力下，以温度 t 为变量的函数式来表示尺长 l_t，这就是尺长方程式，其一般形式为

$$l_t = l_0 + \Delta l + \alpha(t - t_0)l_0 \tag{1-3}$$

其中：

l_0——钢尺的名义长度；

l_t——在标准拉力 F 下，钢尺在温度 t(℃)时的实际长度；

Δl——钢尺在温度 t_0 时的尺长改正数；

α——钢尺的膨胀系数，即温度每变化 1℃，单位长度变化量，其值取一般为$(1.15\times10^{-5}\sim1.25\times10^{-5})/1℃$；

t——量距时的钢尺温度(℃)；

t_0——钢尺检定时的温度，通常为 20℃。

1. 尺长改正

由于尺面的名义长度 l_0 与实际长度 l 不符而产生尺长误差，它有累积性，对丈量结果的影响与所量距离 D'成正比，求得尺长改正数 $\Delta l = l_0 - l$ 即可消除之。改正数的计算公式如下：

$$\Delta l_d = \frac{l - l_0}{l_0} \times D' \tag{1-4}$$

2. 温度改正

钢尺长度受温度的影响而变化，当丈量时的温度与钢尺检定时的温度不一致时，将产生温度误差，温度改正数为：

$$\Delta l_t = \alpha(t - t_0)D' \tag{1-5}$$

式中 α、t、t_0 的含义与公式相同。

3. 倾斜改正

如图 1-17 所示，A、B 两点间的高差为 h，沿地面量出斜距为 D'，则

$$\Delta l_h = D - D' = (D'^2 - h^2)^{\frac{1}{2}} - D' = D'\left[\left(1 - \frac{h^2}{D'^2}\right) - 1\right]$$

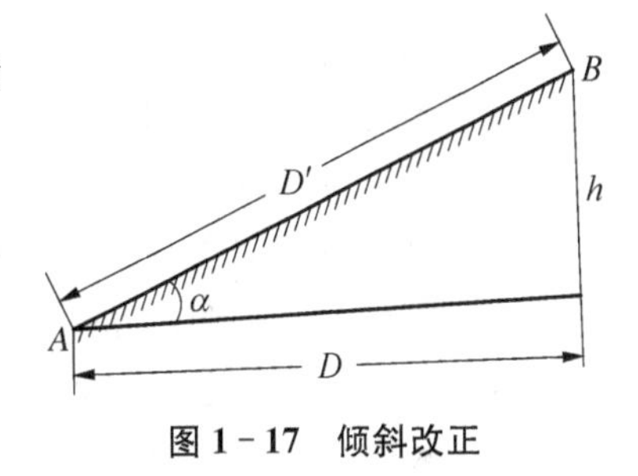

图 1-17　倾斜改正

将$\left(1-\frac{h^2}{D'^2}\right)^{\frac{1}{2}}$按级数展开，可得

$$\Delta l_h = D'\left[\left(1 - \frac{h^2}{2D'^2} - \frac{h^4}{8D'^4}\cdots\right) - 1\right] = -\frac{h^2}{2D'} - \frac{h^4}{8D'^3}\cdots$$

h 与 D'相比一般都很小，二次项以上的各项可忽略不计，故得倾斜改正的公式为

$$\Delta l_h = \frac{h^2}{2D'} \tag{1-6}$$

若实际量距为 D'，经过尺长、温度和倾斜改正后的水平距离 D 为

$$D = D' + \Delta l_d + \Delta l_t + \Delta l_h \tag{1-7}$$

（四）钢尺量距的误差分析及注意事项

1. 钢尺量距的误差分析

钢尺量距的主要误差来源有下列几种：

（1）尺长误差

如果钢尺的名义长度和实际长度不符，则产生尺长误差。尺长误差是积累的，丈量的距离越长，误差越大。因此新购置的钢尺必须经过检定，测出其尺长改正值。

（2）温度误差

钢尺的长度随温度而变化，当丈量时的温度与钢尺检定时的标准温度不一致时，将产生温度误差。按照钢的膨胀系数计算，温度每变化1℃，丈量距离为30 m时对距离影响为0.4 mm。

（3）钢尺倾斜和垂曲误差

在高低不平的地面上采用钢尺水平法量距时，钢尺不水平或中间下垂而成曲线时，都会使量得的长度比实际要大。因此丈量时必须注意钢尺水平，整尺段悬空时，中间应打托桩托住钢尺，否则会产生不容忽视的垂曲误差。

（4）定线误差

丈量时钢尺没有准确地放在所量距离的直线方向上，使所量距离不是直线而是一组折线，造成丈量结果偏大，这种误差称为定线误差。丈量30 m的距离，当偏差为0.25 m时，量距偏大1 mm。

（5）拉力误差

钢尺在丈量时所受拉力应与检定时的拉力相同。若拉力变化2.6 kg，尺长将改变1 mm。

（6）丈量误差

丈量时在地面上标志尺端点位置处插测钎不准，前、后尺手配合不佳，余长读数不准等都会引起丈量误差，这种误差对丈量结果的影响可正可负，大小不定。在丈量中要尽力做到对点准确，配合协调。

2. 钢尺的维护

（1）钢尺易生锈，丈量结束后应用软布擦去尺上的泥和水，涂上机油以防生锈。

（2）钢尺易折断，如果钢尺出现卷曲，切不可用力硬拉。

（3）丈量时，钢尺末端的持尺员应该用尺夹夹住钢尺后手握紧尺夹加力，没有尺夹时，可以用布或者纱手套包住钢尺代替尺夹，切不可手握尺盘或尺架加力，以免将钢尺拖出。

（4）在行人和车辆较多的地区量距时，中间要有专人保护，以防止钢尺被车辆碾压而折断。

（5）不准将钢尺沿地面拖拉，以免磨损尺面分划。

（6）收卷钢尺时，应按顺时针方向转动钢尺摇柄，切不可逆转，以免折断钢尺。

任务二　直线定向

一、直线定向

确定地面上两点之间的相对位置，仅知道两点之间的水平距离是不够的，还必须确定此直线的方向。确定直线方向的工作，称为直线定向。要确定一条直线的方向，首先要选定一个标准方向作为直线定向的依据，然后测出了该直线与标准方向间的水平角，则该直线的方向也就确定了。

(一) 标准方向的种类

测量工作采用的标准方向有真子午线、磁子午线和坐标纵轴三种。

1. 真子午线方向

通过地球表面某点的子午线的切线方向，称为该点的真子午线方向。可用天文测量的方法测定，或用陀螺经纬仪测定。在国家小比例尺测图中采用它作为定向的基准。

2. 磁子午线方向

磁子午线方向是磁针在地球磁场的作用下，磁针自由静止时其轴线所指的方向，磁子午线方向可用罗盘仪测定，在小面积大比例尺测图中常采用磁子午线方向作为定向的基准。

3. 坐标纵轴方向

坐标纵轴方向就是直角坐标系中的纵坐标轴的方向。如果采用高斯平面直角坐标，则以中央子午线作为坐标纵轴。

以上三个标准方向的北方向，总称为“三北方向”，在一般情况下，它们是不一致的，如图 1－18。

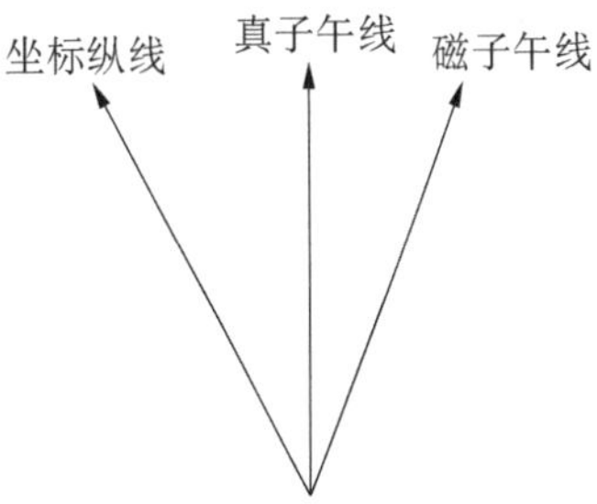

坐标纵线　真子午线　磁子午线

图 1－18　三北方向关系图

(二) 标准方向之间的角度关系

1. 磁偏角

一点的磁子午线方向和真子午线方向并不一致，而有一个偏离角度，这个角度称为磁偏角，用 δ 来表示，如图 1－19。凡是磁子午线方向偏在真子午线北方向以东者称为东偏，其角值为正；偏在真子午线北方向以西者称为西偏，其角值为负。

2. 子午线收敛角

地球表面某点的真子午线方向与坐标纵轴方向之间的夹角，称为子午线收敛角，用 γ 来表示，如图 1－20。凡坐标纵轴北端在真子午线以东者，γ 为正值；以西者，γ 为负。

3. 磁坐偏角

地面上某点的坐标纵轴方向与磁子午线方向间的夹角成为磁坐偏角，以 δ_m 表示。磁子午线北端在坐标纵轴以东者，δ_m 取正值；反之，δ_m 取负值。如图 1－21。

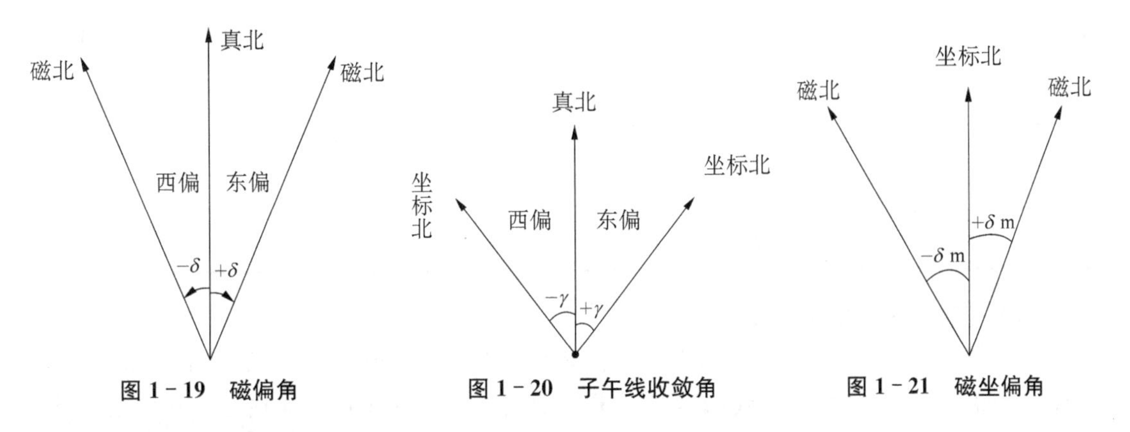

图 1－19　磁偏角　　**图 1－20　子午线收敛角**　　**图 1－21　磁坐偏角**

(二) 直线方向的表示方法

表示直线的方向有方位角及象限角两种，由于现代测量中后者很少采用，故重点介绍方位角。

1. 方位角

由标准方向的北端，顺时针方向量至某直线的水平夹角，称为该直线的方位角，角值从0°～360°，如图1-22所示。

根据标准方向的不同，方位角可分为：以真子午线方向为基本方向的，称为真方位角，用A表示；以磁子午线方向为基本方向的，称为磁方位角，用A_m表示；若特定方向与纵坐标轴的北方向一致(平行)，这样的方位角称为直线的坐标方位角。用α表示。

2. 象限角

由标准方向的北端或南端起，顺时针或逆时针到某一直线所夹的水平锐角，称为该直线的象限角，以R来表示。象限角的角值在0°～90°之间。象限角不但要写出角值大小，还应注明所在的象限。如图1-23所示。测量中的象限次序和数学中的象限次序相反。象限角和方位角一样，可分为真象限角、磁象限角和坐标象限角三种。

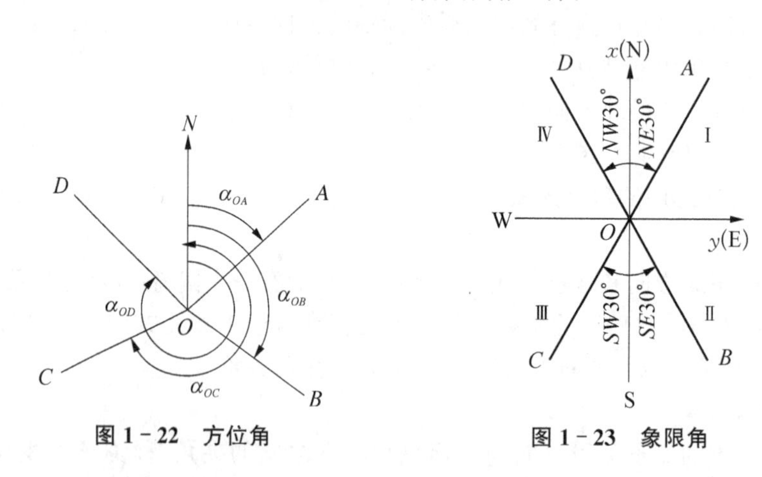

图1-22　方位角

图1-23　象限角

(三) 方位角与象限角的关系

方位角和象限角的定义，同一条直线的方位角和象限角存在着固定的关系，如图表1-1。

表1-1　方位角与象限角的换算关系

象　　限		根据方位角α和象限角R	根据方位角α和象限角R
编　号	名　称		
Ⅰ	北东(NE)	$R=\alpha$	$\alpha=R$
Ⅱ	南东(SE)	$R=180°-\alpha$	$\alpha=180°-R$
Ⅲ	南西(SW)	$R=\alpha-180°$	$\alpha=180°+R$
Ⅳ	北西(NW)	$R=360°-\alpha$	$\alpha=360°-R$

(四) 正、反方位角的关系

由于地面上各点的子午线方向都是指向地球南北极，除赤道上各点的子午线是互相平行外，地面上其他各点的子午线都不平行，这给计算工作带来不便。而在一个坐标系中，纵坐标轴方向线均是平行的。在一个高斯投影带中，中央子午线为纵坐标轴，在其各处的纵坐标轴方向都与中央子午线平行，因此，在普通测量工作中，以纵坐标轴方向作为标准方向，就可使地面上各点的标准方向都互相平行了。应用坐标方位角来表示直线的方向，在计算上就方便了。

任一直线都有正、反两个方向。直线前进方向的方位角叫作正方位角，其相反方向的方位角叫作反方位角。由于同一直线上各点的标准方向都与 X 轴平行，因此同一条直线上各点的坐标方位角相等。如图1－24所示，设直线 P_1 至 P_2 的坐标方位角 α_{12} 为正坐标方位角，则 P_2 至 P_1 的方位角为反坐标方位角 α_{21}，显然，正、反坐标方位角相差180°，即

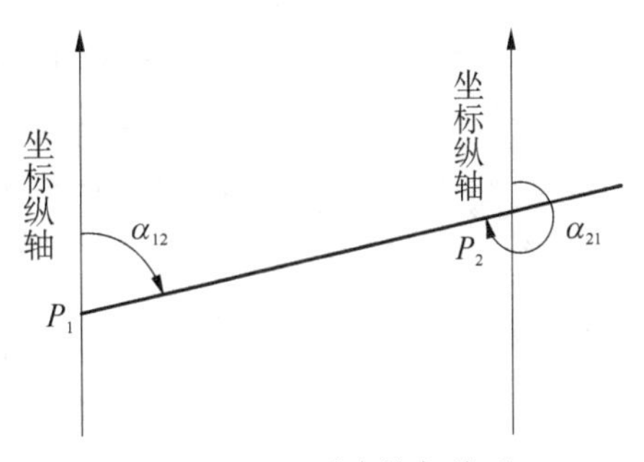

图1－24　正、反方位角关系

$$\alpha_{12}=\alpha_{21}\pm 180° \tag{1-8}$$

求直线的反坐标方位角时，将其正坐标方位角加上或减去180°，得其反坐标方位角。正坐标方位角小于180°时，正坐标方位角加180°得其反坐标方位角；正坐标方位角大于180°时，正坐标方位角减去180°得其反坐标方位角。

（五）几种方位角之间的关系

1. 真方位角与磁方位角的关系

如图1－25，根据磁偏角的定义，我们可以推出真方位角和磁方位角的换算公式：

$$A=A_m+\delta \tag{1-9}$$

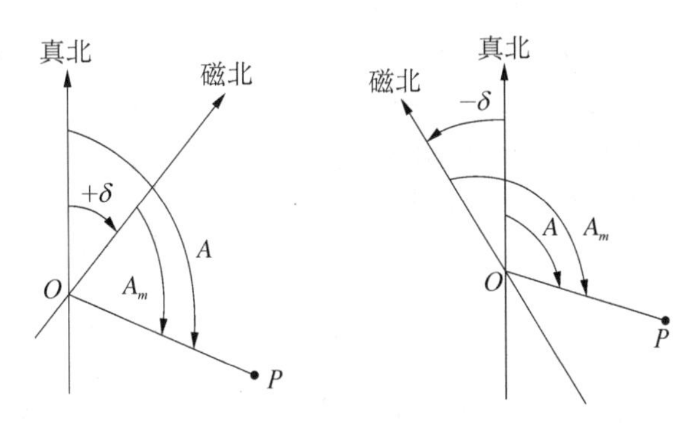

图1－25　真方位角与磁方位角的关系

由于地球的磁极是在不断变化的，所以磁偏角也在不断变化。一般磁方位角精度较低。定向困难的地区，可用罗盘仪测出磁方位角来代替坐标方位角。真方位角主要是用在大地测量中。

2. 真方位角与坐标方位角的关系

真方位角与坐标方位角之间的关系为：

$$A=\alpha+\gamma \tag{1-10}$$

3. 磁方位角与坐标方位角的关系

由前面公式我们可以推出磁方位角与坐标方位角的关系：

$$\alpha=Am+\delta-\gamma \tag{1-11}$$

式中的 δ、γ 值，东偏时取正值，西偏时取负值。

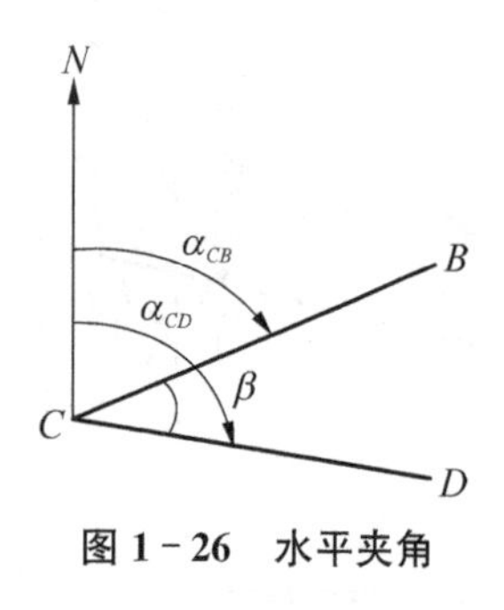

图 1-26 水平夹角

(六) 用方位角计算两直线间的水平夹角

已知 CB 与 CD 两条直线的方位角分别为 α_{CB} 和 α_{CD}，则这两直线的水平夹角为：

$$\beta=\alpha_{CD}-\alpha_{CB}$$

由此可知，求算水平夹角的方法是：站在角顶上，面向所求夹角，该夹角的值等于右侧直线 CD 的方位角减去左侧直线 CB 的方位角，当不够减时，应加 360°再减。如图 1-26。

二、罗盘仪测定磁方位角

罗盘仪是测定直线磁方位角的仪器。构造简单，使用方便，广泛应用于各种精度要求不高的测量工作中。

(一) 罗盘仪的构造

如图 1-27 所示，罗盘仪主要由罗盘、望远镜、水准器三部分组成。

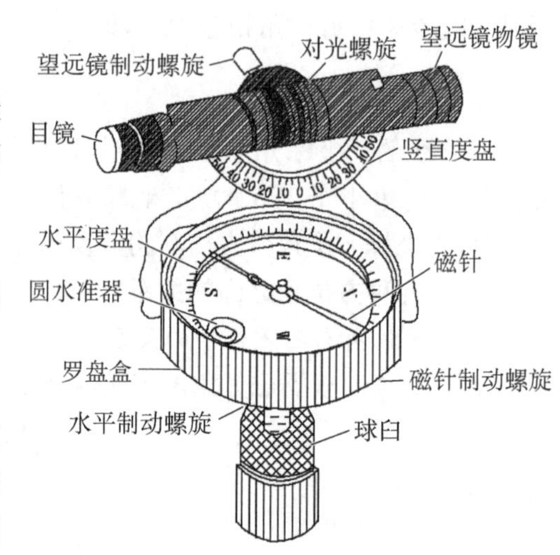

图 1-27 望远镜罗盘仪

1. 罗盘

罗盘又包括磁针和刻度盘两部分，磁针支撑在刻度盘中心的顶针尖端上，可灵活转动，当它静止时，一端指南，一端指北。磁针的南端缠一小铜环用以平衡磁针所受引力。为了防止磁针的磨损，不用时，可旋紧磁针制动螺旋，将磁针固定。刻度盘有 1°和 30′两种基本分划，按逆时针从 0°注记到 360°，如图 1-28，1-29。

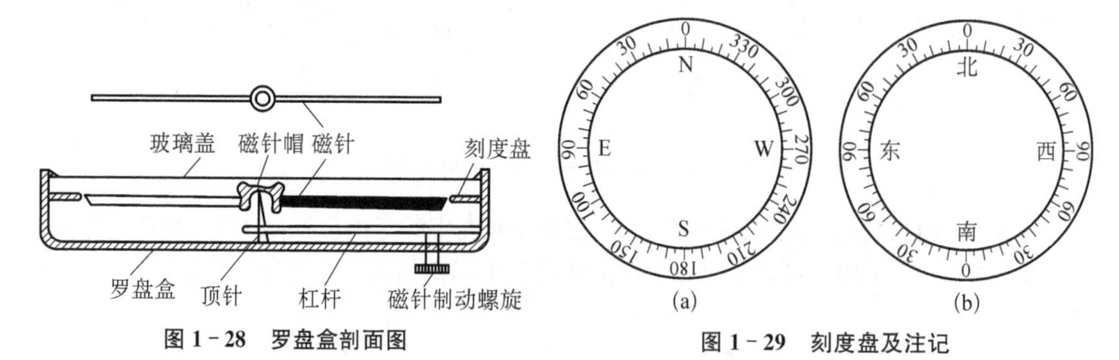

图 1-28 罗盘盒剖面图

图 1-29 刻度盘及注记

2. 望远镜

罗盘仪的望远镜一般为外对光望远镜，由物镜、目镜、十字丝所组成。用支架装在刻度盘的圆盒上，可随圆盒在水平面内转动，也可在竖直方向转动。望远镜的视准轴与度盘上的 0°和 180°直径方向重合。支架上装有竖直度盘，供测竖直角时使用，如图 1-30。

3. 水准器和球臼

在罗盘盒内装有一个圆水准器或两个互相垂直的水准管，当水准器内的气泡位居中时，罗盘盒处于水平状态；球臼螺旋在罗盘盒的下方，在球臼与罗盘盒之间的连接轴上安有水平

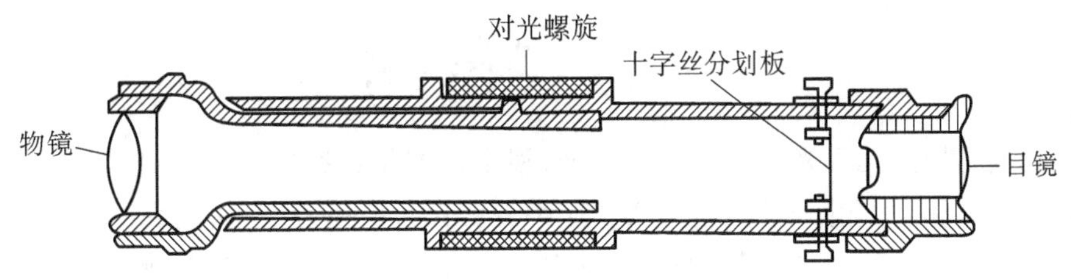

图 1－30　外对光式望远镜剖面图

制动螺旋,以控制罗盘的水平转动。

脚架的架头上附有对中用的垂球帽,旋下垂球帽就会露出连接仪器的螺杆。架头中心的下面有小钩,用来悬挂垂球。

(二) 罗盘仪测定磁方位角

欲测定一直线的磁方位角,其操作步骤如下:

(1) 对中。在三脚架头下方悬挂垂球,移动三脚架使垂球尖对准地面点中心,即为对中。对中容许误差为 2 cm。

(2) 整平。松开球臼螺旋,用手前后、左右仰俯刻度盘,使度盘上的水准器气泡居中,然后拧紧球臼螺旋。仪器整平后,松开磁针制动螺旋,让磁针自由转动。

(3) 瞄准目标。旋松望远镜制动螺旋和水平制动螺旋,转动仪器并利用望远镜上的准星和照门粗略瞄准目标后,将望远镜制动螺旋和水平制动螺旋拧紧;转动目镜使十字丝清晰,再调节对光螺旋使物像清晰,最后转动望远镜微动螺旋并微动罗盘盒,使十字丝交点精确对准目标。

(4) 读数。待磁针自由静止后,正对磁针并顺注记增大方向读出磁针北端所指的读数,即为所测直线的磁方位角;若刻度盘上的 0°分划线在望远镜的目镜一端,则应按磁针南端读数,如图 1－31 所示。

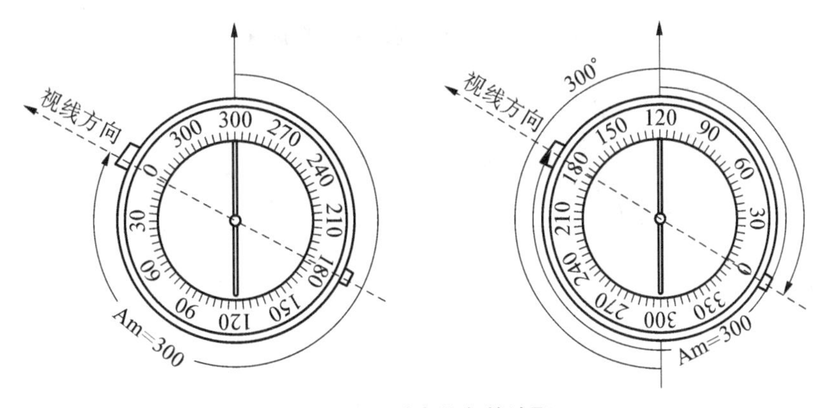

图 1－31　磁方位角的读取

在倾斜地面的距离丈量中,需要测定地面两点连线的倾斜角,此时,将十字丝交点对准标杆上和仪器等高之处,然后在竖直度盘上读数即可。

使用罗盘仪测量方位角时,不要将小刀、钢尺、测钎等铁质物体接近仪器,也不宜在铁桥、高压电线、铁轨及较大的其他钢铁物体旁边测量;观测完毕后,应随手拧紧磁针制动螺旋,避免顶针尖端磨损。

任务三　视距测量

视距测量是根据几何光学和三角学原理，利用仪器望远镜内视距装置及视距尺测定两点间的水平距离和高差的一种测量方法。这种方法具有操作方便、速度快、不受地面高低起伏限制等优点。但其精度较低，一般只能达到 1/200～1/300，仅能满足测定碎部点精度要求，广泛应用于精度要求较低的地形测量中。

视距测量所用的主要仪器工具是经纬仪、视距尺。视距尺可以是塔尺或折尺，也可以用水准尺代替。

一、视距测量的原理

（一）视准轴水平时的视距测量原理

如图 1-32 所示，欲测定 A、B 两点间的水平距离 D 和高差 h，可在 A 点安置经纬仪，在 B 点竖立视距尺，当经纬仪视线水平时照准视距尺，可使视线与视距尺相垂直。δ 为物镜中心至仪器旋转中心的距离，f 为物镜焦距，焦点 F 至视距尺的距离为 d；上、下两视距丝 m、n 分别切于视距尺上的 M 和 N 处，用 l 表示 M 和 N 间的长度称尺间隔；p 为两视距丝在十字丝分划板上的间距。

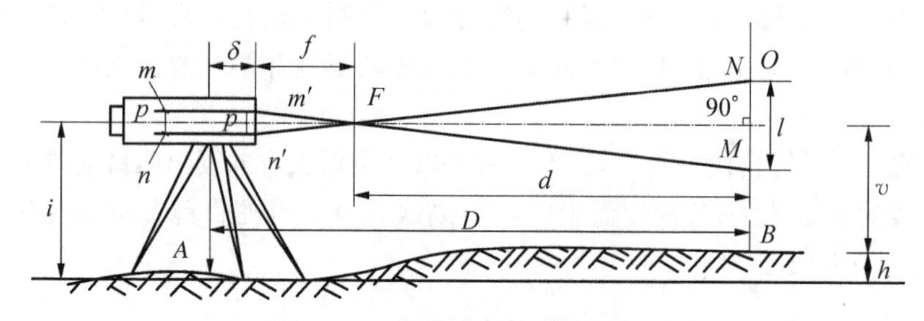

图 1-32　视准轴水平时视距原理

A 点到 B 点的水平距离为

$$D=d+f+\delta$$

$\triangle MFN$ 与 $\triangle m'n'F$ 相似，因此推导

$$d=\frac{f}{p}l$$

则 A、B 两点间的距离为

$$D=\frac{f}{p}l+f+\delta$$

令

$$K=\frac{f}{p},\quad C=\delta+f$$

故

$$D=Kl+C$$

上式中 K 称为视距乘常数，C 称为视距加常数，由于 p 与 f 是在仪器生产过程中就已经确定，为了计算方便，生产时就选择合适的 p 与 f 的大小，使 $K=100$，而 C 值，对外调焦

望远镜，一般为 0.3 m 左右，而在内调焦望远镜中，经过调整物物镜焦距、调焦透镜焦距及上、下丝间距等参数后，C 值接近于零。故内对光式望远镜的视距公式为：

$$D=Kl \tag{1-12}$$

由图 1－32 很容易看出 A、B 两点之间的高差 h 为

$$h=i-v \tag{1-13}$$

式中　i——仪器高(地面桩点至经纬仪横轴的距离)

v——瞄准高(为十字丝中丝在视距尺上的读数)

(二) 视准轴倾斜时的视距测量原理

在地面起伏较大的地区进行视距测量时，必须使视线倾斜才能读取视距尺间隔，如图 1－33 所示，此时，由于视线不垂直于视距尺，故上述视距公式不适宜。如果能将尺间隔换算为与视线垂直的尺间隔 $M'N'$，这样就可以按上面的公式计算倾斜距离 D'，再根据 D' 和竖直角 α 可得出水平距离 D 及高差 h。现在只需找出 MN 与 $M'N'$ 之间的关系即可解决这个问题。

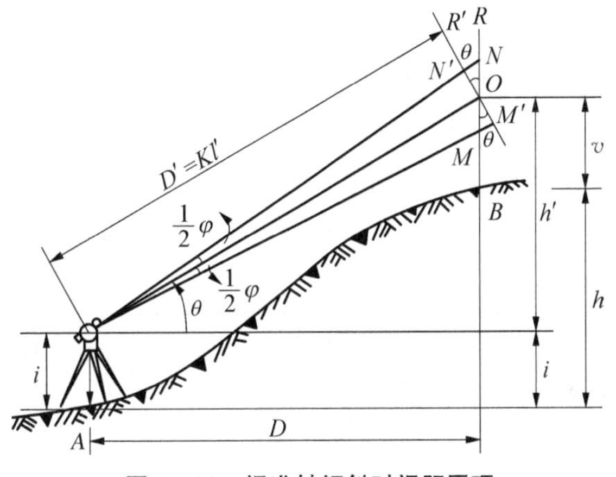

图 1－33　视准轴倾斜时视距原理

设想将竖直的视距尺 R 绕 O 点旋转一个 θ 角(为视线的竖直角)变为 R'，使其与视准轴垂直，得出尺间隔 l'($M'N'$长)后，再按公式(1－12)求得倾斜距离为 $D'=Kl'$。于是 A、B 两点间的水平距离为

$$D=D'\cos\theta=Kl'\cos\theta$$

由于 $\angle NN'O=90°+\varphi/2$，$\angle MM'O=90°-\varphi/2$，且因 φ 很小(约 34′)，故可将 $\angle NN'O$ 和 $\angle MM'O$ 近似视为直角。另外，由于 $\angle NON'=\angle MOM'=\theta$，故

$$M'N'=M'O+N'O=MO\cos\theta+NO\cos\theta=(MO+NO)\cos\theta=MN\cos\theta$$

即
$$l'=l\cos\theta$$

将上式代入公式(1－12)，可得 $D=Kl'\cos\theta=Kl\ \cos\theta\ \cos\theta=Kl\cos^2\theta$

即
$$D=Kl\cos^2\theta \tag{1-14}$$

这就是视线倾斜时测定平距的公式。

由图 1－23 可知，A、B 两点的高差为

$$h=h'+i-v$$

因斜距
$$D'=Kl'=Kl\cos\theta$$

所以
$$h'=D'\sin\theta=Kl\cos\theta\ \sin\theta=\frac{1}{2}Kl\sin 2\theta$$

则

$$h = \frac{1}{2}Kl \cdot \sin 2\theta + i - v \tag{1-15}$$

应用这个公式时，应将倾斜角 θ 的正负号(仰角为正，俯角为负)一起代入公式中，所得高差自然就有了正负之分。

公式(1-14)、(1-15)分别为视准轴倾斜时测定水平距离和高差的公式。

二、视距测量的方法

(一) 视距测量观测水平距、高差的方法

用视距测量的方法测定地面点 A 到 B 之间的水平距离和高差，其观测步骤如下：

(1) 在测站上安置仪器，进行对中、整平、量取仪器高，记入手簿。

(2) 在待测点竖立视距尺，注意立直。

(3) 用望远镜瞄准视距尺，在尺上读取上丝、下丝、中丝的读数，读取竖盘读数分别为 L 和 R，计算竖直角和竖盘的指标差 x。注意在读取竖盘读数时，必须调节竖盘指标水准管微动螺旋，使气泡居中。

(4) 计算水平距离 D 及高差 h。

表 1-2　经纬仪普通视距测量手簿

观测者 ＊＊＊＊＊＊　　记录者 ＊＊＊＊＊＊　　日期＊＊年＊＊月＊＊日

测站 仪器高	点号	上丝读数/下丝读数 (m)	尺间隔 (m)	竖盘读数 (° ′ ″)	竖直角 (° ′ ″)	水平距离 (m)	中丝读数 (m)	高差 (m)
O 1.310	A	1.324/1.817	0.493	87 32 54	+2 27 06	49.209	1.571	+1.846
	B	0.796/1.835	1.039	93 22 48	−3 22 48	103.539	1.316	−6.121

(二) 计算水平距和高差的方法

利用电子计算器(如 CASIOfx - 3600P、CASIOfx - 4200P、CASIOfx - 4500P 和 CASIOfx - 4800P 等)编制简短程序的功能，根据视距测量平距与高差计算公式 $D = Kl\cos^2\theta$、$h = \frac{1}{2}Kl \cdot \sin 2\theta + i - v$ 预先编制成程序，计算时输入已知数据及观测值，即可得到测站至测点的水平距离、高差和测点的高程。

【例 1-2】已知 1 点上、中、下三丝读数分别是 0.934 m、1.350 m、1.768 m，竖盘读数为 80°26′，A 点高程为 20.18 m，仪器高 1.42 m，计算测站 A 到 1 点的水平距离和高差，并求出 1 点的高程。

解：将观测数据代入公式(1-14)和(1-15)得

$$D = Kl\cos^2\theta = 100 \times 0.834\ \text{m} \times \cos^2 9°34' \approx 81.10\ \text{m}$$

$$h = \frac{1}{2}kl\sin 2\theta + i - v = \frac{1}{2} \times 100 \times 0.834\ \text{m} \times \sin(2 \times 9°34') + 1.42\ \text{m} - 1.35\ \text{m} \approx 13.74\ \text{m}$$

$$H_1 = H_A + h_{A1} = 20.18\ \text{m} + 13.74\ \text{m} = 33.92\ \text{m}$$

同理可计算出测站点 A 到其他碎部观测点的水平距离和高差，并计算出高程。

技能实训

实训一　钢尺量距与直线定向

水平距离是确定地面点平面位置的主要参数。距离测量是测量的基本工作之一，钢尺量距是距离测量中方法简便、成本较低、使用较广的一种方法。本实验通过使用钢尺丈量距离，使同学们熟悉距离丈量测定的工具，正确掌握其使用方法。

一、实训目标

1. 掌握直线定线的方法

2. 能够正确使用钢尺、皮尺、标杆等量距工具，学会钢尺丈量距离的一般方法。

二、实训场所

实训基地和实验室

三、实训形式

1. 在测量实验室以班级为单位学习各种量距工具的使用与保养。

2. 在校园实习场以4～5人为一组，在教师指导下测量直线距离。

四、实训备品与材料

按4～5人为一组，每组配备：钢尺、皮尺各一把；标杆3根、测钎1组；记录板1块（含记录表）、铅笔、粉笔、记号笔、木桩等。

五、实训内容与方法

1. 定桩

在平坦场地上选定相距约80 m的A，B两点，打下木桩，在桩顶钉上小钉作为点位标志（若在坚硬的地面上可直接画细十字线作标记）。在直线AB两端各竖立1根花杆。

2. 往测

(1) 后尺手手持钢尺尺头，站在A点花杆后，单眼瞄向A，B花杆。

(2) 前尺手手持钢尺尺盒并携带一根花杆和一束测钎沿$A\rightarrow B$方向前行，行至约一整尺长处停下，根据后尺手指挥，左、右移动花杆，使之插在AB直线上。

(3) 后尺手将钢尺零点对准点A，前尺手在AB直线上拉紧钢尺并使之保持水平，在钢尺一整尺注记处插下第一根测钎，完成一个整尺段的丈量。

(4) 前后尺手同时提尺前进，当后尺手行至所插第一根测钎处，利用该测钎和点B处花杆定线，指挥前尺手将花杆插在第一根测钎与B点的直线上。

(5) 后尺手将钢尺零点对准第一根测钎，前尺手同法在钢尺拉平后在一整尺注记处插入第二根测钎，随后后尺手将第一根测钎拔出收起。

(6) 同法依次类推丈量其它各尺段。

(7) 到最后一段时，往往不足一整尺长。后尺手将尺的零端对准测钎，前尺手拉平拉紧钢尺对准B点，读出尺上读数，读至毫米位，即为余长q，做好记录。然后，后尺手拔出收起最后一根测钎。

(8) 此时，后尺手手中所收测钎数n即为AB距离的整尺数，整尺数乘以钢尺整尺长l加上最后一段余长q即为AB往测距离，即$D_{AB}=nl+q$。

3. 返测　往测结束后，再由B点向A点同法进行定线量距，得到返测距离D_{BA}。

4. 根据往、返测距离 D_{AB} 和 D_{BA} 计算量距相对误差 $k=\frac{|D_{AB}-D_{BA}|}{\overline{D}_{AB}}=\frac{1}{N}$，与容许误差 $K_{容}=\frac{1}{3\ 000}$ 相比较。若精度满足要求，则 AB 距离的平均值 $\overline{D}_{AB}=\frac{D_{AB}+D_{BA}}{2}$ 即为两点间的水平距离。

六、注意事项

为了提高距离丈量的精度和避免产生错误，在距离丈量时应注意以下事项：

1. 使用钢尺、皮尺等尺子前，要认真查看零点、末端的位置和注记情况，以免读数错误。

2. 丈量时，直线定线要直；一定要将钢尺等尺子拉平、拉直、拉稳，且拉力要均匀；测钎要插竖直、准确，若地面坚硬，也可以在地上做出相应记号；尺子整段悬空时，中间应有人将其托住，以减少垂直误差；尺子不能有打结或扭折等现象。

3. 避免读错和听错数字，例如把"9"看成"6"，或把"4"和"10"听错了；丈量最后一段余长时，要注意尺面的注记方向，不要读错。

4. 使用钢尺时，不得在地面上拖行，更不能被车辆碾压或行人践踏；拉尺时，不要用力硬拉；收尺时，不能有卷曲扭缠现象，摇柄不能逆转；钢尺使用完毕后，要用软布擦去灰尘，如遇雨淋，要擦干后再涂一层机油，以防生锈。

七、实训报告要求

每组完成距离丈量记录表的填写和计算。要求记录清晰、计算准确。往返测量相对误差在预定精度要求范围内，实验结束后将测量实验报告以小组为单位装订成册上交。

表 1-3　钢尺量距记录与计算

仪器型号________班组________观测者________记录者________日期________天气________

直线编号	测量方向	整尺段长（m）	整尺段数	余长（m）	全长（m）	往返平均（m）	相对误差 K
	往						
	返						
	往						
	返						
	往						
	返						
	往						
	返						
	往						
	返						
	往						
	返						

实训二　罗盘仪的认识与使用

一、实训目标

熟悉望远镜罗盘仪的构造及各部件的作用；学会平均磁方位角的计算方法；掌握罗盘仪测定磁方位角的方法和步骤；学会方位角与象限角的换算。

二、实训场所

测量实验室、校园实习场。

三、实训形式

在测量实验室，以4～5人为一组，实际操作、识别罗盘仪各部件的名称和作用，然后到校园实习场测定某一直线的正、反磁方位角。

四、实训备品与材料

按4～5人一组，每组配备：望远镜罗盘仪、三脚架1套，标杆2根，记录板1块(含记录表)，铅笔、小刀等。

五、实训内容与方法

1. 罗盘仪的构造及各部件的作用

(1) 安装仪器

调节三脚架腿的长度，并置于地面；旋下三脚架上的垂球帽露出螺杆，连接罗盘仪；用垂球帽对准地面任一点。

(2) 整平

松开球臼螺旋，前后、左右仰俯罗盘盒，使水准器气泡居中，然后再旋紧球臼螺旋。

(3) 实际操作罗盘仪各部件

放松磁针制动螺旋，让磁针自由转动；旋松水平制动螺旋，使刻度盘左右转动；松望远镜制动螺旋，使望远镜上、下旋转；紧固望远镜制动螺旋，扭动微动螺旋，使望远镜上、下微动；调节望远镜对光螺旋，使被测目标的影像清晰；旋转目镜螺旋，使十字丝清晰等。

2. 罗盘仪测定磁方位角

(1) 安置仪器

在地面选择相距30～40 m的A、B两点，于B点竖立标杆；旋下三脚架上的垂球帽露出螺杆并连接罗盘仪，移动三脚架，用垂球帽对中A。

(2) 整平

松球臼，前后、左右仰俯罗盘盒，使水准器气泡居中，然后再旋紧球臼螺旋；放开制动螺旋，让磁针自由转动。

(3) 瞄准目标

旋松望远镜制动螺旋和水平制动螺旋，转动仪器，利用准星和照门粗略瞄准B点标杆后，再用十字丝交点精确对准B点。

(4) 读数

磁针自由静止后，正对磁针并沿注记增大方向读记北端所指的读数，即为所测直线AB的正磁方位角。

同理，将罗盘仪安置于B点，于A点竖立标杆，测定直线AB的反磁方位角。

六、注意事项

1. 迁站之前，一定要拧紧磁针制动螺旋，避免顶针尖端磨损。

2. 当 A、B 两点相距较近时，其正、反磁方位角应相差 180°，若不等，不符值(即正反方位角应相差 180°相比较)不得大于±1°，并以平均磁方位角作为该直线的方位角，即

$$\alpha_{平均}=\frac{\alpha_{正}+(\alpha_{反}\pm 180^{\circ})}{2}$$

七、实训报告要求

(1) 每人写出望远镜罗盘仪各部件的名称、作用及使用罗盘仪的注意事项。

(2) 每组完成磁方位角测定记录表的填写与计算。要求记录清晰，计算准确。实验结束后将测量实验报告以小组为单位装订成册上交。

表 1-4　罗盘仪测量磁方位角手簿

测站	目标	磁方位角			象限角 (° ′ ″)	备注
		正方位角 (° ′ ″)	反方位角 (° ′ ″)	平均方位角 (° ′ ″)		

实训三　经纬仪视距测量

视距测量是根据光学原理，利用望远镜中的视距丝同时测定碎部点距离和高差的一种方法。其特点是：操作简便、受地形限制小，但精度仅能达到 1/200～1/300。通过本实验可以加深同学们对视距测量的理解，掌握视距测量的方法。

一、实训目标

1. 进一步理解视距测量的原理。

2. 练习用视距测量的方法测定地面两点间的水平距离和高差。

3. 学会用计算器进行视距计算。

二、实训场所

测量实训场

三、实训形式

1. 以组为单位，进行测量。

2. 以人为单元，进行独立观测计算距离。

3. 每人完成一份实习报告，包括完整的实习数据。

四、实训备品与材料

(1) 经纬仪1台、视距尺1根、2 m钢卷尺1把、木桩2个、小钉2个、斧头一把，记录板1块、测伞2把。

(2) 自备：铅笔、计算器。

五、实训内容与方法

(1) 在地面选定间距大于40 m的A，B两点打木桩，在桩顶钉小钉作为AB两点的标志。

(2) 将经纬仪安置(对中、整平)于A点，用小卷尺量取仪器高i(地面点到仪器横轴的距离)，精确到厘米，记录。

(3) 在B点上竖立视距尺。

(4) 上仰望远镜，根据读数变化规律确定竖角计算公式，写在记录表格表头。

(5) 望远镜盘左位置瞄准视距尺，使中丝对准视距尺上仪器高i的读数v处(即使$v=i$)，读取下丝读数a及上丝读数b，记录，计算尺间隔$l_{左}=a-b$。

(6) 转动竖盘指标水准管微倾螺旋使竖盘指标水准管气泡居中(电子经纬仪无此操作)，读取竖盘读数L，记录，计算竖直角$\alpha_{左}$。

(7) 望远镜盘右位置重复第5,6步得尺间隔$l_{右}$和$\alpha_{右}$。

(8) 计算竖盘指标差，在限差满足要求时，计算盘左、盘右尺间隔及竖直角的平均值l，α。

(9) 用计算器根据l、α计算AB两点的水平距离D_{AB}和高差h_{AB}。当A点高程给定时，计算B点高程。

(10) 再将仪器安置于B点，重新用小卷尺量取仪器高i，在A点立尺，测定BA点间的水平距离D_{BA}和高差h_{BA}，对前面的观测结果予以检核，在限差满足要求时，取平均值求出两点间的距离D_{AB}和高差h_{AB}($h_{AB}=-h_{BA}$)。当A点高程给定时，计算B点高程。

(11) 上述观测完成后，可随机选择测站点附近的碎部点作为立尺点，进行视距测量练习。

六、注意事项

(1) 观测时，竖盘指标差应在$\pm25'$以内；上、中、下三丝读数应满足$\left|\frac{上+下}{2}-中\right|\leqslant$ 6 mm。

(2) 用光学经纬仪中丝读数前，应使竖盘指标水准管气泡居中。

(3) 视距尺应立直。

(4) 水平距离往返观测的相对误差的限差$k_{容}=\frac{1}{300}$；高差之差的限差$\Delta h_{容}=\pm5$ cm。

(5) 若AB两点间高差较小，则可使视线水平，即盘左读数为90°盘右读数为270°，读取上丝读数a'、下丝读数b'，计算视距间隔$l'=b'-a'$，再使竖盘指标水准管气泡居中，读取中丝读数v，计算水平距离$D=Kl$，高差$h=i-v$。

七、实训报告

实验结束后将测量实验报告以小组为单位装订成册上交。

表 1-5　视距测量记录表

仪器型号________班组________观测者________记录者________日期________天气________

测站点 仪器高	目标	尺上读数			尺间隔 /m	竖盘读数 (° ′)	竖直角 (° ′)	高差/ m	水平距离 /m
		上丝/m	下丝/m	中丝/m					

思考与练习

一、选择

1. 水平距离指(　　)。

A. 地面两点的连线长度

B. 地面两点投影在同一水平面上的直线长度

C. 空间两点的连线长度

D. 地面两点投影在任意平面上的直线长度

2. 量得两点间的倾斜距离为 S,倾斜角为 α,则两点间水平距离为(　　)。

A. $S \cdot \sin\alpha$　　B. $S \cdot \cos\alpha$　　C. $S \cdot \tan\alpha$　　D. $S \cdot \cot\alpha$

3. 在高斯平面直角坐标系中,以纵坐标线北端按顺时针方向量到一直线的角度称为该直线的(　　)。

A. 坐标方位角　　B. 夹角　　C. 水平角　　D. 竖直角

4. 标准方向的北端或南端与直线间所夹的锐角叫作(　　)。

A. 正象限角　　B. 反方位角　　C. 方位角　　D. 象限角

5. 在直线定向中,象限角的角值在(　　)范围。

A. 0°～360°　　B. 0°～180°　　C. 0°～270°　　D. 0°～90°

6. 某直线 AB 的坐标方位角为 230°,则其坐标增量的正负号为(　　)。

A. Δx 为正,Δy 为正　　B. Δx 为正,Δy 为负

C. Δx 为负,Δy 为正　　D. Δx 为负,Δy 为负

7. 某直线的方位角为 260°,该直线的象限角为(　　)。

A. NE60°　　B. SE30°　　C. SE80°　　D. SW80°

8. 确定一直线与标准方向的夹角关系的工作称为(　　)。

A. 定位测量　　B. 直线定向

C. 象限角测量　　　　　　　　D. 直线定线

9. 正西南方向的象限角为(　　)。

A. 45°　　B. 135°　　C. NW45°　　D. SW45°

10. 一条指向正南方向直线的方位角和象限角分别为(　　)。

A. 90°、90°　　　　　　　　B. 180°、0°

C. 0°、90°　　　　　　　　　D. 270°、90°

11. 对地面上两点 AB 往返丈量其水平距离，自 A 点量至 B 点为 175.204 m，自 B 点量至 A 点为 175.242 m。那么本次测量的精度为(　　)。

A. −0.038　　　　　　　　　B. +0.038

C. 1/4 611　　　　　　　　　D. −1/4 611

二、简答和计算

1. 什么叫三北方向线？它们之间有何关系？

2. 已知直线 AB 的磁方位角为 50°10′，A 点的磁偏角为东偏 3°08′，子午线收敛角为西偏 2°05′，问直线 AB 的坐标方位角和磁坐偏角各为多少？

3. 叙述罗盘仪测定磁方位角的方法？

4. 罗盘仪安置在 O 点，测得 OA 的方位角为 223°30′，OB 的方位角为 145°30′，求锐角 $\angle AOB$ 的角值。

5. 试述平坦地面直线丈量的方法。

6. 丈量 AB、CD 两段水平距离。AB 往测为 126.780，返测为 126.735 m；CD 往测为 357.235 m，返测为 357.190 m.问哪一段丈量精度更高？为什么？两段距离的丈量结果各为多少？

7. 在坡度均匀的倾斜地面上有两点 A、B，其水平距离 $D=175.20$ m，高差 $h_{AB}=+4.38$ m，园林施工中欲在直线 AB 上放样出线段 AC，使其水平距离 $D_{AC}=100.00$ m，问应从 A 点沿 AB 方向丈量多长斜距才能到 C 点？

8. 在园林施工图上，已知直线 AB 的坐标方位角为 66°30′，A 点的子午线收敛角为东偏 3°02′，磁偏角为西偏 5°03′，那么，用罗盘仪放线时，AB 的磁方位角应为多少？

9. 如图 1－34 所示，已知 1－2 边的坐标方位角及各内角值，计算出各边的坐标方位角。

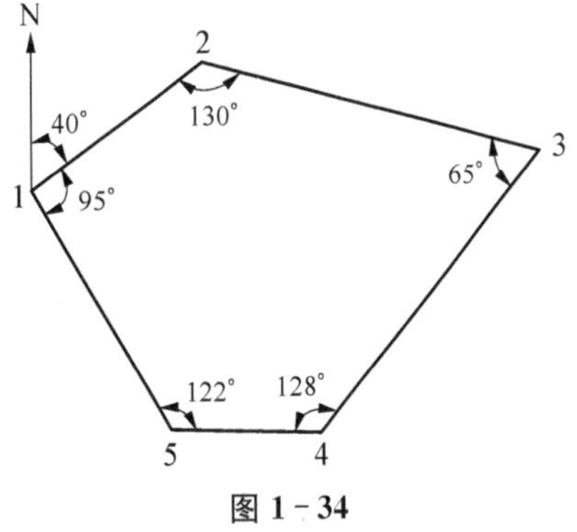

图 1－34

10. 整理下面罗盘仪测量磁方位角记录。

表 1－6　罗盘仪测量磁方位角手簿

测站	目标	磁方位角			备 注
		正方位角(°　′)	反方位角(°　′)	平均方位角(°　′)	
1	2	43　00	223　30		
2	3	119　30	300　00		
3	4	179　00	359　00		

续表

测站	目标	磁方位角			备 注
		正方位角(° ′)	反方位角(° ′)	平均方位角(° ′)	
4	5	239 00	60 00		
5	6	355 00	174 00		
6	1	293 00	113 00		

11. 使用 J_6 级经纬仪并在盘左位置测得尺间隔为 1.030，中丝读数 2.500 m，i 为 1.540 m，竖盘读数为 75°39′，已知高程 35.420 m，求平距 D、高差 h 和测点高程。

12. 说明视距测量公式 $D=Ll\cos^2\theta$ 和 $h=\frac{1}{2}Kl\sin 2\theta+i-v$ 中各字母的含义。根据下表观测数据，用电子计算器计算出水平距离、高差和高程。已知测站 A 的高程 $H_A=150.68$ m，仪器高 $i=1.42$ m，视距乘常数 $K=100$，加常数 $C=0$。

表 1-7 视距测量观测记录

测点	尺间隔/m	中丝读数/m	盘左竖盘读数(° ′)	竖直角(° ′)	高差/m	水平距离/m	测点高程/m	备注
1	0.93	1.42	84°36′					竖盘结构顺时针
2	1.85	1.42	97°27′					
3	1.62	1.80	86°15′					
4	1.31	1.80	93°46′					

项目二
水准测量

知识目标

1. 熟悉水准仪各部件的名称及使用方法；

2. 掌握水准仪的基本操作方法，包括粗平、瞄准、精平和读数；

3. 重点掌握水准路线的观测、记录及水准路线的成果整理与校核；

4. 了解水准测量误差的主要来源，掌握消除或减少误差的基本措施，并能运用于实际的测量工作中。

技能目标

1. 熟悉水准尺的种类及其数字注记形式，掌握连续水准测量即复合水准测量的方法，能熟练地操作微倾水准仪、自动安平水准仪、并准确地在水准尺上进行读数；

2. 能够根据测区实际情况，合理地布设水准路线，熟练地对附合水准路线、闭合水准路线、支水准路线实施外业观测，并进行测量成果整理。

任务一　水准仪的认识与使用

一、微倾水准仪及其使用

水准仪是水准测量的主要仪器，水准仪按其精度划分为 DS_{05}、DS_1、DS_3 和 DS_{10} 四个等级。“D”和“S”分别是“大地测量”、“水准仪”汉语拼音的第一个字母，下标 05、1、3、10 是指各等级水准仪每千米往返测高差中数的中误差，以毫米(mm)计。在工程测量中，一般使用 DS_3 型微倾水准仪。

(一) DS_3 型微倾水准仪的构造

DS_3 型水准仪由望远镜、水准器及基座三个主要部分组成。如图 2－1 所示。

仪器通过基座与三脚架连接，支撑在三脚架上。基座上的三个脚螺旋与目镜左下方的圆水准器，用以粗略整平仪器。望远镜旁装有一个管水准器，转动望远镜微倾螺旋，可使望远镜做微小的俯仰运动，管水准器也随之俯仰，使管水准器的气泡居中，此时望远镜视线水平。仪器在水平方向的转动，是由水平制动螺旋和微动螺旋控制的。下面对望远镜和水准器作较为详细的介绍。

1. 望远镜

望远镜是用来精确瞄准远处目标和提供水平视线进行读数的主要部件。如图 2－2(a) 所示。它主要由物镜、调焦透镜、物镜调焦螺旋(对光螺旋)、十字丝分划板、目镜等组成。物

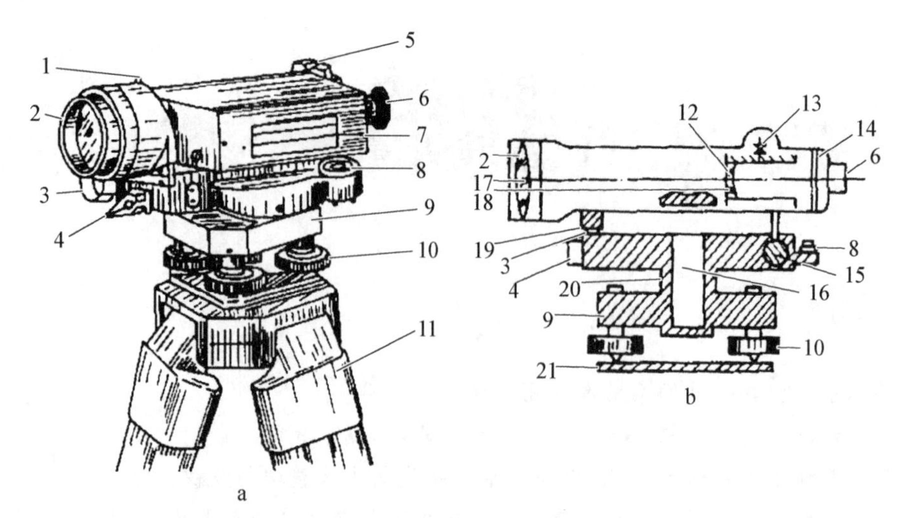

图 2-1　DS_3 型微倾水准仪

1. 准星　2. 物镜　3. 微动螺旋　4. 制动螺旋　5. 照门 6. 目镜　7. 管水准器　8. 圆水准器　9. 基座　10. 脚螺旋 11. 三脚架　12. 调焦透镜 13. 调焦螺旋　14. 十字丝分划板　15. 微倾螺旋　16. 竖轴　17. 视准轴　18. 水准管轴　19. 微倾顶柱　20. 轴套　21. 底板

镜光心与十字丝交点的连线称为望远镜的视准轴,视准轴是瞄准目标和读数的依据;十字丝分划板是用来准确瞄准目标用的,中间一根长横丝称为中丝,与之垂直的一根称为竖丝,与中丝上下对称的两根短横丝称为上、下丝(又称为视距丝),图 2-2(b)是从目镜中看到的经过放大后的十字丝分划板上的像。在水准测量时,用中丝在水准尺上的进行前后视读数,用于计算高差。

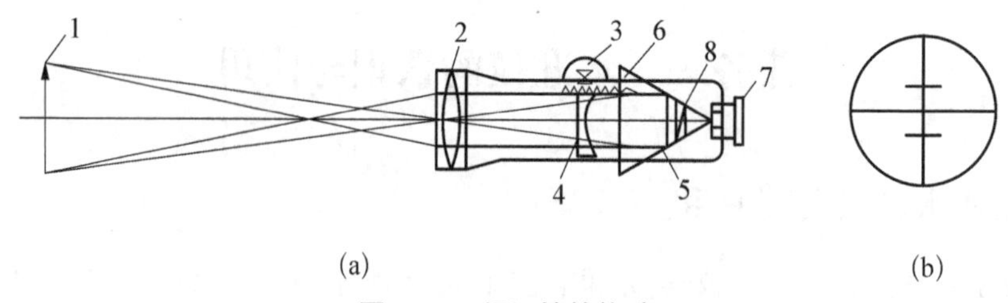

图 2-2　望远镜的构造

1. 目标　2. 物镜　3. 调焦螺旋　4. 调焦透镜　5. 倒立实像　6. 放大虚像　7. 目镜　8. 十字丝分划丝

用望远镜瞄准目标的标准是十字丝及目标成像都清晰稳定。为此,首先进行目镜对光:将望远镜对着明亮的背景,调节目镜对光螺旋,使十字丝清晰。其次进行物镜对光:先对准目标,调节物镜对光螺旋,使目标成像清晰。同时使眼睛相对目镜微微上下移动,检查有无十字丝视差。若目标正好成像于十字丝平面上,十字丝与目标成像不会相对移动。反之,若目标未成像于十字丝平面上,眼睛上下移动时十字丝与目标成像必然相对移动,这表明存在十字丝视差。消除视差的办法是交替调节目镜和物镜的调焦螺旋。使上述两个平面重合,及至成像稳定为止。

2. 水准器

水准器是用以整平仪器的装置,分为管水准器和圆水准器两种。

(1) 管水准器。亦称水准管,是内壁纵向磨成圆弧状两端封闭的玻璃管,管上对称刻有间隔 2 mm 的分划线,管水准器内壁圆弧中心点为管水准器的零点,过管水准器零点的切线

LL 平行于视准轴，如图 2－3。

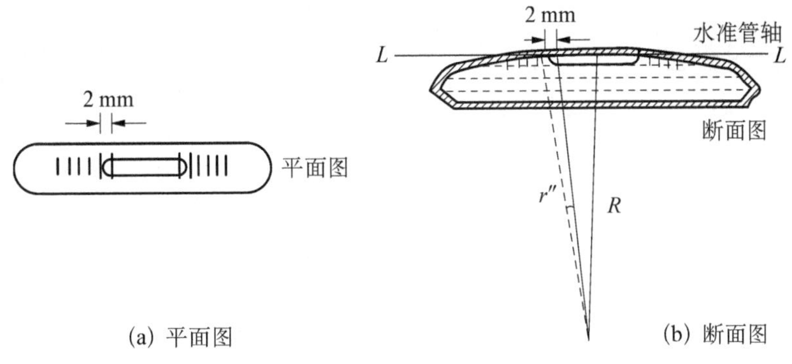

(a) 平面图　　(b) 断面图

图 2－3　管水准器

水准管气泡偏离中心 2 mm 所对的圆心角，称为水准管分划值 τ，用公式表示为：

$$\tau=\frac{2\ \mathrm{mm}}{R}\rho'' \tag{2-1}$$

式中：τ——水准管分划值；

ρ''——弧度的秒值，$\rho''=206\ 265''$，表示一弧度所对应的角度秒值；

R ——水准管圆弧半径，单位：mm。

分化值与水准管圆弧半径 R 成反比，R 越大，τ 越小，水准管灵敏度越高，则整平精度也越高，反之精度越低。

为了提高水准管气泡居中的精度，目前生产的水准仪，一般在水准管上方设置一组棱镜。利用棱镜的折光作用，使气泡两端的像反映在直角棱镜上，如图 2－4(a)所示。从望远镜旁的气泡观察窗中，可以看到气泡的两端的影像，当两半个气泡的像错开时，表明气泡未居中；当两半个气泡像吻合时，则表示气泡居中，见图 2－4(b)。这种具有棱镜装置的水准管称为符合水准器，它不仅便于观察，同时可以提高气泡的居中精度。

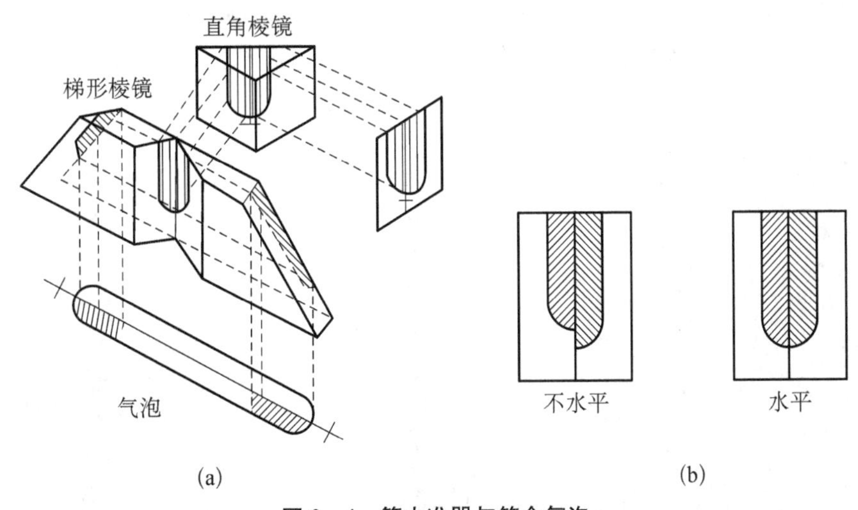

(a)　　(b)

图 2－4　管水准器与符合气泡

(2) 圆水准器。如图 2－5 所示，它是一个在密封的顶面内磨成球面的玻璃圆盒，顶面

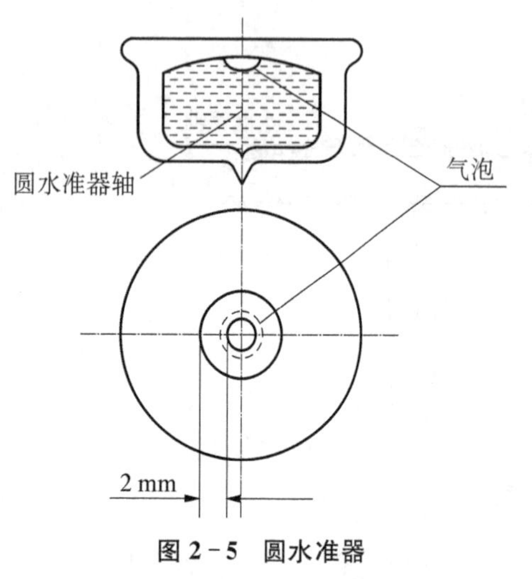

图 2-5 圆水准器

中央刻有一个小圆圈，刻有圆分划。通过分划圈的中心（即零点 O）做球面的法线，称为圆水准器轴。当气泡位于小圆圈中央时，圆水准轴器处于铅垂位置，普通水准仪的圆水准器分划值一般为 $8'/2mn$。圆水准器安装在托板上，其轴线与仪器的竖轴互相平行，所以当圆水准器气泡居中时，表示仪器的竖轴已基本处于铅垂位置。由于圆水准器的精度较低，它主要用于水准仪的粗略整平。

3. 基座

基座主要由托板（又叫轴座）、连接螺旋和脚螺旋组成。托板用来支撑仪器上部（望远镜和水准器），连接螺旋用来连接仪器和三脚架，转动脚螺旋可使圆水准气泡居中，从而粗略整平仪器。

（二）水准尺和尺垫

1. 水准尺

水准尺是水准测量的重要工具，其质地好坏直接影响水准测量的精度，因此它是用不易变形并且干燥的优质木材或者玻璃钢制成，要求尺长稳定，刻划准确。水准尺常用的有塔尺和直尺两种。

（1）直尺　多用于较精密的水准测量，其长度为 3～5 m。在尺面上每隔 1 cm 涂有黑白或红白相间的分格，每分米处注有数字，如图 2-6 所示。精度较高的水准测量常用双面水准尺，它的一面为黑白相间分划（主尺），另一面是红白相间分划（辅尺），黑面尺底从零开始，而红面尺底固定数值为 4 687 mm 或 4 787 mm 开始，此固定数值称为零点差，目的在于水准测量中，以校核读数正确，避免凑数而发生错误。通常用两根水准尺组成一对进行水准测量。

（2）塔尺　一般用于普通水准测量，长度为 5 m，由 3 段套接而成。尺的底部为零点，尺上刻划为黑白（红白）相间，每格宽度为 1 cm～0.5 cm，每分米处注有数字。塔尺可以伸缩，携带方便，但接头处易损坏，影响尺的精度。在电子水准仪测量中，使用条形码水准塔尺。如图 2-7、2-8 所示。

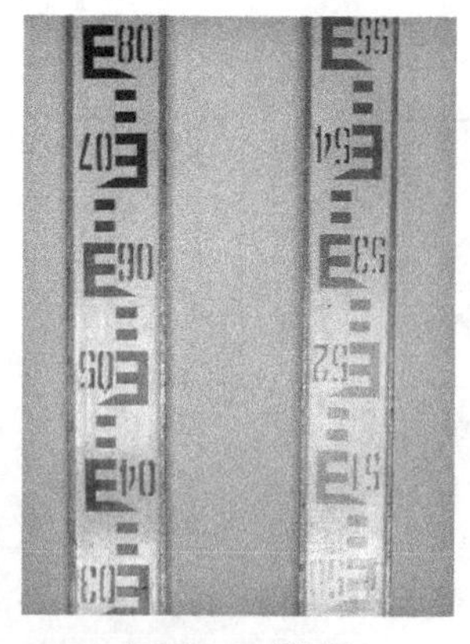

图 2-6 直尺

图 2-7 塔尺

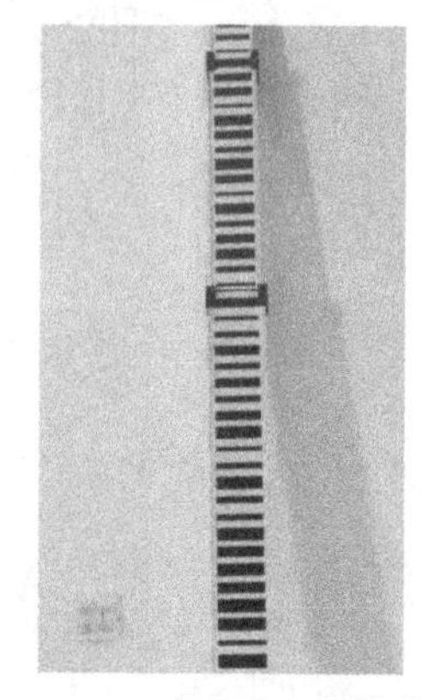

图 2-8 条形码水准塔尺

2. 尺垫

尺垫一般为三角形的铸铁块，中央有一突起的半球顶，以便放置水准尺。下有三尖脚，可踩入土中。尺垫的作用是标定立尺点位和支撑水准尺。如图 2－9 所示。

图 2－9　尺垫

3. 三脚架

三脚架是水准仪的附件，用以安置水准仪，由木质（或金属）制成，三脚架一般可以伸缩，便于携带及调整仪器高度，使用时用中心连接螺旋与仪器固紧。

(三) 微倾水准仪的使用

水准仪的操作使用包括安置仪器、粗略整平、瞄准目标、精确置平与读数等步骤。

1. 安置仪器

在测站上张开三脚架，调节架脚长度使仪器高度与观测者身高相适应，目测架头大致水平，取出仪器放在架头上，用连接螺旋将其与三脚架连紧，并固定三只架脚。

2. 粗略整平

指通过调节三个脚螺旋使圆水准气泡居中，从而使仪器的竖轴大致铅垂，达到粗略整平的目的。如图 2－10(a)所示，先调两个脚螺旋，按气泡运行方向与左手拇指旋转方向一致的规律，用两手同时反向转动两个脚螺旋，使气泡沿着两个脚螺旋连线平行的方向移动到图 2－10(b)所示的位置，然后转动第三个脚螺旋，使气泡居中。

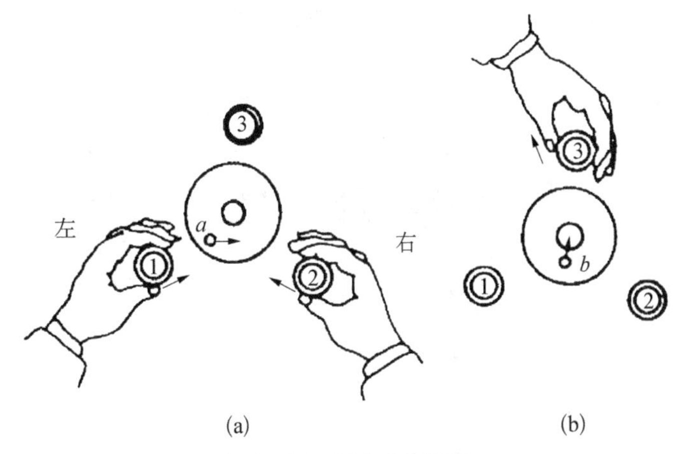

图 2－10　圆水准器整平

3. 瞄准目标

(1) 目镜对光　调节目镜对光螺旋，使十字丝成像清晰；

(2) 粗略瞄准　放松制动螺旋，旋转望远镜使缺口准星对准目标，拧紧制动螺旋；

(3) 物镜对光　调节物镜对光螺旋，使目标成像清晰；

(4) 消除视差　交替调节目镜螺旋和物镜对光螺旋直至目标成像稳定；

(5) 精确瞄准　调节微动螺旋，使竖丝处于水准尺的一侧。

4. 精平与读数

为了使视线精确地处于水平位置，读数前应调节微倾螺旋使水准管气泡居中（调节时，微倾螺旋转动的方向与左半边气泡影像移动方向一致，或可由外部观测气泡偏离的位置，来决定旋转方向)，即使符合水准气泡两端影像对齐，如图 2－11 所示，这时方可在水准尺上读数。

读数时应从小到大，直接读米(m)、分米(dm)、厘米(cm)，估读到毫米(mm)。如图 2－12 中，读数为 1.274 m 和 0.560 m。读数完毕后立即重新检查符合水准气泡是否仍然居中，如仍居中，则读数有效，否则应重新使符合气泡居中再读数。

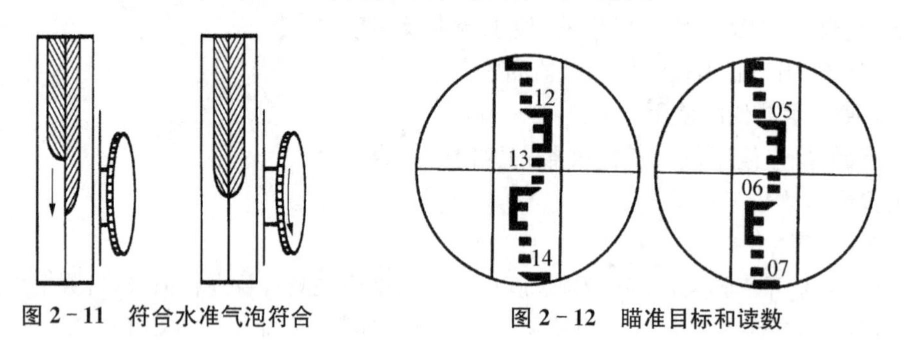

图 2－11　符合水准气泡符合　　　　图 2－12　瞄准目标和读数

二、自动安平水准仪

自动安平水准仪(automatic level)是指在一定的竖轴倾斜范围内，利用补偿器自动获取视线水平时水准标尺读数的水准仪。

自动安平水准仪的构造特点是没有管水准器和微倾螺旋，而只有一个圆水准器进行粗略整平。当圆水准气泡居中后，尽管仪器视线仍有微小的倾斜，但借助仪器内补偿器的作用，视准轴在数秒内自动呈现为水平状态，从而对于施工场地地面的微小震动、松软土地的仪器下沉和风吹刮动时的视线微小倾斜等不利情况，能够迅速自动地安平仪器，有效地减弱外界的影响，有利于提高观测精度。这种仪器操作迅速简便，测量精度高，深受测量人员欢迎。

如图 2－13 所示，为自动安平水准仪的构造图。

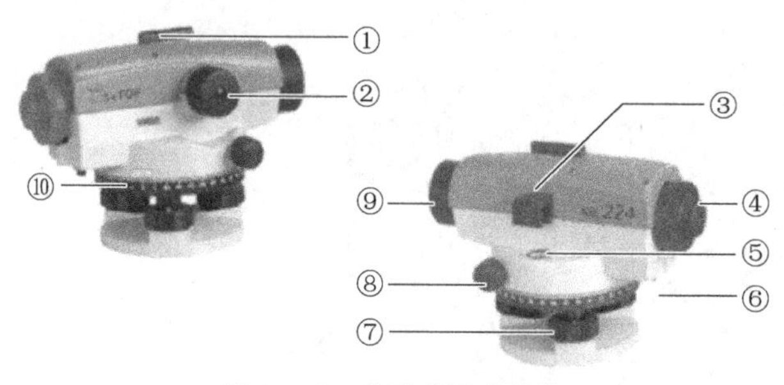

图 2－13　自动安平水准仪

1. 粗瞄器　2. 调焦手轮　3. 水泡反光镜　4. 目镜　5. 圆水泡　6. 检查按钮　7. 脚螺旋　8. 微动手轮　9. 物镜　10. 度盘

(一) 视线自动安平的原理

如图 2－14 所示，当视线水平时，水平光线恰好与十字丝交点所在位置 k' 重合，读数正确无误，如视线倾斜一个 α 角，十字丝交点移动一段距离 d 到达 k 处，这时按十字丝交点 k 读数，显然有偏差。如果在望远镜内的恰当位置装置一个“补偿器”，使进入望远镜的水平光线经过补偿器后偏转一个 β 角，恰好通过十字丝交点 k 读出的数仍然是正确的。由此可知，补偿器的作用，是使水平光线发生偏转，而偏转角的大小正好能够补偿视线倾斜所引起的读数偏差。

$$f \times \alpha = S \times \beta \tag{2-2}$$

式中：f——物镜到十字丝分划板的距离；

S——补偿装置到十字丝分划板的距离。

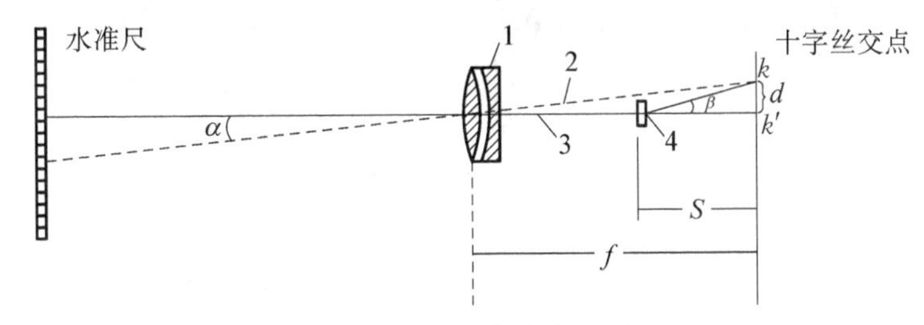

图 2-14　视线自动安平原理

1. 物镜　2. 倾斜视线　3. 水平视线　4. 补偿装置

（二）自动安平水准仪的使用

自动安平水准仪的使用与微倾水准仪大致相同，具体操作步骤如下：

1. 安置仪器

在测站上张开三脚架，调节架脚长度使仪器高度与观测者身高相适应，目测架头大致水平，取出仪器放在架头上，用连接螺旋将其与三脚架连紧，并固定三只架脚。

2. 粗略整平

可参考前述微倾水准仪的整平方法，将圆水准器气泡居中。

3. 补偿器检查

仪器在圆水泡居中时瞄准一目标，把检查按钮按到底并马上放掉，同时观察目标，如若标尺像摆动后水平丝回复原位，则补偿器处于正常状态，视线水平。如仪器没有此装置，可稍微转动一下脚螺旋，如尺上读数没有变化，说明补偿器起作用，仪器正常，否则应进行检修。使用时应仔细阅读仪器说明书。

4. 瞄准目标

用望远镜上粗瞄器粗略瞄准水准尺，转动调焦手轮使成像清晰，转动目镜使十字丝清晰。转动微动手轮，精确瞄准目标。

5. 读数

三、电子水准仪

电子水准仪又叫数字水准仪，由基座、水准器、望远镜及数据处理系统组成，电子水准仪是以自动安平水准仪为基础，在望远镜光路中增加了分光镜和探测器(CCD)，并采用条码标尺和图像的处理电子系统而构成的光机电一体化的高科技产品。

（一）电子水准仪工作原理

电子水准仪利用近代电子工程学的原理，由传感器识别条码标尺上的条形码分划，经信息转换处理获得观测值，并以数字形式显示在显示窗口上或存储在处理器内。仪器的内部结构如图 2-15 所示，仪器带自动安平补偿器，与仪器配套的水准尺为条码标尺，如图 2-16 所示。水准标尺为双面分划三段折接式，其分划形式为条码和厘米分划。条码分划供电子水准仪观测时电子扫描用，标尺另一面的厘米分划可供光学水准仪观测时使用。

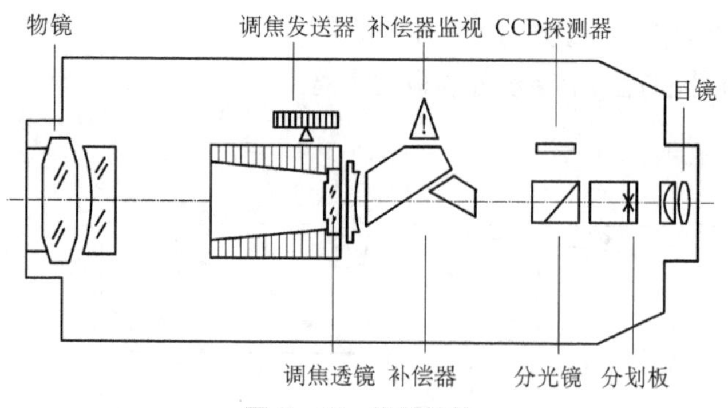

图 2-15　仪器结构

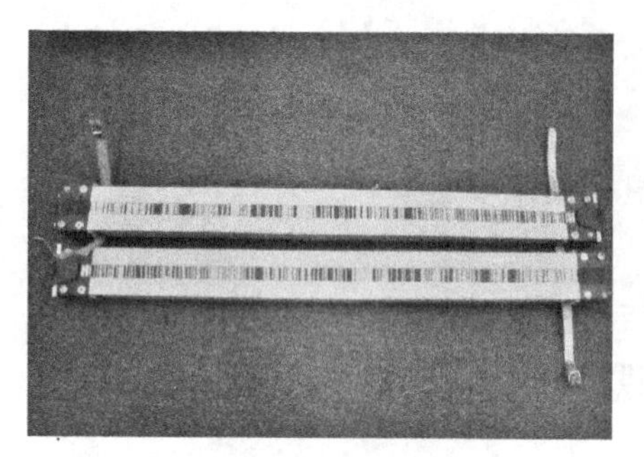

图 2-16　条码标尺

观测时，经整平和调焦后，水准尺条码分划影像映射到分光镜上，并将它分为两部分，一部分是可见光，通过十字丝和目镜，供照准用；另一部分是红外光射向探测器，并将望远镜接收到的光图像信息转换成电影像信号，并传输给信息处理器与机内原有的关于水准尺的条码本源信息进行相关处理，于是就得出水准尺上水平视线处的读数。具体的来说，当前电子水准仪采用了原理上相差较大的三种自动电子读数方法：

(1) 相关法(徕卡 NA3 002/3 003)；

(2) 几何法(蔡司 DiNi10/20)；

(3) 相位法(拓普康 DL101C/102C)；

三种测量算法与其标尺条形码的编码方式相关联。由于测量算法的不同，给观测成果的精度也带来不同的影响。

(二) 电子水准仪的使用

当前常用的电子水准仪有徕卡 LS 系列，徕卡 Sprinter 系列，天宝 DINI 系列，中纬 ZDL 系列，拓普康 DL 系列，南方 DL 系列，本节以苏州一光 EL-302A 型数字水准仪为例，介绍仪器的部件以及使用方法。

1. 仪器部件及功能

EL302A 型数字水准仪仪器部件如图 2-17、图 2-18 所示。

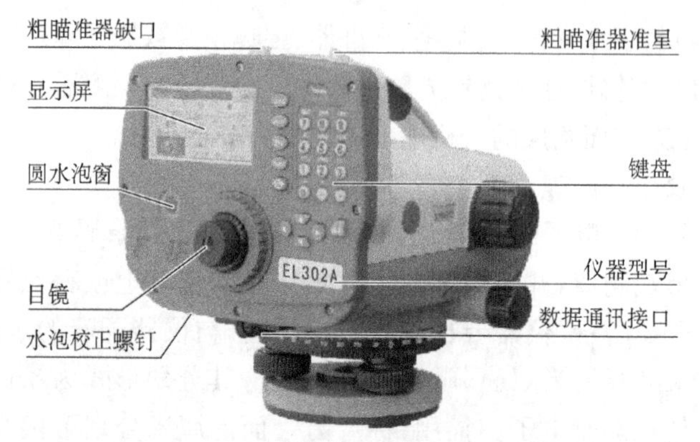

图 2-17　EL302A 型数字水准仪仪器部件

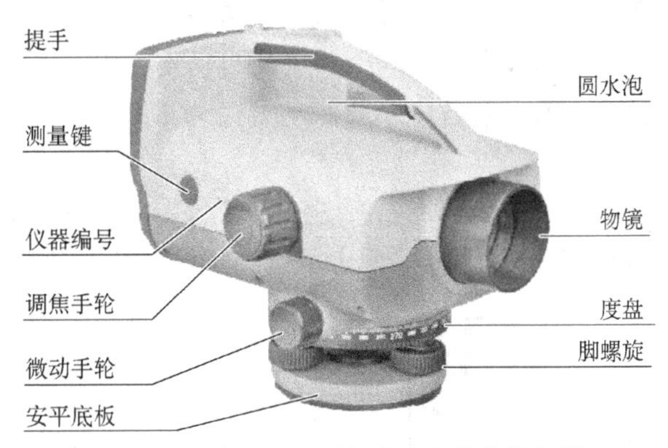

图 2-18　EL302A 型数字水准仪仪器部件

EL302 型电子水准仪采用点阵图形式液晶显示屏(LED),显示的功能会随页面的不同而变化,其操作键功能如图 2-19 所示。

按键	第一功能	第二功能
POWER	电源开/关	
ESC	退出各种菜单功能	
MEAS	开始测量	
Shift	按键切换、按键情况在显示器上端显示	
Bs	删除前面的输入内容	
Func	显示功能菜单	
↵	确认输入	
,	输入逗号	输入减号
。	输入句号	输入加号
0～9	输入相应的数字	输入对应字母以及特殊符号
▲▼◀▶	通过菜单导航	上下翻页改变复选框

图 2-19　操作键及功能

2. 测量准备

(1) 安置仪器

使三脚架腿等长,三脚架头位于测点上且近似水平,三脚架牢固地支撑在地面上。将仪器从仪器箱中小心取出并安置到三脚架头上,一只手握住仪器,另一只手握紧中心螺旋。当仪器用于测角或定线，则该仪器必须用垂球将仪器精确安置在给定点上。用脚螺旋将圆水准器的气泡调整居中，此时，仪器即被安平了，视准线自动安置成水平状态，具体操作与微倾水准仪整平方法一致，注意在整平过程中不要触动望远镜。

（2）照准与调焦

目前，电子水准仪的照准和调焦仍需目视进行。将仪器安置完成，使用粗瞄器观察，使望远镜粗略地瞄准条码尺，旋转微动手轮，使十字丝的竖丝对准条码的中间。由于微动范围较小，当微动手轮拧不动时，表示微动范围不够，应将微动手轮拧回 2～3 圈，再照准目标。完成照准后即可进行仪器的调焦，应先调整目镜旋钮，使视场内十字丝最清晰，然后调整调焦旋钮使标尺条码为最清晰，如图 2－20 所示。精密的调焦可缩短测量时间和提高测量精度，当进行高精度测量时要求精确地调焦，同时进行多次测量。

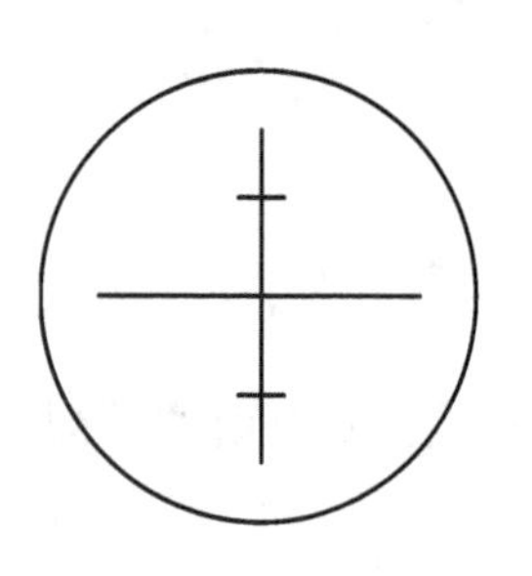

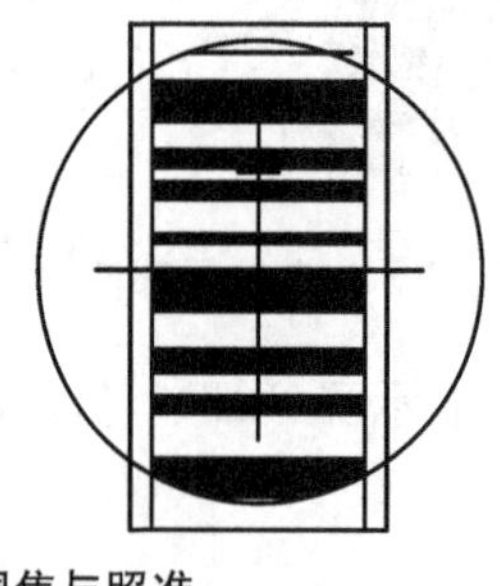

图 2－20　调焦与照准

标尺使用的注意事项：

1）当标尺所处的背景比较亮影响标尺的对比度时，仪器可能不能测量，可以通过遮挡物镜端减少背景光进入物镜以利于测量；当有强光进入目镜时，仪器也可能不能测量，测量者可通过遮挡目镜的强光以利于测量。若标尺的反射光线较强，稍将标尺旋转以减少其反射光线强度。

2）只要标尺不被障碍物（如树枝等）遮挡 30％，就可以进行测量。即使十字丝中心被遮挡，若视场被遮挡的总量小于 30％，如图 2－21 所示，也可进行测量，但此时测量的精度可能会受到一定的影响。

图 2－21　视场遮挡

3）由于各厂家标尺编码的条码图案各不相同，因此条码标尺一般不能互通使用。当使用传统水准标尺进行测量时，电子水准仪也可以像普通自动安平水准仪一样使用，不过这时的测量精度低于电子测量的精度，特别是精密电子水准仪，由于没有光学测微器，当成普通自动安平水准仪使用时，其精度更低。

3. 基本测量

（1）仪器的开关机

确认电池电量并将电池安装至仪器上，按红色［Power］键开机，仪器显示开机界面，如图 2－22 所示。在开机的任意界面，再次按红色［Power］键，则仪器自动保存并关机。

(2) 距离测量

测量人员想要知道距离以调整前后视距时，可使用距离测量功能。在任意界面下按[FUNC]键进入功能键菜单，移动方向键到功能 1 上，按[回车键]进入“距离测量”程序；照准条码尺，按[MEAS]键进行测量，仪器将显示距离结果，具体操作界面如图 2－23 所示。

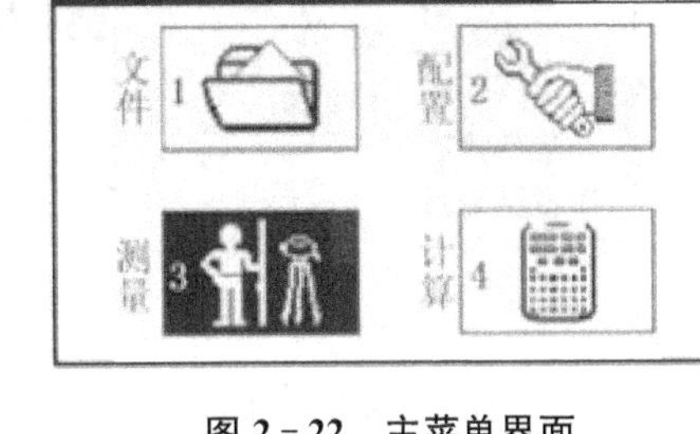

图 2－22　主菜单界面

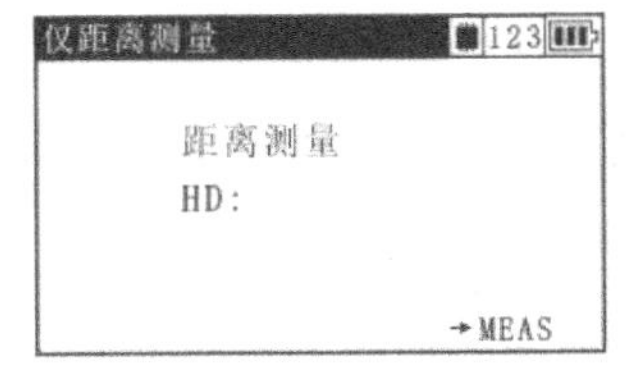

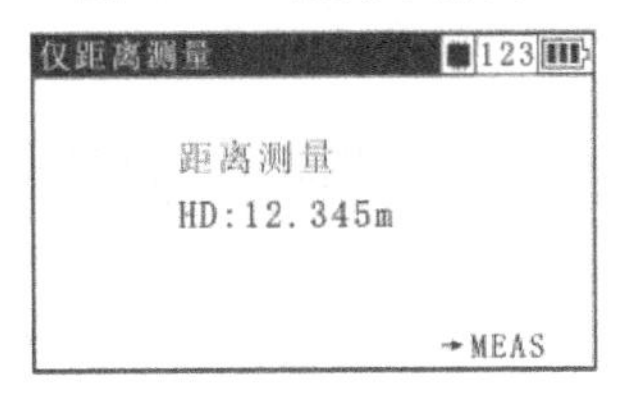

图 2－23　距离测量程序

(3) 多次测量

在重复测量中可以设置测量次数和最大标准差，从而限制所要达到的测量精度。多次测量完毕后屏幕会显示测量读数、距离、标准偏差。如果设定标准偏差，最少需要三次测量。

在任意界面下按[FUNC]进入功能键菜单，进入“多次测量”程序；使用键盘键入测量次数，其中“nM”为测量次数，最大设置为 10，输入标准偏差，“mR”为测量结果接受之前的最大标准偏差，具体操作界面如图 2－24 所示。

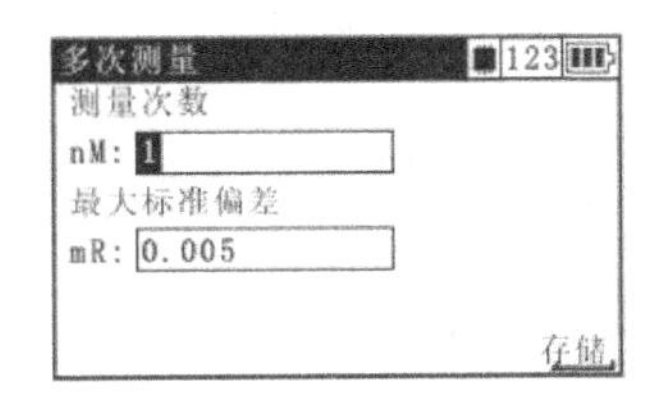

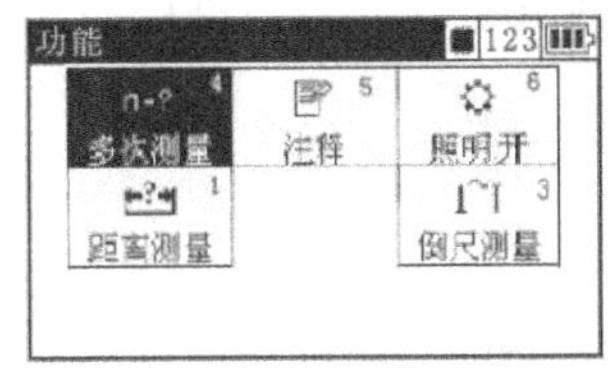

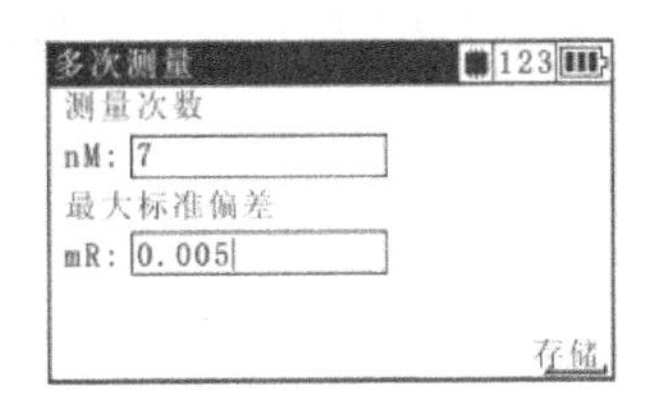

图 2－24　多次测量程序

4. 测量程序

EL302A 型电子水准仪设有多种测量模式，包括单点测量模式、中间点测量模式、水准线路测量模式、放样测量模式等。

图 2－25　单点测量

(1) 单点测量

单点测量即不使用已知高程测量时，读数可以独立显示出来，如图 2－25 所示。如果点号和点号步进被激活，测量结果会相应的保存起来。

按红色[Power]键开机后，进入主菜单，选择<测量>，进入测量菜单；移动方向键到“1. 单点测量”上按[回车]键或数字键[1]进入单点测量程序，输入点号、代码，按测量键开始测量，具体操作界面如图 2－26 所示。

测量完成后，界面左侧显示测量结果，点号自动加 1，可以进行下一点的测量；移动方向键到下方的“信息”按[回车]

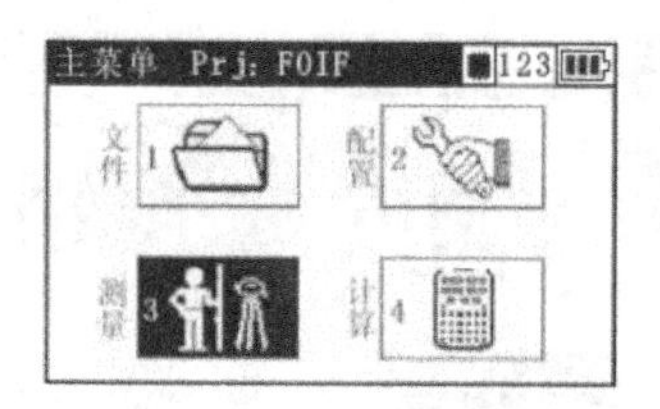

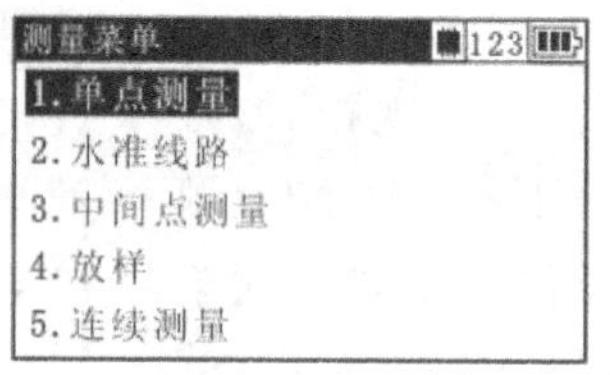

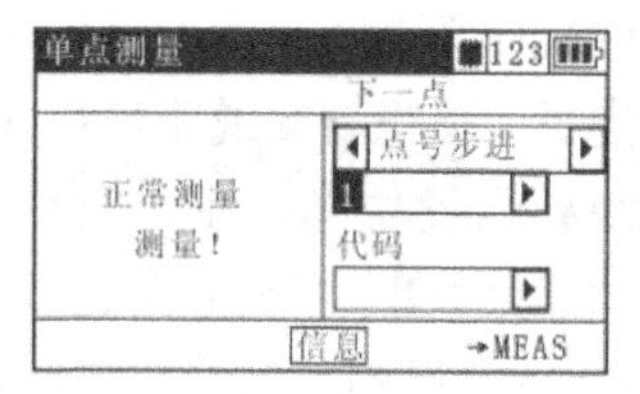

图 2 - 26　单点测量程序

键可以显示当前仪器的存储状态、电池电量、时间、日期。按[ESC]键退出信息显示，具体操作界面如图 2 - 27 所示。

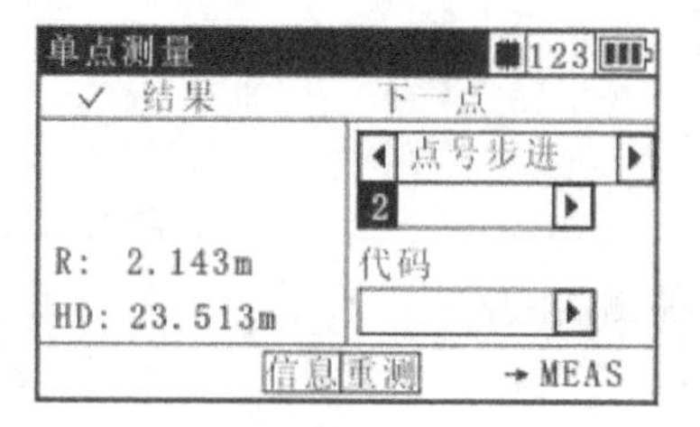

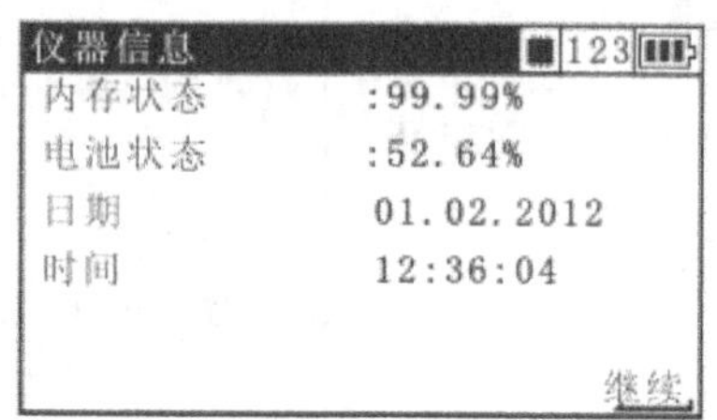

图 2 - 27　单点测量程序

在单点测量结束，仪器显示测量结果后，移动方向键到下方的“重测”按[回车]键可以对该点进行多次重测。

(2) 水准线路测量

在水准线路测量程序中，单站高差可以测量出来，并逐站累加，当输入起点高程和终点高程时，就可以算出理论高差与实际高差的差值，即闭合差，如图 2 - 28 所示。

图 2 - 28　水准线路测量

按红色[Power]键开机后，进入主菜单，选择<测量>，进入测量菜单；移动方向键到“2. 水准线路”上按[回车]键或数字键[2]进入水准线路测量程序。按方向键[左右]选择新建一条线路或继续上次未测量完成的线路，具体操作界面如图 2 - 29 所示。

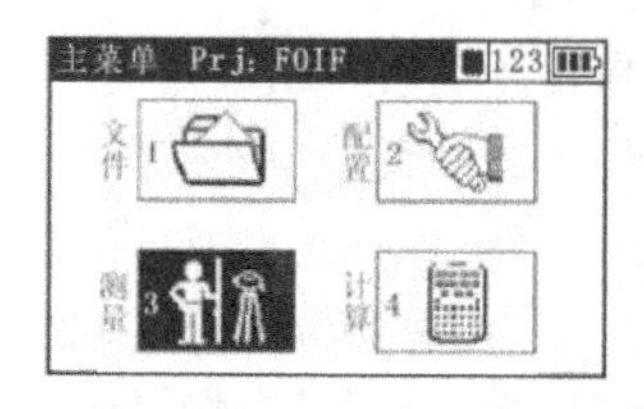

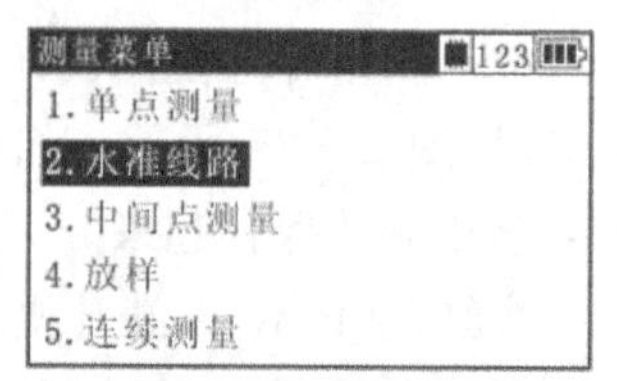

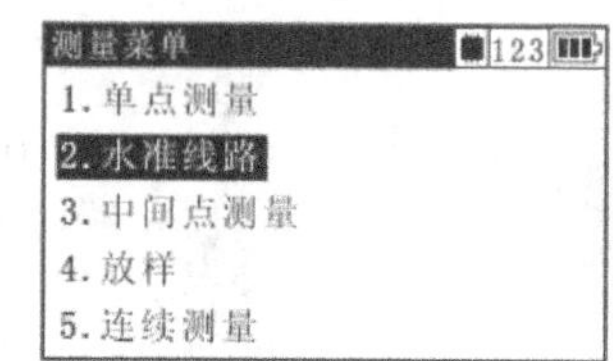

图 2 - 29　水准线路测量程序

选择“新线路”后，按方向键[下]并键盘键入新线路的文件名；[左右]键选择水准线路的测量模式，其中：BF：后前；BFFB：后前前后；BFBF：后前后前；BBFF：后后前前；FBBF：前后后前。按[回车]键进行下一页，具体操作界面如图 2 - 30 所示。

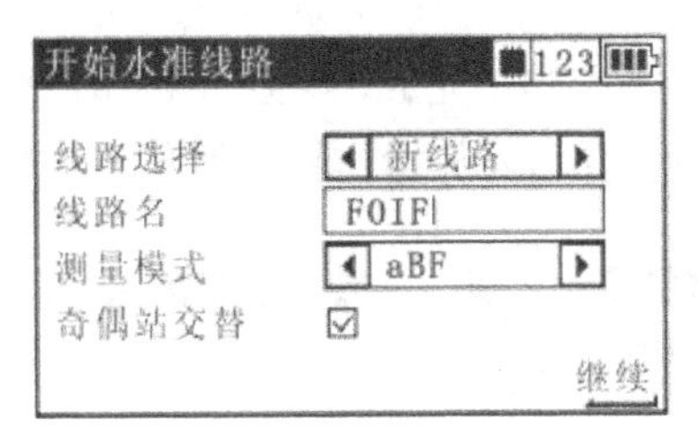

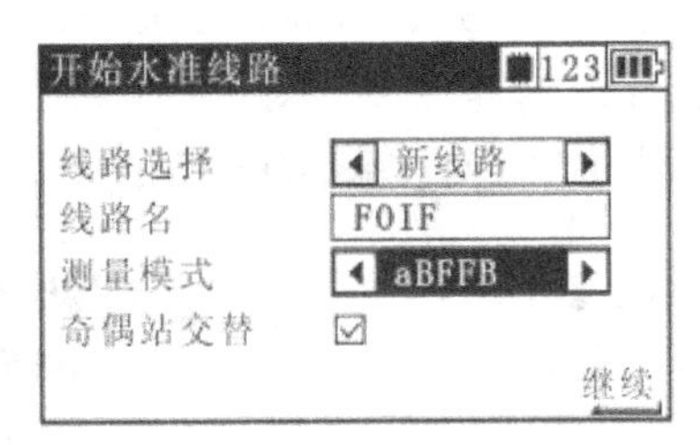

图 2－30　水准线路测量程序

直接输入点号或按方向键[左右]出现下拉菜单，选择从项目，则从当前项目中选择；选择其他项目，则从其他项目中选择，输入或选择完成后按方向键[下]；同样直接输入或从下拉菜单中选择代码，接着输入基准高，如果从下拉菜单中选择点号，则基准高自动给出，按[回车]键继续；瞄准水准尺，按测量键进行后视测量，具体操作界面如图 2－31 所示。

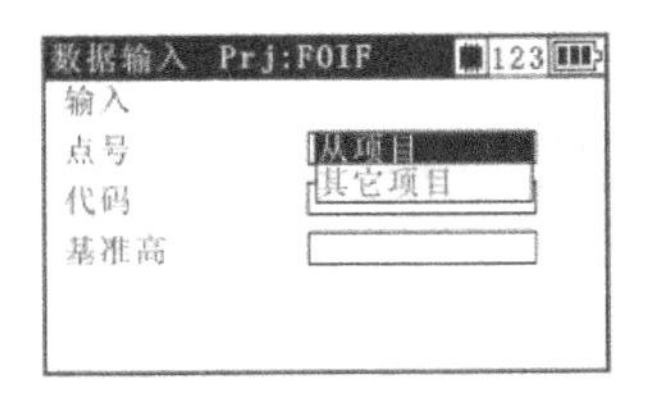

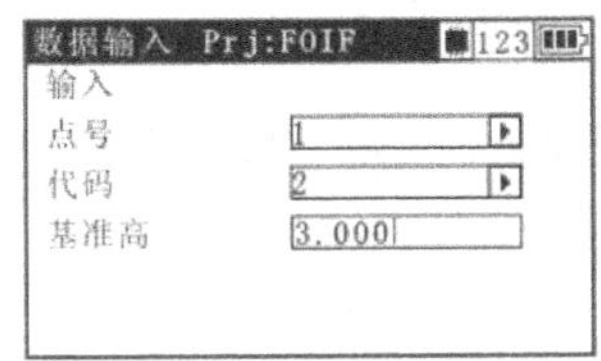

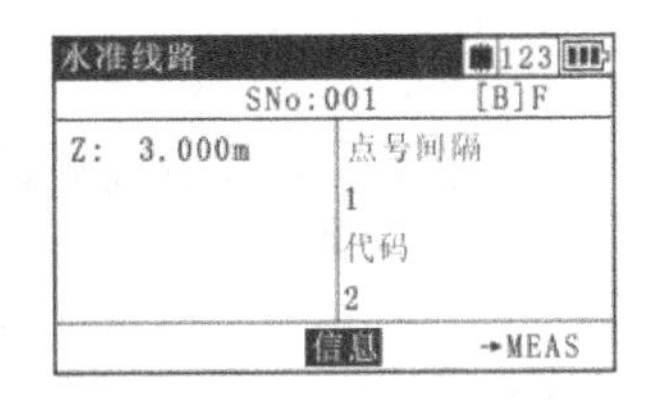

图 2－31　水准线路测量程序

测量完后视后仪器自动显示读数，测量完毕，自动记录并且点号自动加 1；按方向键[左右]选择点号步进或点号间隔，选择完成后按方向键[下]；直接输入点号，完成后按方向键[下]，直接输入或从列表中选取代码，完成后照准水准尺按[测量]键开始前视测量，具体操作界面如图 2－32 所示。

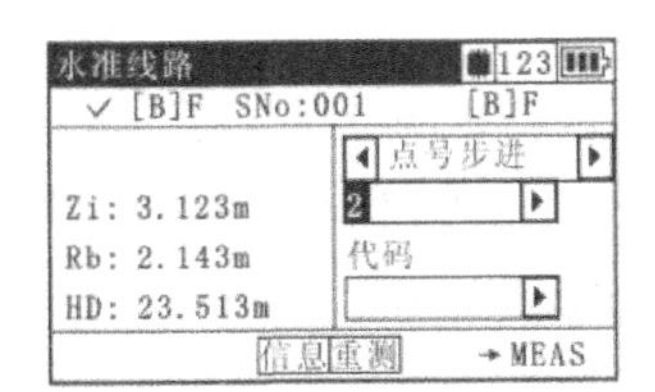

图 2－32　水准线路测量程序

前视测量完毕后仪器自动显示读数，测量完毕，自动记录并且点号自动加 1；按方向键选择“信息”按回车键进入可查看仪器基本状态以及前后视距，其中：Db 为后视距，Df 为前视距，具体操作界面如图 2－33 所示。

图 2－33　水准线路测量程序

继续下一水准点的测量，全部测量完成后，按方向键选取“结束”并按[回车]键；选择“是”在已知点结束测量，选择“否”在未知点结束测量，水准测量完成；当选择“是”时，在跳出的界面输入或选择点号、代码，输入基准高后，按[回车]键继续，具体操作界面如图2-34所示。

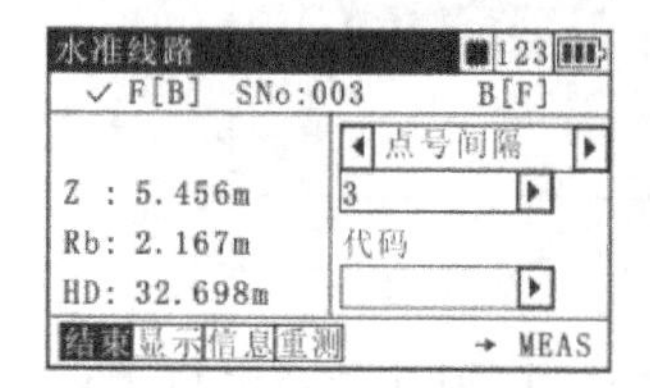

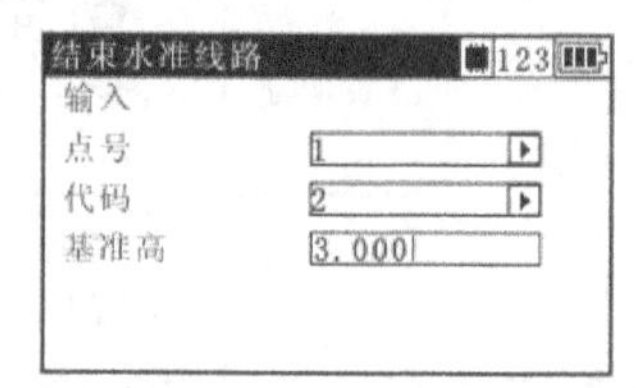

图2-34 水准线路测量程序

仪器显示水准线路测量结果，其中：Sh为高差总和，dZ为闭合差，Db、Df：为前后视距和，点击[回车]键结束水准线路测量；当选择“否”时，显示水准线路测量结果，其中：Sh为高差总和，dZ为闭合差，Db、Df为前后视距和，界面如图2-35所示。

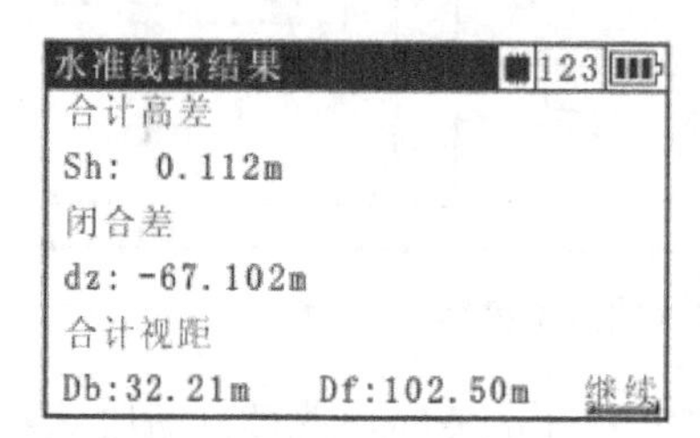

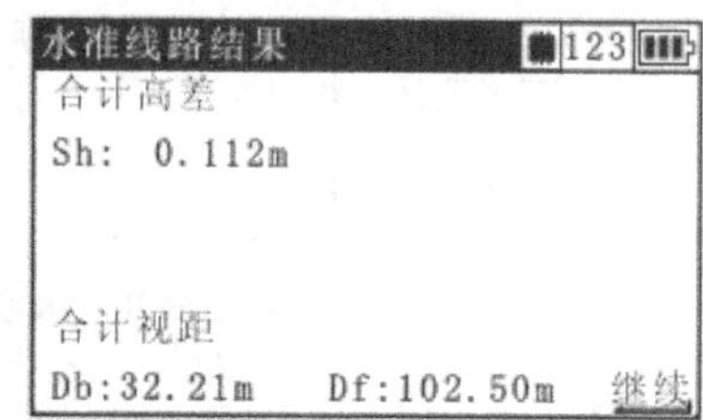

图2-35 水准线路测量程序

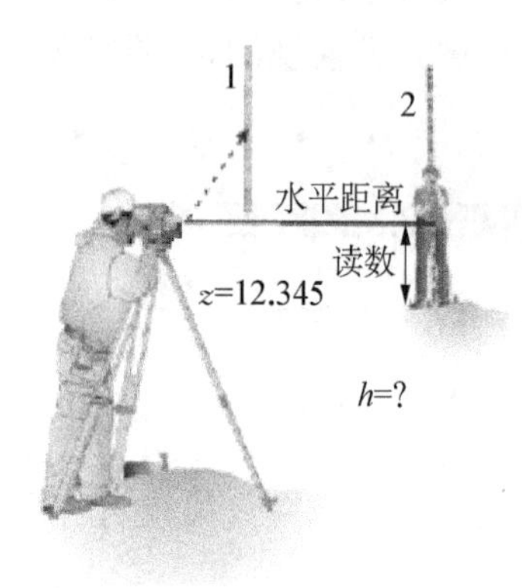

Z：中间点的高程

h：后视点和中间点的高差

图2-36 中间点测量

(3) 中间点测量

中间点测量即是测量完毕带已知高的后视点，从而确定未知点的高程，如图2-36所示。

按红色[Power]键开机后，仪器先显示开机界，然后进入主菜单；选择＜测量＞，进入测量菜单；移动方向键到“3.中间点测量”上按[回车]键或数字键[3]进入中间点测量程序，具体操作界面如图2-37所示。

按方向键[右]从下拉菜单中选择或键入点号/代码/基准高，其中，从项目：从当前项目中选择点号，其他项目：从其他项目中选择点号；输入完成后，按[回车]键继续；瞄准已知后视点，按[测量]键进行测量，具体操作界面如图2-38所示。

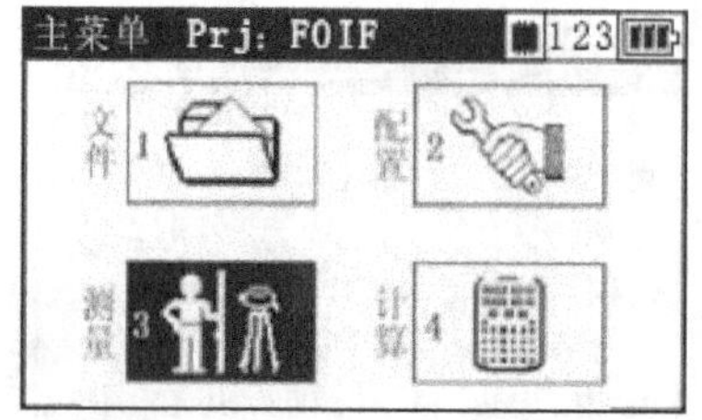

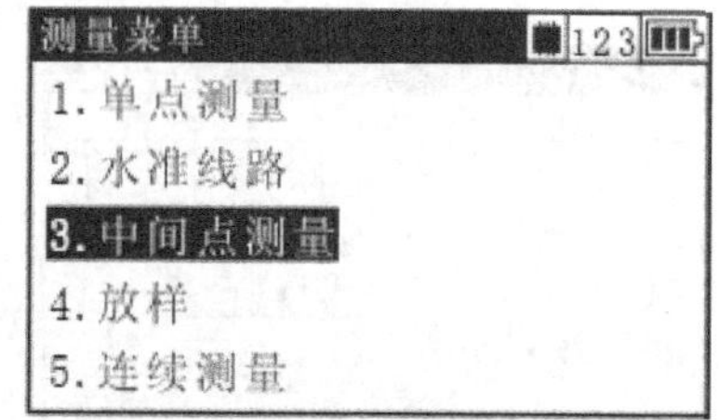

图2-37 中间点测量程序

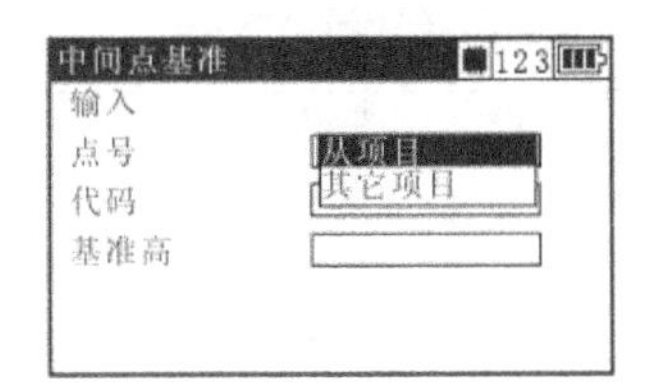

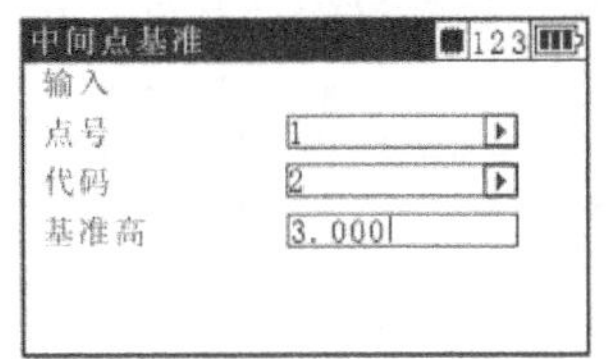

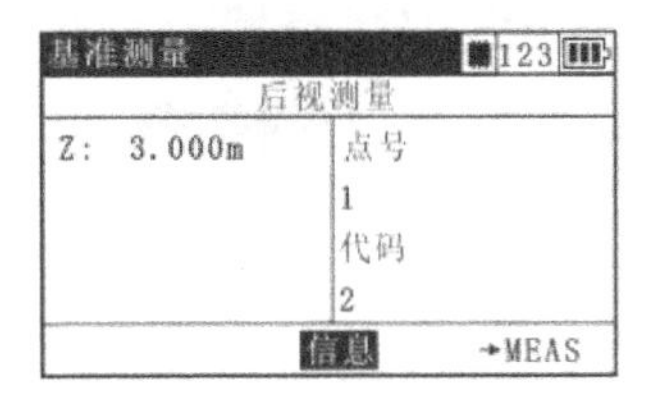

图 2－38　中间点测量程序

测量出结果后，点击“接受”按钮接受测量结果，或者按[测量]键重新进行测量；选择“接受”后，输入新点的点号和代码，“点号步进/点号间隔”确定点号类型，按测量键对下一点进行测量；全部测量完成后，按[Esc]键，弹出右侧所示提示框，选择“是”按钮退出中间点测量，选择“否” 按钮继续测量，具体操作界面如图 2－39 所示。

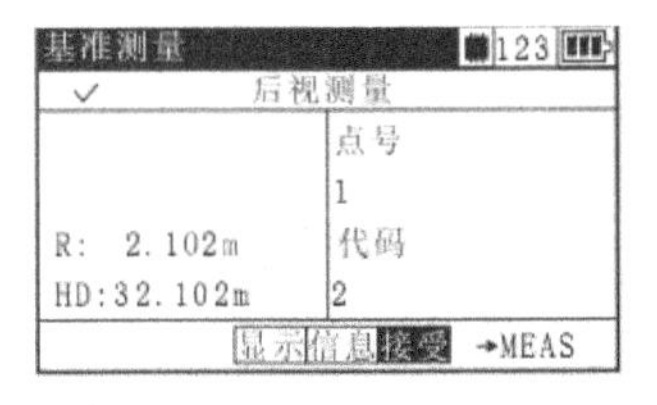

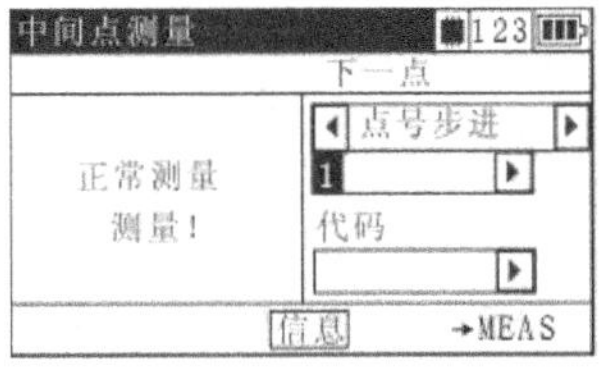

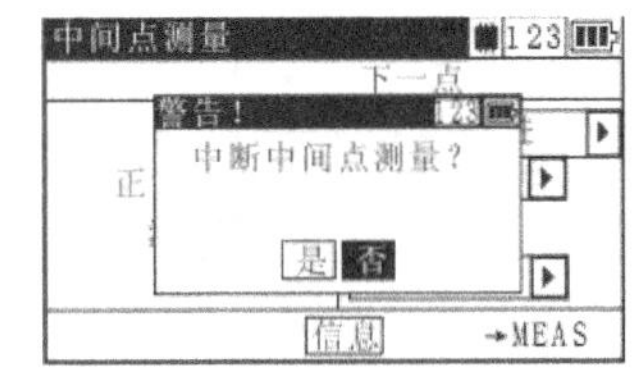

图 2－39　中间点测量程序

(4) 放样测量

在放样测量中，当测量完已知高以后，放样点的理论高和已知点高差即可计算出来，并可计算出放样点理论高和实际高的差值，测量员通过上下移动水准尺，直到理论值和实际值的差值为零，如图 2－40 所示。

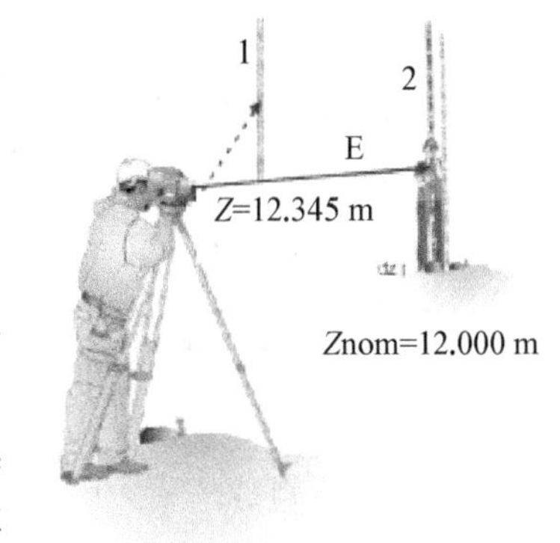

dZ：理论高与实际高的差值

图 2－40　放样测量

按红色[Power]键开机后，仪器先显示开机界，然后进入主菜单；选择<测量>，进入测量菜单；移动方向键到“4.放样”上按[回车]键或数字键[4]进入放样程序，具体操作界面如图 2－41 所示。

按方向键[右]从下拉菜单中选择或键入点号/代码/基准高，其中，从项目：从当前项目中选择点号，其他项目：从其他项目中选择点号；输入完成后，按[回车]键继续；瞄准已知后视点，按[测量]键进行测量，具体操作界面如图 2－42 所示。

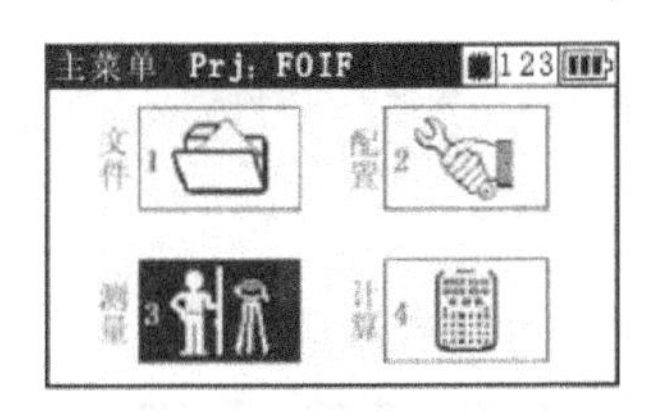

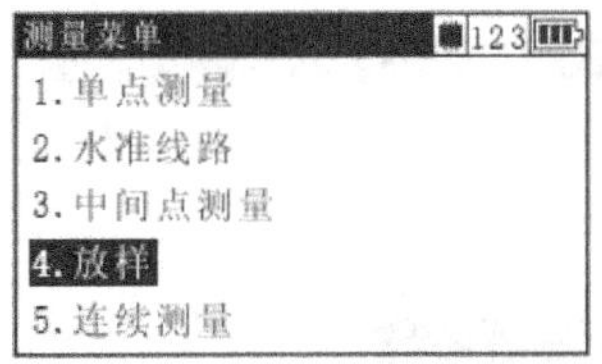

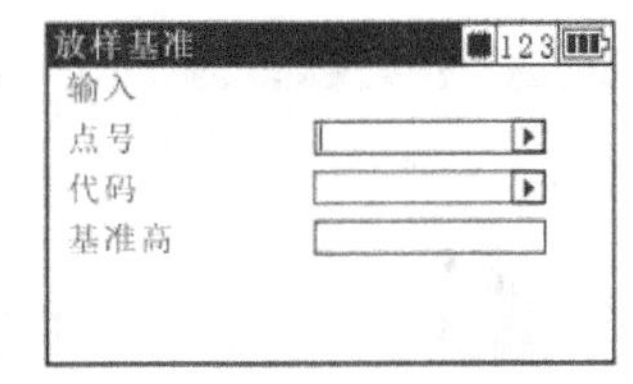

图 2－41　放样测量程序

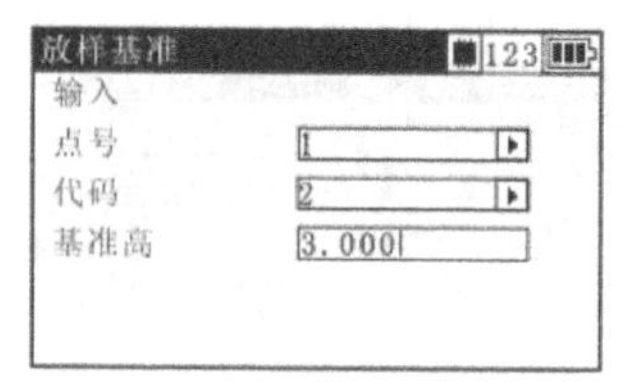

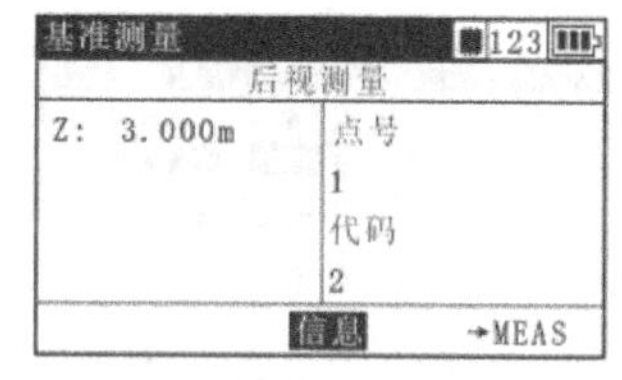

图 2-42　放样测量程序

测量出结果后，点击“接受”按钮接受测量结果，或者按[测量]键重新进行测量；选择“接受”后，输入放样点的点名，代码和基准高；输入完成后，按[回车]键继续，照准放样点按[测量]键进行测量，具体操作界面如图 2-43 所示。

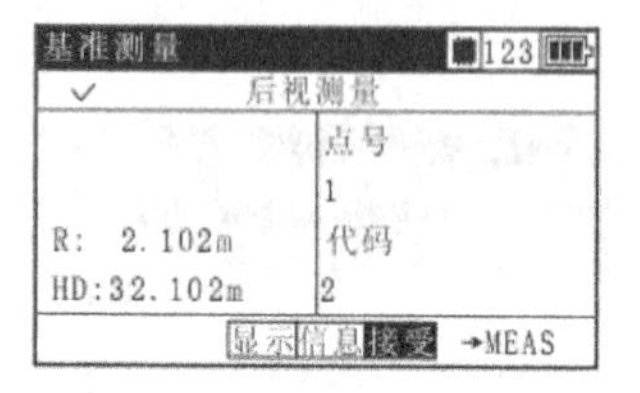

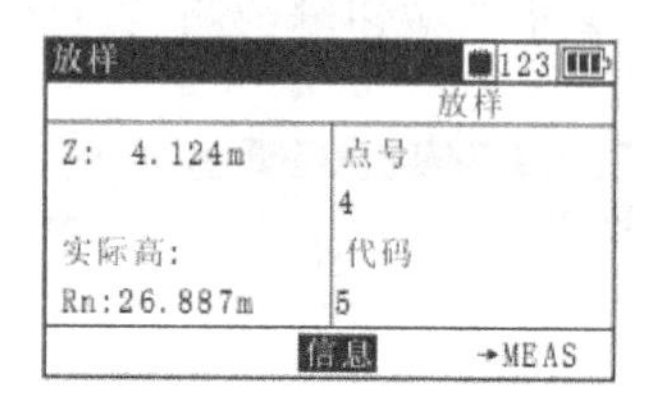

图 2-43　放样测量程序

测量出结果后，根据偏移量，移动尺子并重复测量直到 dZ 减到满足要求。选择“接受”按[回车]键确认并保存结果；进入下一放样点的点号、代码和基准高输入界面，参照上面的步骤进行下一放样点的测量；全部测量完成后，按[Esc]键，弹出右侧所示提示框，选择“是”按钮退出放样测量，选择“否”按钮继续测量，具体操作界面如图 2-44 所示。

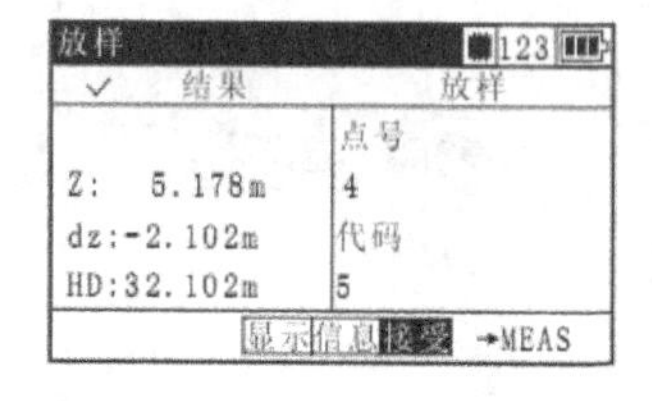

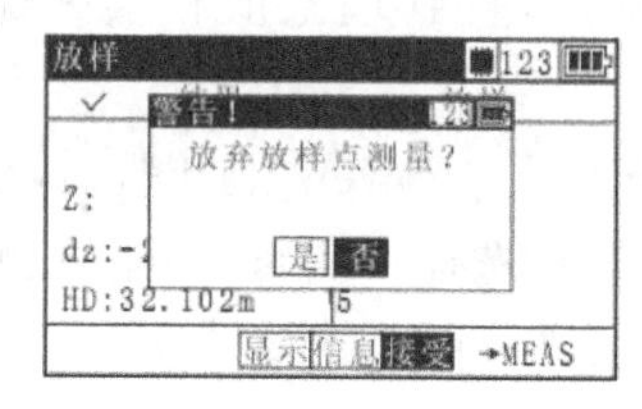

图 2-44　放样测量程序

(5) 连续测量

连续测量即是继续上一次的测量，并且可以设置测量的次数及是否自动关机。

按红色[Power]键开机后，仪器先显示开机界，然后进入主菜单；选择<测量>，进入测量菜单；移动方向键到“5. 连续测量”上按[回车]键或数字键[5]进入连续测量程序，具体操作界面如图 2-45 所示。

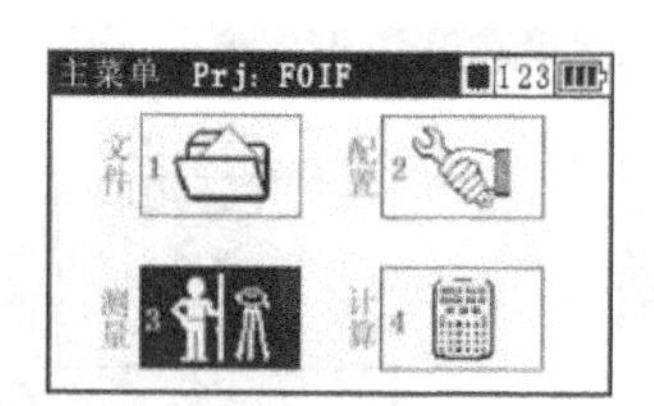

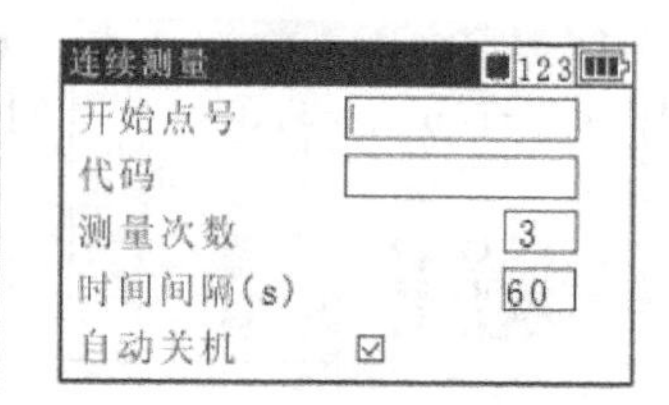

图 2-45　连续测量程序

输入开始点号、代码、测量次数，测量时间间隔以及是否自动关机后，按[回车]键，仪器显示基本信息；按[回车]键继续，照准目标按[测量]键，即可继续上次测量，具体操作界面如图 2－46 所示。

仪器信息	
内存状态	:99.99%
电池状态	:52.64%
日期	01.02.2012
时间	12:36:04
	继续

连续测量	
✓ 结果	下一点
	点号
	4
R: 5.000m	代码
HD:32.102m	5
0:01:00 1/10	→MEAS

图 2－46　连续测量程序

5. 线路平差

在水准线路中，由于起点和终点高程已知，所以拿测量高差和理论高差做比较得到一个差值。“线路平差”程序可以根据视距按比例将该差值分配到每一站上，得到平差后的高程即为结果。

线路平差只有在水准线路完整并连同转点高程一起保存在存储器上才可以进行。在线路测量发生终点高程不知道的情况下，平差可以输入理论高程。

按红色[Power]键开机后，仪器先显示开机界面，选择＜计算＞，进入计算菜单；按[回车]进入线路平差程序；选择要平差的项目文件，仪器默认所有文件项目中的所有线路都是可平差的；输入开始数据的行号和线路名称，按[回车]间继续，具体操作界面如图 2－47 所示。

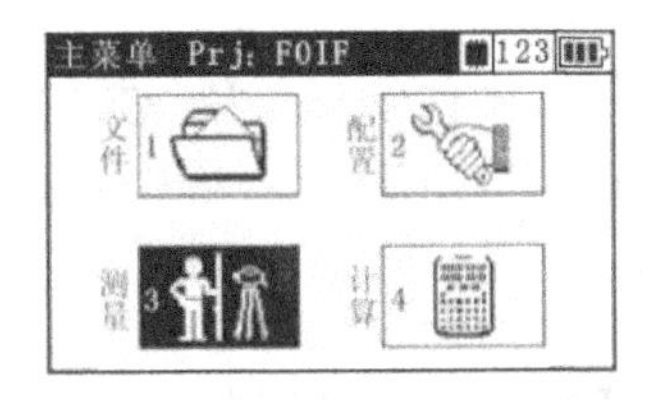

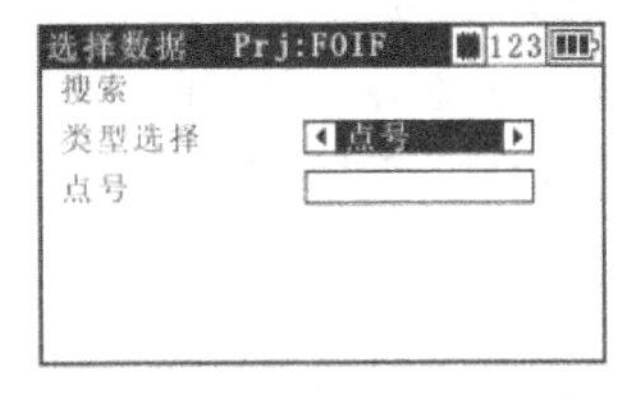

图 2－47　线路平差程序

选择接受默认的线路，按[回车]键继续；程序会自动查找线路的终点及附加部分并显示所选线路的数据范围，选择按钮“是”，具体操作界面如图 2－48 所示。

放样	
点号:1	地址:2
代码:	时间:10:08:23
R :0.150m	
HD:4.887m	nM:2
查找 接受	

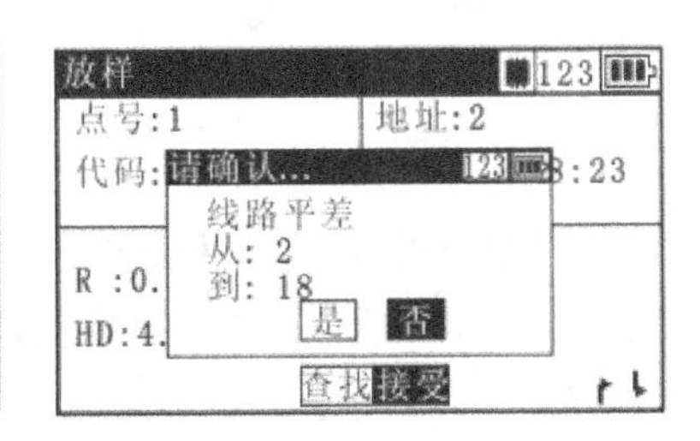

图 2－48　线路平差程序

输入或确认默认的水准点起始和结束高程，按[回车]继续；输入或确认改变水准点的默认的代码，具体操作界面如图 2－49 所示。

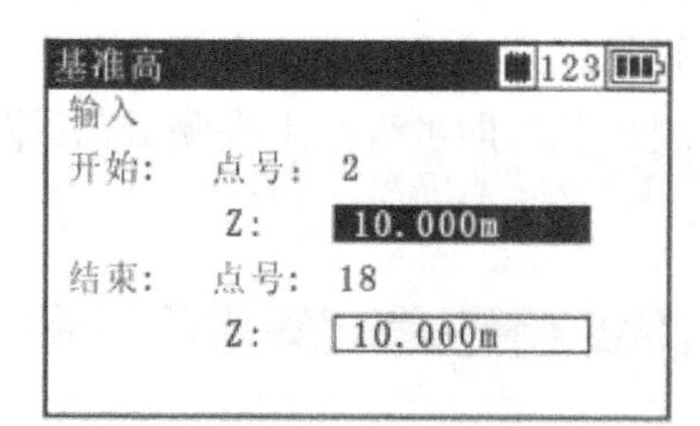

图 2－49　线路平差程序

仪器显示闭合差的新值和旧值，[回车]键接受并继续；仪器显示新基准高，按[回车]键接受并继续；程序会检查线路是否改变，改变后的线路不能再次进行平差，按[回车]键结束，线路平差完成，具体操作界面如图 2－50 所示。

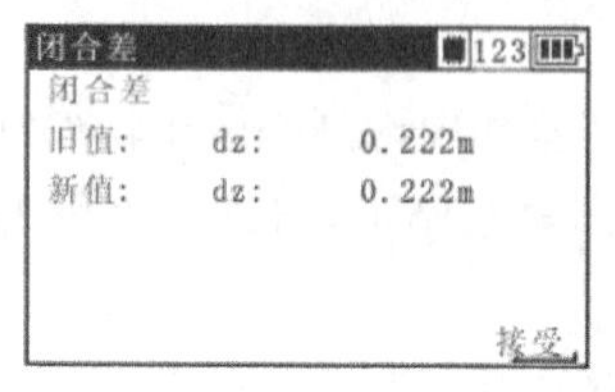

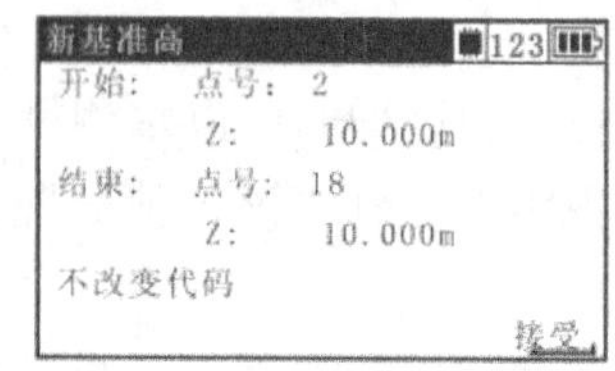

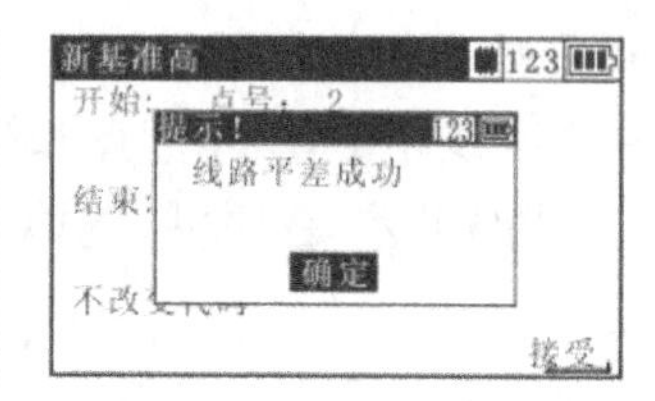

图 2－50　线路平差程序

6. 数据管理

EL302A 型电子水准仪可为一个项目提供针对性的数据储存，数据以一种内在的格式储存在内部储存器上，用户可以进行项目的管理、数据的编辑和导出，文件可通过 USB 接口发送至计算机。

(1) 项目管理

按红色[Power]键开机后，进入主菜单，选择<文件>，进入文件管理菜单；进入“1. 项目管理”程序，可进行选择项目、新建项目、项目重命名、项目删除等功能，具体操作界面如图 2－51 所示。

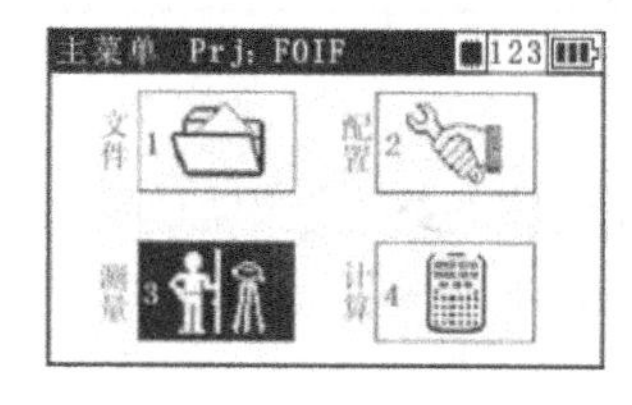

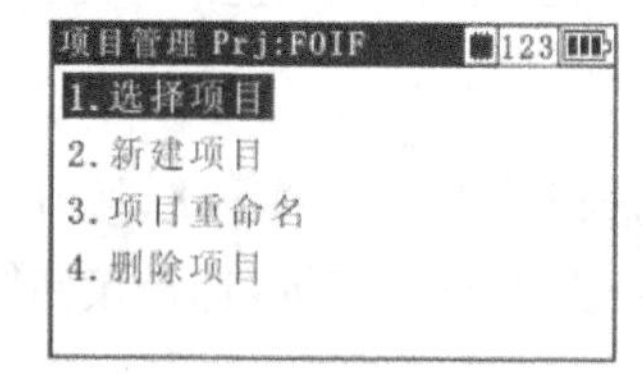

图 2－51　项目管理程序

(2) 数据编辑

按红色[Power]键开机后，进入主菜单，选择<文件>，进入文件管理菜单；进入“2. 数据编辑”程序，选择要编辑的项目，可进行数据浏览、数据输入、数据删除、数据导入等功能，具体操作界面如图 2－52 所示。

(3) 数据导出

进入文件管理菜单，进入“4. 数据编辑”程序；通过电缆将仪器连接到计算机，计算机端运行数据传输软件，定义计算机端文件保存目录，选择要导出数据的项目，按[回车]键确认传输，传输完成后，自动返回文件选择界面，具体操作界面如图 2－53 所示。

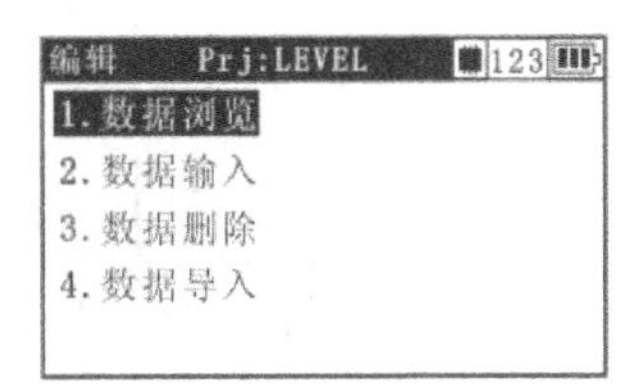

图 2-52　数据编辑程序

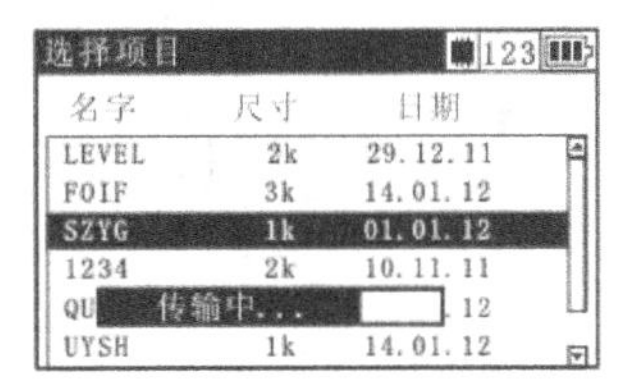

图 2-53　数据导出程序

(三) 电子水准仪的优势

电子水准仪的应用革新了传统意义上的水准测量,利用水准标尺上(条形码)得到的光学图像转换成数字电子图像并加以处理,避免了测量员目估分划值的误差,极大地提高了测量精度和生产效率。

(1) 读数客观。不存在误差、误记问题,没有人为读数误差。

(2) 精度高。视线高和视距读数都是采用大量条码分划图象经处理后取平均得出来的,因此削弱了标尺分划误差的影响。多数仪器都有进行多次读数取平均的功能,可以削弱外界条件影响。不熟练的作业人员业也能进行高精度测量。

(3) 速度快。由于省去了报数、听记、现场计算的时间以及人为出错的重测数量,测量时间与传统仪器相比可以节省 1/3 左右。

(4) 效率高。只需调焦和按键就可以自动读数,减轻了劳动强度。视距还能自动记录,检核,处理并能输入电子计算机进行后处理,可实现内外业一体化。

任务二　水准路线测量及成果整理

测定地面点高程的测量工作,称为高程测量。高程测量是测量的基本工作之一。按照所使用的仪器和测量方法,高程测量可分为水准测量(几何水准测量)、三角高程测量(间接高程测量)和气压高程测量(物理高程测量)。其中,水准测量的精度最高,是使用最普遍的一种方法。

一、水准测量原理

水准测量是利用水准仪提供的水平视线测出地面上两点间的高差,然后根据已知点的高程推算出其他各未知点的高程。

如图 2-54 所示,假定 A 点的高程为 H_A,要测量 B 点的高程,先在 A、B 两点上各立一根水准尺,在 A、B 两点间安置一台能提供水平视线的水准仪,通过观测就可以计算 B 点的高程。假定测量方向是由 A 至 B 的方向前进,则 A 为后视点,B 为前视点,利用水平视线先读出后视点 A 尺上的读数,称为后视读数;再读出前视点 B 尺上的读数,称为前视读数。

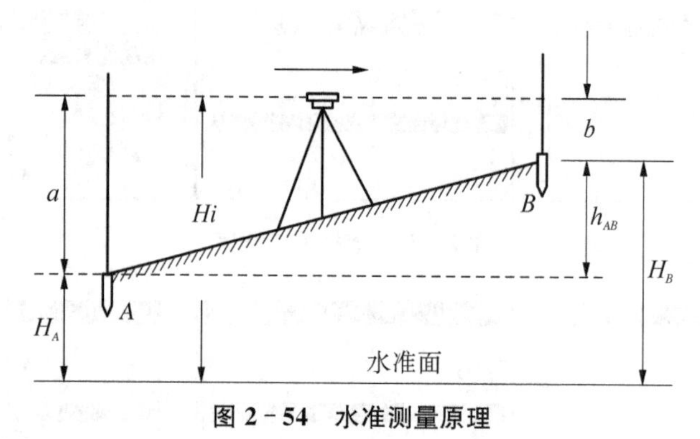

图 2-54　水准测量原理

分析图中的几何关系，AB 点高差 h_{AB} 等于后视读数减去前视读数，即

$$h_{AB}=a-b \tag{2-3}$$

高差的符号有正有负，B 点高于 A 点时，高差为正；反之高差为负。若 A 点高程 H_A 为已知，则 B 点的高程为：

$$H_B=H_A+h_{AB}=H_A+(a-b) \tag{2-4}$$

在工程测量中，往往用视线高程计算 B 点的高程，即：后视点高程 H_A 与后视读数 a 的代数和就是视线高程。用 H_i 表示，则 B 点的高程等于视线高程减去前视读数：

$$H_B=H_i-b=(H_A+a)-b \tag{2-5}$$

视线高程法只需安置一次仪器就可以测出多个前视点的高程。

二、水准测量方法

(一) 水准点

水准点是用水准测量的方法求得其高程的地面标志点。为了将水准测量成果加以固定，必须在地面上设置水准点。水准点可根据需要，设置成永久性水准点和临时性水准点。永久性水准点可造标埋石，如图 2-55(a)所示。临时性水准点可用地表突出的岩石或建筑物基石，也可用木桩作为其标志，如图 2-55(b)所示，桩顶打一小钉且用红油漆圈点。通常以"BM"代表水准点，并编号注记于桩点上，如 BM_1、BM_2 等。

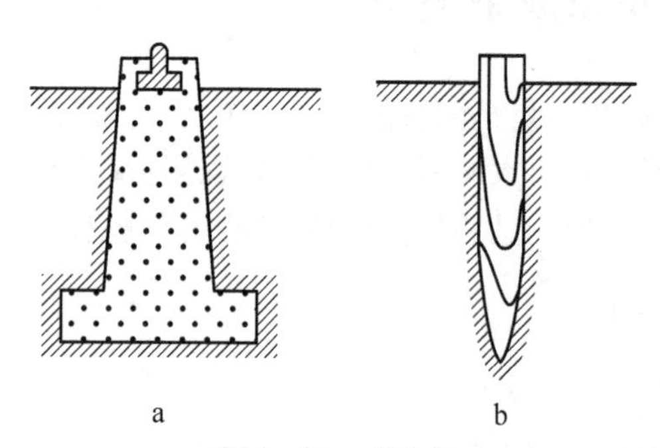

图 2-55　水准点

a. 永久性水准点　b. 临时性水准点

水准点埋设后，为了便于使用时查找，必须进行编号，并绘出水准点与附近固定建筑物或其他明显地物关系的草图，称为"点之记"作为水准测量的成果一并保存。

(二) 水准路线

水准路线是指水准测量施测时所经过的路线。水准路线在布设时尽量沿坚实、平坦地面进行，这样可以保障仪器和水准尺的稳定性，减少测站数，提高测量的精度。水准路线上相邻水准点之间称为一个测段。

根据已知高程水准点的分布情况和实际需要，水准路线一般布设成以下几种形式：

1. 闭合水准路线

从一个已知高程的水准点开始，沿待测的高程点1、2、3等高程点进行水准测量，最后仍回到起始水准点，这种路线叫闭合水准路线。如图2-56(a)所示；

2. 附合水准路线

从一个已知高程的水准点A开始，沿待定高程的1、2、3等点进行水准测量，最后连测到另一个已知高程的水准点B，这种水准路线叫附合水准路线。如图2-56(b)所示；

3. 支水准路线

在测区内只有一个已知水准点，无条件闭合和附合时，用往返观测的方法，测定未知点的高程，称为支水准路线。如图2-56(c)所示；

4. 水准网

以上三种水准路线的共性是从开始到终了都是一条路线，故将这样的水准路线称为单一水准路线。若干条单一水准路线构成网状，称为水准网。如图2-56(d)所示。

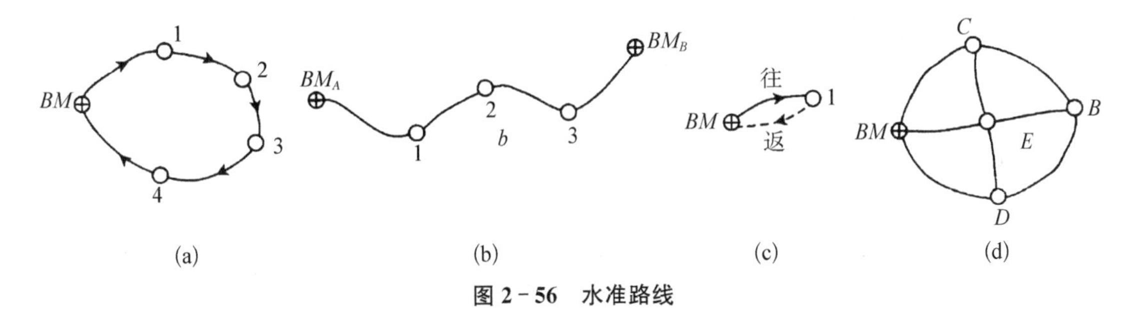

图2-56　水准路线

(三) 水准测量施测

当欲测两点之间相距较远或者高差较大时，由于仪器工具性能限制，仅安置一次仪器就不能测得它们的高差，便要在它们之间加设若干个临时的立尺点，作为传递高程的过渡点，称为转点，依次连续地在转点间安置水准仪以测定相邻转点间的高差，最后取各个高差的代数和，可以得到起、终两点间的高差，这种方法称为连续水准测量。

其如图2-57所示，欲测A、B两点高差，必须在A、B两点间选择若干个临时立尺点1、2、3……。依次测定相邻两点的高差，最后计算A、B两点的高差h_{AB}，其施测步骤如下：

(1) 将水准尺a和b分别竖立在A点及前进方向选定的临时立尺点1上，在A、1两点之间(距离大致相等)位置安置水准仪，利用脚螺旋使圆水准气泡居中；

(2) 照准A点水准尺，消除视差，精确整平，然后用中丝读取A点水准尺上的后视读数a_1；

(3) 转动望远镜照准1点的水准尺，消除视差，精确整平，用中丝读取1点上水准尺的前视读数b_1；

该测站的高差为：$h_1=a_1-b_1$。以上为一个测站的观测程序。

(4) 按照水准路线前进方向，将A点的水准尺立于2点(前视点)，1点的水准尺的尺面要翻转过来，由第一站的前视变为第二站的后视，在1点、2点的中间位置安置水准仪，依上

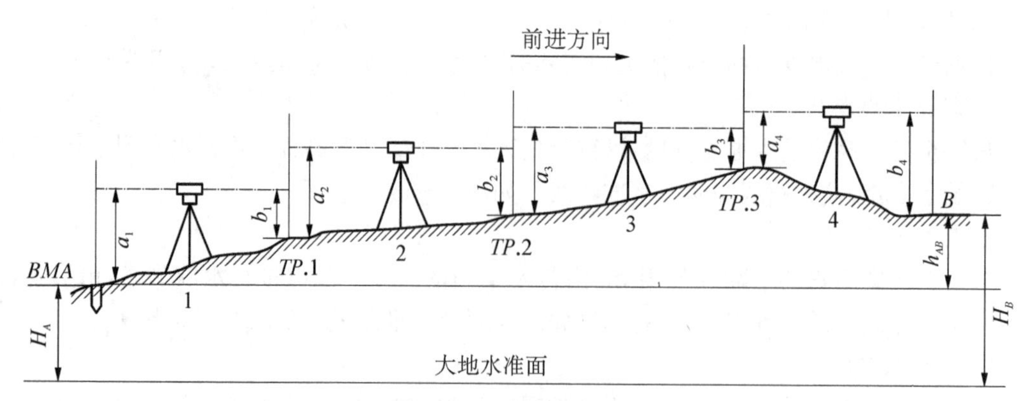

图 2-57　连续水准测量

述方法观测第二站，其高差为：$h_2=a_2-b_2$。

如此继续施测，直到终点 B 点为止，假设共安置了 n 次仪器，就可以测出一个总高差。依据水准测量原理，A、B 两点间高差为：

$$
\begin{aligned}
h_{AB} &= h_1+h_2+h_3+\dots h_n \\
&= (a_1+a_2+a_3+\dots a_n)-(b_1+b_2+b_3+\dots b_n) \\
&= \sum a-\sum b
\end{aligned}
\tag{2-6}
$$

如果 A 点高程已知，则 B 点的高程为：

$$H_B=H_A+h_{AB} \tag{2-7}$$

表 2-1　普通水准测量观测表

仪器型号________观测者________记录者________时间________天气________

测站	点号	水准尺读数(m)		高差(m)		高程(m)	备注
		后视	前视	+	−		
1	BM_A	1.364		0.385		44.816	已知
	TP.1		0.979			45.201	
2	TP.1	1.259		0.547			
	TP.2		0.712			45.748	
3	TP.2	1.278		0.712			
	TP.3		0.566			46.460	
4	TP.3	0.635			1.229		
	BM_B		1.864			45.231	
计算校核	$\sum$	4.536	4.121	1.644	1.229		
	$h_{ab}=\sum a-\sum b=+0.415$ m			$\sum h=+0.415$ m		$H_{终}-H_{始}=+0.415$ m	

对观测手簿每一页上的高差和高程都要进行校核计算。表 2-1 中的计算校核方法是根据公式 $\sum h=\sum a-\sum b=H_{终}-H_{始}$ 进行的，以上三项相等，说明计算正确。如果不相

等，说明计算有错，应重新计算，直到符合上述公式为止。应当指出的是，这项计算校核只能反映计算过程中是否有错，而不能说明测量成果的正确程度。

三、水准测量的校核与高程计算

对于水准测量中，测得的高差不可避免地含有误差。为了使观测成果达到预期的精度，必须采取有效措施进行校核。

（一）测站校核

每一个测站的高差进行校核称为测站校核。其方法是：

1. 双仪高法

在每个测站上观测一次高差后，在原地升高或降低仪器高度 10 cm 以上，再测一次高差，两次高差应相等，其不符值不得超过±5 mm，取两次高差的平均值作为最后的成果。对于四等水准路线来说，高差不符值不得超过±3 mm。

2. 双面尺法

采用双面水准尺，在每个测站上读取后视尺的黑、红面读数和前视尺的黑、红面读数，由红黑面测得的高差之差应≤5 mm，若观测值符合要求，取其平均值作为该测站高差的数值。对于四等水准路线来说，高差不符值不得超过±3 mm。

测站校核可以校核一个测站测量成果是否符合要求，但整个路线测量成果是否符合要求甚至有错，则不能判定。因此，还需要进行水准路线校核。

（二）水准路线的校核与平差

1. 附合水准路线

如图 2－56(b)可以看出，该路线是从一个已知高程的水准点开始，经过若干点高程的测量后，附合到另一个已知高程的点上，A、B 这两个点之间的高差是 h_{AB} 是一个固定值。即：

$$h_{AB}=H_B-H_A \tag{2-8}$$

① 高差闭合差的计算：各测段高差总和（$\sum h_{测}$）与理论高差总和（$\sum h_{理}$）之差，称为高差闭合差。在测量的过程中由于仪器误差、观测误差、外界自然条件等综合因素的影响造成测量结果和理论值不符合，由此产生高差闭合差(高差闭合差实质就是水准测量中各种误差的综合反映)其值为：

$$f_h=\sum h_{测}-\sum h_{理} \tag{2-9}$$

理论高差总和（$\sum h_{理}$）＝已知终点高程(H_B)－已知始点高程(H_A)

$$\sum h_{理}=H_B-H_A \tag{2-10}$$

对于平地，普通水准测量高差闭合差的容许值可按：

$$f_{h容}=\pm 40\sqrt{L}\ \text{mm} \quad 或\ f_{h容}=\pm 10\sqrt{n}\ \text{mm}\ 计算。$$

对于山地，当每千米测站数多于 15 个时用山地公式：

$$f_{h容}=\pm12\sqrt{n}\,\text{mm} 计算。$$

式中：L 为水准路线全长，以 km 为单位；n 为测站数。

若闭合差在容许范围内，即 $|f_h|\leqslant|f_{h容}|$，便可以进行闭合差的调整。

② 水准测量高差闭合差的调整：在同一条水准路线上，调整闭合差的原则是按闭合差反符号与测站数或距离成正比例的分配到各测段的高差中，各测段高差改正数的计算公式：

$$v_i=-\frac{f_h}{\sum n}n_i \text{ 或 } v_i=-\frac{f_h}{\sum L}L_i \tag{2-11}$$

式中：v_i—— 各测段高差改正数；

$\sum n$、$\sum L$—— 水准路线总测站数、水准路线全长；

n_i、L_i ——各测段测站数、各测段路线长度。

将各测段的测量高差加上改正数，就得到改正后的高差。

③ 待测点的高程计算：根据检核过的改正后高差 h_i 和起点高程 H_A，推算出各个中间测点和终点的高程。

$$H_1=H_A+h_1$$
$$H_2=H_1+h_2$$
$$H_3=H_2+h_3$$
$$\cdots$$
$$H_n=H_{n-1}+h_n$$

【例 2-1】 如图 2-58，为一附合水准路线观测成果示意图，各测段的测站数和高差均注，求 1、2、3 各点的高程。

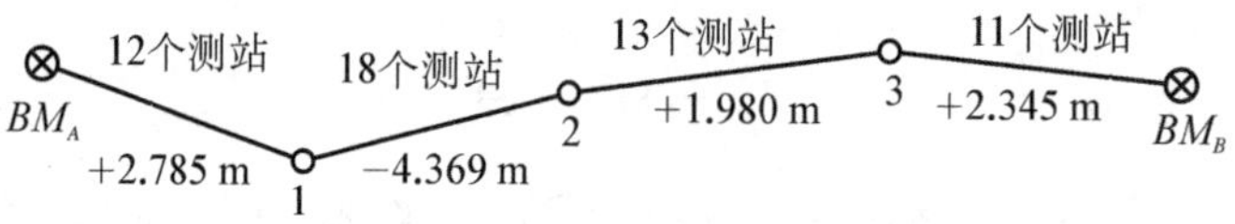

图 2-58　附合水准路线测量结果示意图

表 2-2　附合水准路线高差调整及高程计算表

点号	测站数	观测高差(m)	改正数(mm)	改正后高差(m)	高程(m)	备注
BM_A					56.345	已知
	12	+2.785	−10	+2.775		
1					59.120	
	18	−4.369	−16	−4.385		
2					54.735	
	13	+1.980	−11	+1.969		
3					56.704	
	11	+2.345	−10	+2.335		
BM_B					59.039	已知
$\sum$	54	+2.741	−47	+2.694		
辅助计算	$f=\sum h_{测}-\sum h_{理}=2.741-(59.039-56.345)=+47$ mm					

2. 闭合水准路线

从水准路线高差闭合差的概念可知，闭合水准路线高差闭合差（f_h）应等于观测值（$\sum h_{测}$）－理论值（$\sum h_{理}$），由于闭合水准路线从一个已知水准点开始最后又闭合到该水准点上，故理论值应等于零，所以闭合水准路线高差闭合差实质上等于观测值，即：

$$f_h = \sum h_{测} - \sum h_{理} = \sum h_{测} \quad (2-12)$$

高差闭合差容许值的计算和闭合差的调整方法均与附合水准路线相同。

【例 2－2】图 2－59 为一个闭合水准路线，根据观测数据和起算数据，完成表内的各项计算。

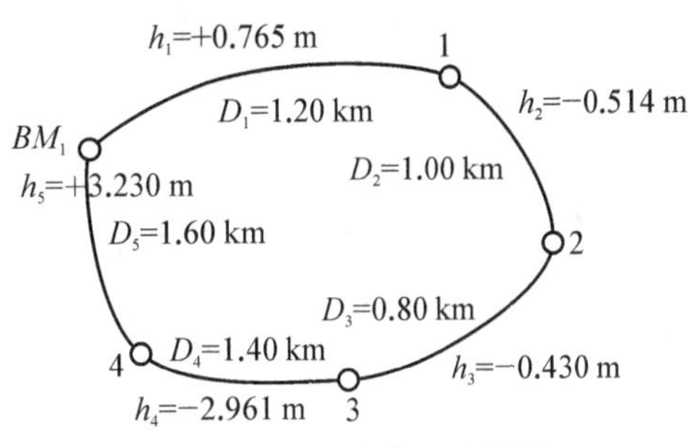

图 2－59　闭合水准路线图

表 2－3　闭合水准路线高差调整及高程计算表

点号	距离(km)	观测高差(m)	改正数(m)	改正后高差(m)	高程(m)	备注
BM_1					34.561	已知
	1.20	+0.765	−0.018	+0.747		
1					35.308	
	1.00	−0.514	−0.015	−0.529		
2					34.779	
	0.80	−0.430	−0.012	−0.442		
3					34.337	
	1.40	−2.961	−0.021	−2.982		
4					31.355	
	1.60	+3.230	−0.024	+3.206		
BM_1					34.561	已知
$\sum$	6.00	+0.090	−0.090	0		
辅助计算	$f_h = \sum h_{测} - \sum h_{理} = \sum h_{测} = +0.090$ m					

3. 支水准路线

支水准路线一般无法直接校核，只有采用往返观测进行校核，往返观测闭合差理论值为零，其高差闭合差为：

$$f_h = \sum h_{往} + \sum h_{返} = \left|\sum h_{往}\right| - \left|\sum h_{返}\right| \quad (2-13)$$

【例 2－3】图 2－60 为一条支水准路线，已知水准点 BM_A 的高程为 149.869 m，各测段所测高差和测站数均注于图上，求 1、2、3 点的高程。

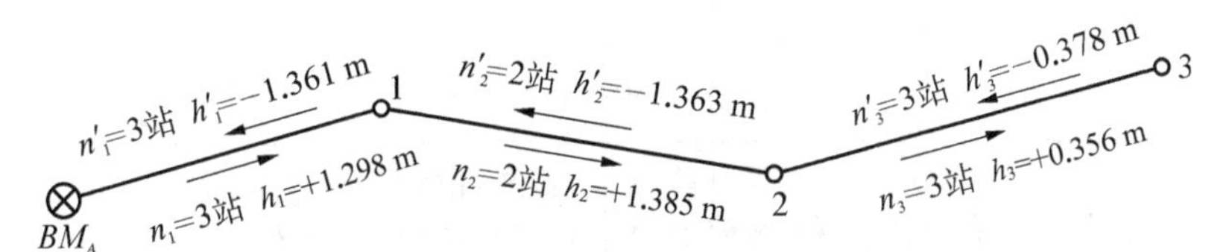

图 2－60　支水准路线

解:将图 2-17 中的数据列于表 2-4 中,然后进行计算。

表 2-4　支水准路线成果整理计算表

点号	往测测站数	返测测站数	往测高差/m	返测高差/m	改正后高差/m	高程/m	备注
BM_A						149.869	高程已知
	3	3	+1.298	−1.316	+1.307		
1						151.176	
	2	2	+1.385	−1.363	+1.374		
2						152.550	
	3	3	+0.356	−0.378	+0.367		
3						152.917	
$\sum$	8	8	+3.039	−3.057			
辅助计算	$f_h=\left\lvert\sum h_{往}\right\rvert-\left\lvert\sum h_{返}\right\rvert=3.039\ \text{m}-3.057\ \text{m}=-0.018\ \text{m}$ $f_{h容}=\pm12\sqrt{n}\ \text{mm}=\pm12\sqrt{16}\ \text{mm}=\pm48\ \text{mm}$ 因 $\lvert f_h\rvert<\lvert f_{h容}\rvert$,故符合精度要求。						

高差闭合差容许值的计算同前边附合水准路线。当高差闭合差在容许范围内时,则分段取往返测高差的平均值,用往测高差的符号,作为改正后高差的符号,再从起点沿往测方向推算各点高程。

(三) 水准测量的注意事项

1. 作业前,水准仪要进行检验与校正。
2. 测站地面要坚实,脚架应踩稳,防止碰动。
3. 前后视线要等长,视线不宜过长(<100 m)。
4. 瞄准标尺时,注意消除视差。每次读数前符合气泡务必严格居中。
5. 水准尺应竖直,尺垫应踩实,转点要牢固,在固定标志点不得使用尺垫。
6. 记录要工整,计算要无误,并及时进行校核计算。
7. 读数要准确,严格按照限差要求,误差超限,必须重测。

任务三　四等水准测量

一、四等水准测量的主要技术要求

在工程测量中,不仅要建立必要的平面控制,还要建立首级高程控制和图根控制。而小区域内的首级高程控制常采用四等水准测量,其技术要求主要有:视线长度应≤80～100 m,前后视距差≤5 m,前后视距累计差≤10 m,红黑面读数差≤3 mm,红黑面所测高差之差≤5 mm,如表 2-5 所示。

表 2-5　水准测量基本技术要求

等级＼项目	视线长度(m)	前后视较差(m)	任一测站前后视累积差 (m)	黑红面读数之差(mm)	黑红面所测高差较差(mm)	闭合路线闭合差(mm)
四等	≤100	≤5.0	≤10.0	≤3.0	≤5.0	$\leqslant20\sqrt{L}$

四等水准路线一般沿道路布设，尽量避开土质松软地段，水准点间的距离一般为 2～4 km，在城市建筑区为 1～2 km。水准点选在地基稳固，能长久保存和便于观测的地方。

二、四等水准测量方法

（一）四等水准测量的观测方法

1. 照准后视水准尺黑面

读取上、下视距丝和中丝读数，计入记录表（表 2-5）中（1）、（2）、（3）处；

2. 照准前视水准尺黑面

读取上、下视距丝和中丝读数，计入记录表中（4）、（5）、（6）处；

3. 照准前视水准尺红面

读取中丝读数，计入记录表中（7）处；

4. 照准后视水准尺红面

读取中丝读数，计入记录表中（8）处。

（二）测站计算与检核

1. 视距差与视距累计差的计算与检核

后视距离（9）＝100×[上丝读数（1）－下丝读数（2）]

前视距离（10）＝100×[上丝读数（4）－下丝读数（5）]

前、后视距差（11）＝后视距离（9）－前视距离（10）

前、后视距差累计差（12）＝上站视距累计差（12）＋本站视距差（11）

上述计算结果应满足：前后视距差≤5 m，前后视距累计差≤10 m。

表 2-6　四等水准测量观测记录手簿

仪器型号________ 观测者________ 记录者________ 日期________ 天气________

测站编号	点号	后尺 上丝	前尺 上丝	方向及尺号	标尺读数		K＋黑-红（mm）	高差中数（m）	备注
		后尺 下丝	前尺 下丝		黑面	红面			
		后视距离	前视距离						
		视距差（m）	累积差（m）						
		（1）	（4）	后 视	（3）	（8）	（13）	（18）	
		（2）	（5）	前 视	（6）	（7）	（14）		
		（9）	（10）	后—前	（15）	（16）	（17）		1＃标尺的常数 K_1＝4 787 2＃标尺的常数 K_2＝4 687
		（11）	（12）						
	A—1	1 587	0 755	后 视	1 400	6 187	0	＋0.832 5	
		1 213	0 379	前 视	0 567	5 255	－1		
		37.4	37.6	后—前	＋0 833	＋0 932	＋1		
		－0.2	－0.2						

2. 尺常数 K 的检核

尺常数为同一水准尺黑面与红面读数差。尺常数的误差计算公式为：

后视水准尺黑、红面读数差(13)=(3) $+K_i-$(8)

前视水准尺黑、红面读数差(14)=(6) $+K_i-$(7)

K_i为双面尺的红面与黑面分划的零点差(A尺:K_1=4 787 mm;B尺K_2=4 687 mm),对于四等水准测量来说,尺常数误差不得超过3 mm。

3. 高差计算与校核

黑面高差(15)=(3) -(6)

红面高差(16)=(8) -(7)

红、黑面高差之差(17)=(13)-(14)=(15)-[(16)±100]

对于四等水准测量,红黑面高差之差≤5 mm。

红黑面高差在容许范围内时,取其平均值,作为该测站的观测高差

$$(18)=\{(15)+[(16)\pm 100]\}/2$$

4. 水准测量记录计算校核

整个水准路线测量结束后,应该进行逐页检查和核对计算有无错误,最后的水准测量记录应作总的计算校核:

高差校核:

$$\sum(3)-\sum(6)=\sum(15)$$

$$\sum(8)-\sum(7)=\sum(16)$$

$$\sum(15)+\sum(16)=2\sum(18) \quad \text{(偶数站)}$$

或

$$\sum(15)+\sum(16)=2\sum(18)\pm 100\ \text{mm} \quad \text{(奇数站)}$$

视距差校核:$\sum(9)-\sum(10)$=本页末站(12)-前页末站(12)

本页总视距:$L=\sum(9)+\sum(10)$

5. 高程计算

四等水准测量高程计算的方法,同于前述"水准路线的校核与平差"方法,在此不再详述。

技能实训

实训一 水准仪的认识和使用

高程是确定地面点位的主要参数之一。水准测量是高程测量的主要方法之一,水准仪是水准测量所使用的仪器。本实验通过对微倾水准仪及自动安水准仪的认识和使用,使同学们熟悉水准测量的常规仪器、附件、工具,正确掌握水准仪的操作。

一、实训目标

(1) 了解微倾式水准仪及自动安平水准仪的基本构造和性能,以及各螺旋名称及作用,掌握使用方法。

(2) 了解脚架的构造、作用,熟悉水准尺的刻划、标注规律及尺垫的作用。

(3) 练习水准仪的安置、瞄准、精平、读数、记录和计算高差的方法。

二、实训场所

校内测量实习场。

三、实训形式

1. 熟悉 DS_3 水准仪的一般构造，主要部件的名称、作用以及操作方法。

2. 练习水准仪的安置、粗平、瞄准、精平和读数及高差计算的方法。

四、实训备品与材料

DS_3 水准仪 1 台，双面水准尺 1 对，尺垫 2 块，记录板 1 块；自备铅笔、小刀、记录表格和计算器等。

五、实训内容与方法

(1) 仪器介绍。指导教师现场通过演示讲解水准仪的构造、安置及使用方法；水准尺的刻划、标注规律及读数方法。

(2) 选择场地架设仪器。从仪器箱中取水准仪时，注意仪器装箱位置，以便用后装箱。

(3) 认识仪器。对照实物正确说出仪器的组成部分，各螺旋的名称及作用。

(4) 粗略整平。先用双手按相对(或相反)方向旋转一对脚螺旋，观察圆水准器气泡移动方向与左手拇指运动方向之间运行规律，再用左手旋转第三个脚螺旋，经过反复调整使圆水准器气泡居中。

(5) 瞄准。先将望远镜对准明亮背景，旋转目镜调焦螺旋，使十字丝清晰；再用望远镜瞄准器照准竖立于测点的水准尺，旋转对光螺旋进行对光；最后旋转微动螺旋，使十字丝的竖丝位于水准尺中线位置上或尺边线上，完成对光，并消除视差。

(6) 精平(自动安平水准仪无此步骤)。旋转微倾螺旋，从符合式气泡观测窗观察气泡的移动，使两端气泡吻合。

(7) 读数。用十字丝中丝读取米、分米、厘米、估读出毫米位数字，并用铅笔记录。

如图 2－61 所示，十字丝中丝的读数为 0 907 mm，或 0.907 m。十字丝下丝的读数为 0 989 mm(或 0.989 m)，十字丝上丝的读数为 0 825 mm(或 0.825 m)。

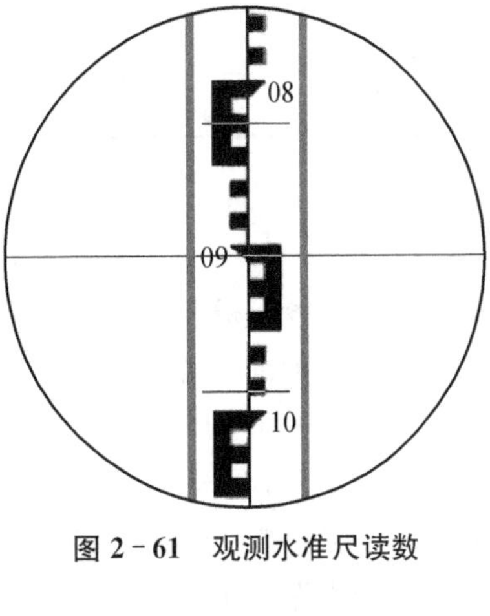

(8) 计算。读取立于两个或更多测点上的水准尺读数，计算不同点间的高差。

(9) 交换。使用微倾式水准仪及相应水准尺的小组同使用自动安平水准仪及相应水准尺的小组互换仪器及工具，重复以上 8 步操作。

图 2－61　观测水准尺读数

六、注意事项

(1) 三脚架应支在平坦、坚固的地面上，架设高度应适中，架头应大致水平，架腿制动螺旋应紧固，整个三脚架应稳定。

(2) 安放仪器时应将仪器连接螺旋旋紧，防止仪器脱落。

(3) 各螺旋的旋转应稳、轻、慢，禁止用蛮力，最好使用螺旋运行的中间位置。

(4) 瞄准目标时必须注意消除误差，应习惯先用瞄准器寻找和瞄准。

(5) 立尺时，应站在水准尺后，双手扶尺，以使尺身保持竖直。

(6) 读数时不要忘记精平。

(7) 做到边观测、边记录、边计算。记录应使用铅笔。

(8) 避免水准尺靠在墙上或电杆上，以免摔坏；禁止用水准尺抬物，禁止坐在水准尺及仪器箱上。

(9) 发现异常问题应及时向指导教师汇报，不得自行处理。

七、实训报告要求

同一小组成员按以上步骤轮流操作，每人须得到一组自己的观测数据，并在实习结束时连同实习报告一并上交指导教师。

表 2－7　水准测量记录表

仪器型号________观测者________记录者________时间________天气________

测站	点号	水准尺读数(m)		高差(m)		高程(m)	备注
		后视	前视	+	−		
							已知
计算校核							

实训二　水准路线测量

水准路线一般布置成为闭合、附合、支线的形式。本实验通过对一条闭合水准路线按普通水准测量的方法进行施测，使同学们掌握普通水准测量的方法。

一、实训目标

(1) 练习水准路线的选点、布置。

(2) 掌握普通水准测量路线的观测、记录、计算检核以及集体配合、协调作业的施测过程。

(3) 掌握水准测量路线成果检核及数据处理方法。

(4) 学会独立完成一条闭合水准测量路线的实际作业过程。

二、实训场所

测量实习场

三、实训形式

1. 每个小组施测一条 4～6 点的闭合水准路线，起点高程由指导教师提供或假定。

2. 计算闭合水准路线的高差闭合差，并进行高差闭合差的调整和高程计算。

四、实训备品与材料

DS_3水准仪1台，双面水准尺1对，尺垫2块，记录板1块；自备铅笔、小刀、记录表格、计算器等。

五、实训内容与方法

1. 对测区踏查后，选定一条4点组成的闭合水准路线，如图2-62。

图2-62 闭合水准路线

2. 在起点A(已知高程点)和转点1的约等距离处安置水准仪，瞄准后视点(起点)上的水准尺、消除视差，精平后读取后视读数；瞄准前视点1上的水准尺，同法读取前视读数，分别记录并计算其高差。

3. 将水准仪搬至转点1与转点2的约等距离处进行安置，同法在1点上读取后视读数、在2点上读取前视读数，分别记录并计算其高差。

4. 同法继续进行施测，经过所有的待测点后回到起点A。

5. 检核计算。以相邻两待测点为测段，计算后视读数总和减去前视读数总和，看其是否等于高差的总和。若不相等，说明计算过程中有错误，应重新计算。

6. 将相邻点的总高差与总测站数记入水准路线计算表的相应栏中，若计算出的高差闭合差小于其容许误差，即可计算高差的改正数和改正后的高差，最后计算各待测点的高程。

六、注意事项

(1) 前、后视距应大致相等。

(2) 读取读数前，应仔细对光以消除视差。

(3) 每次读数时，都应精平。并注意勿将上、下丝的读数误读成中丝读数。

(4) 观测过程中不得进行粗平。若圆水准器气泡发生偏离，应整平仪器后，重新观测。

(5) 应做到边测量，边记录，边检核，误差超限应立即重测。

(6) 双仪器高法进行测站检核时，两次所测得的高差之差应小于等于5 mm；双面尺法检核时，两次所测得的高差尾数之差应小于等于5 mm(两次所测得的高差，因尺常数不同，理论值应相差0.1 m)。

(7) 尺垫仅在转点上使用，在转点前后两站测量未完成时，不得移动尺垫位置。

(8) 闭合水准路线高差闭合差$f_h=\sum h$，容许值$f_{h容}=\pm 40\sqrt{L(km)}$，单位mm。

七、实训报告要求

每组上交水准测量记录表一份,每人上交水准路线成果计算表一份。

表 2-7 水准测量记录表

仪器型号与编号: 班组: 观测者: 记录者: 日期:

测站	点号	水准尺读数/m		高差/m		高程/m	备注
		后视	前视	+	−		
检核计算		$\sum a =$	$\sum b =$	$\sum h =$			

表 2-8 水准路线成果计算表

仪器型号与编号: 班组: 观测者: 记录者: 日期: 天气:

点号	路线长度(km)	实测高差(m)	改正数(mm)	改正后高差(m)	高程(m)	备注
						已知点
$\sum$						

辅助计算:

注:1. 距离取位至 0.01 km,测段高差、改正数及点之高程取位至 1 mm;
2. 采用路线长度进行高差闭合差的分配。

思考与练习

一、选择

1. 水准测量原理要求水准仪必须提供一条(　　)。

A. 铅垂线　　B. 水平视线

C. 法线　　D. 切线

2. DS_3水准仪,数字3表示的意义是(　　)。

A. 每公里往返测高差中数的中误差不超过3 mm

B. 每公里往返测高差中数的相对误差不超过3 mm

C. 每公里往返测高差中数的绝对误差不超过3 mm

D. 每公里往返测高差中数的极限误差不超过3 mm

3. 水准测量中,调节脚螺旋使圆水准气泡居中的目的是使(　　)。

A. 视准轴水平　　B. 竖轴铅垂

C. 十字丝横丝水平　　D. 以上都不对

4. 转动目镜对光螺旋的目的是(　　)。

A. 看清十字丝　　B. 看清物像

C. 视准轴水平　　D. 让十字丝横丝水平

5. 微倾式水准仪观测操作步骤是(　　)。

A. 仪器安置、粗平、调焦照准、精平、读数

B. 仪器安置、粗平、调焦照准、读数

C. 仪器安置、粗平、精平、调焦照准、读数

D. 仪器安置、调焦照准、粗平、读数

6. 望远镜概略瞄准目标时,应当使用(　　)去瞄准。

A. 制动螺旋和微动螺旋　　B. 准星和照门

C. 微动螺旋　　D. 微动螺旋和准星

7. 微倾水准仪精平是通过转动(　　),使水准管气泡居中来达到目的。

A. 微倾螺旋　　B. 脚螺旋

C. 制动螺旋　　D. 水平微动螺旋

8. 产生视差的原因是(　　)。

A. 观测时眼睛位置错误

B. 目镜调焦错误

C. 前后视距不相等

D. 物像与十字丝分划板平面不重合

9. 在普通水准测量中,应在水准尺上读取(　　)位数。

A. 5　　B. 3　　C. 2　　D. 4

10. 水准测量中,设后尺 A 的读数 $a=2.713$ m,前尺 B 的读数为 $b=1.401$ m,已知 A 点高程为15.000 m,则视线高程为(　　)m。

A. 13.688　　B.16.312　　C.16.401　　D.17.713

11. 在水准测量中，若后视点 A 的读数大，前视点 B 的读数小，则有(　　)。

A. A 点比 B 点低　　B. A 点比 B 点高

C. A 点与 B 点可能同高　　D. 无法判断

12. 水准测量时，尺垫应放置在(　　)。

A. 水准点　　B. 转点

C. 土质松软的水准点上　　D. 需要立尺的所有点

13. 某站水准测量时，由 A 点向 B 点进行测量，测得 AB 两点之间的高差为 0.506 m，且 B 点水准尺的读数为 2.376 m，则 A 点水准尺的读数为(　　)m。

A. 1.870　　B. 2.882　　C. 2 882　　D. 1 870

14. 转点在水准测量中起传递(　　)的作用。

A. 高程　　B. 水平角　　C. 距离　　D. 方向

15. 水准路线的布设形式有(　　)。

A. 附合水准路线　　B. 闭合水准路线

C. 支水准路线　　D. 等外水准路线

16. 一闭合水准路线 12 测站完成，高差闭合差 $f_h=+12$ mm，其中两相邻点 4 个测站完成，其高差改正数为(　　)。

A. +4 mm　　B. −4 mm

C. +1 mm　　D. −1 mm

17. 闭合水准路线高差闭合差的理论值为(　　)。

A. 0　　B. 与路线形状有关

C. 一个不等于 0 的常数　　D. 由路线中任两点确定

18. 两次仪高法观测两点高差得到两次高差分别为 1.235 m 和 1.236 m，则两点高差为(　　)。

A. 1.235 m　　B. 1.236 m　　C. 2.471 m　　D. 0.001 m

19. 水准测量闭合差限差计算公式 $f_h=\pm 40\sqrt{L}$ mm，式中 L 的单位为(　　)。

A. 米　　B. 厘米　　C. 毫米　　D. 千米

二、简答和计算

1. 水准测量的基本原理是什么？

2. 转点的作用是什么？为什么说转点很重要？

3. 水准测量已经进行了测站校核，为什么还要进行水准路线的校核？

4. 水准仪应满足哪些条件？其中主要条件是什么？为什么？

5. A 为后视点，B 为前视点，若后视读数 $a=1.126$ m，前视读数 $b=1.478$ m，问 A、B 两点高差是多少？B 点比 A 点高还是低？已知 A 点高程为 151.238 m，问 B 点高程又是多少？并绘图说明。

6. 将图 2 - 63 中的数据(单位:m)填入水准测量手簿 2 - 9 中，求出各待测点的高程，并进行计算检核。已知 A 点的高程为 56.808 m。

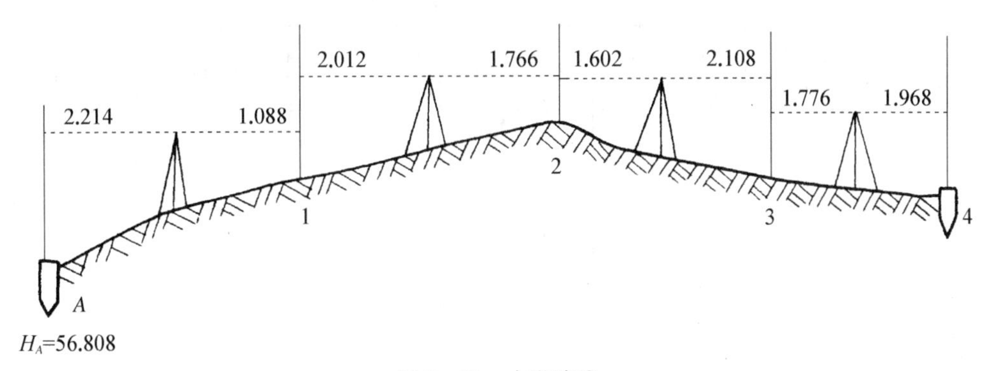

图 2－63　水准路线

表 2－9　水准测量记录表

测站	点号	水准尺读数/m		高差/m		高程/m	备注
		后 视	前 视	＋	－		
1	A					56.808	
	1						
2	1						
	2						
3	2						
	3						
4	3						
	4						
检核计算		$\sum a=$	$\sum b=$	$\sum h=$			

7. 图 2－64 为一闭合水准路线的观测成果，试评定其精度是否符合要求；若符合要求，即进行高差闭合差的调整，并推算出各待测点的高程，如表 2－10 所示。已知 A 点高程为 67.326 m。

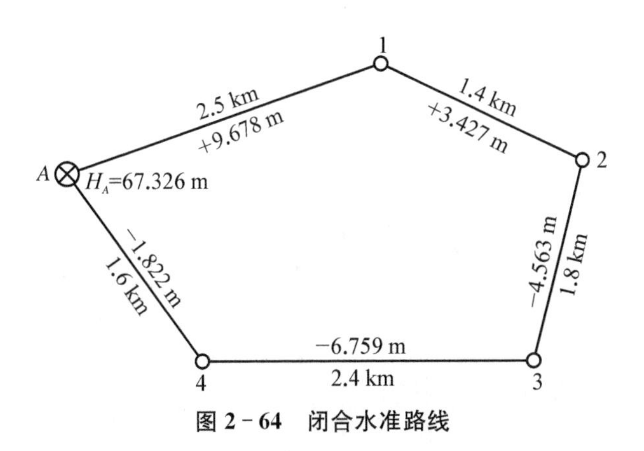

图 2－64　闭合水准路线

表 2-10 水准路线计算表

点号	路线长度(km)	实测高差(m)	改正数(mm)	改正后高差(m)	高程(m)	备注
A						已知点
1						待求点
2						待求点
3						待求点
4						待求点
A						已知点
Σ						

辅助计算：

$f_h=$

项目三
角度测量

知识目标

1. 了解水平角、竖直角的概念，熟悉水平角和竖直角测量原理；
2. 掌握光学经纬仪、电子经纬仪的各部分构造及使用方法；

技能目标

1. 掌握光学经纬仪、电子经纬仪测回法观测水平角的观测方法，能够熟练的利用经纬仪测算水平角；
2. 掌握竖直角的观测方法和竖直角、竖盘指标差的计算方法。

任务一　经纬仪的认识和使用

角度测量是测量工作的基本内容之一，它又分为水平角测量和竖直角测量，经纬仪是角度测量的基本仪器，它既能测量水平角，又能测量竖直角。水平角用于求算地面点的坐标和两点间的坐标方位角，竖直角用于计算高差或将倾斜距离换算成水平距离。

一、DJ_6 光学经纬仪的构造和使用方法

现代经纬仪有光学经纬仪和电子经纬仪。光学经纬仪按其精度不同，可分为普通光学经纬仪和精密光学经纬仪两种。一般工程测量中常用的是普通光学经纬仪，故这里只以普通光学经纬仪 DJ_6 为例作介绍。"D"和"J"分别是"大地测量"和"经纬仪"的汉语拼音第一个字母，数字"6"代表该仪器一测回方向观测中误差的秒数。

(一) DJ_6 光学经纬仪的构造

光学经纬仪主要由照准部、水平度盘和基座三部分组成，如图 3－1 所示，为 DJ_6 型光学经纬仪的结构和各部分的名称。

1. 照准部

照准部是经纬仪上部可以转动的部分，由望远镜、横轴、竖直度盘、读数显微镜、照准部水准管和竖轴等组成。

(1) 望远镜　望远镜用于精确瞄准目标。它固定在横轴上，可绕横轴在竖直面内作俯仰转动，可利用望远镜制动螺旋和微动螺旋控制其俯仰运动。经纬仪的望远镜与水准仪的望远镜相同，由物镜、调焦螺旋，十字分划板、目镜和固定他们的镜筒组成。

(2) 横轴　是望远镜俯仰转动的旋转轴，由左右两支架所支承。

(3) 竖直度盘　用光学玻璃制成，用来测量竖直角。它是由光学玻璃制成的圆盘，安装

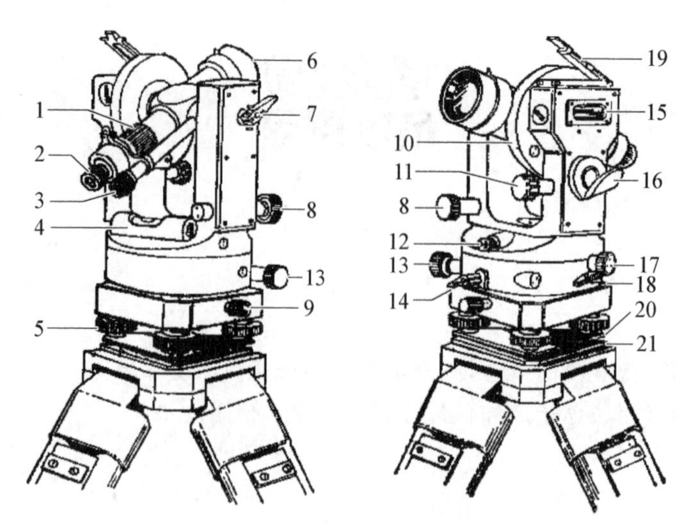

图 3-1　DJ_6 型光学经纬仪的结构

1. 调焦螺旋　2. 目镜　3. 读数显微镜　4. 照准部水准管　5. 脚螺旋　6. 望远镜物镜　7. 望远镜制动螺旋　8. 望远镜微动螺旋　9. 竖轴固紧螺旋　10. 竖直度盘　11. 竖盘指标水准管微动螺旋　12. 光学对中器目镜　13. 水平微动螺旋　14. 照准部水平制动钮　15. 竖盘指标水准管　16. 反光镜　17. 度盘变换手轮　18. 保险手柄　19. 竖盘指标水准管反光镜　20. 托板　21. 压板

在横轴的一端，并随望远镜一起转动。

(4) 读数显微镜　用来读取水平度盘和竖直度盘的读数。

(5) 照准部水准管　用来置平仪器，使水平度盘处于水平位置。

(6) 竖轴　照准部的旋转轴即为仪器的竖轴，竖轴插入水平度盘的轴套中，该轴套下端与轴座相连，置于基座内，并用轴座固定螺旋固紧，使用时切勿松动该螺旋。

(7) 光路系统　由一系列棱镜和透镜组成，主要作用是将水平、竖直度盘读数反映到读数显微镜。

2. 水平度盘

水平度盘是由光学玻璃制成的圆盘，其边缘按顺时针方向刻有 0°～360°的分划，用于测量水平角。水平度盘与一个金属的空心轴套结合，套在竖轴轴套的外面，并可自由转动。

水平度盘的控制装置有两种，一是复测扳手，将复测扳手扳下，则水平度盘和照准部结合在一起转动，扳上时水平度盘则和照准部脱开，用以改变水平度盘位置；另一种为度盘变换手轮，转动该手轮，水平度盘的读数随之转动。

3. 基座

基座是用来支撑整个仪器的底座，用中心螺旋与三脚架相连接。基座上备有三个脚螺旋，转动脚螺旋，可使照准部水难管气泡居中，从而使水平度盘处于水平位置，亦即仪器的竖轴处于铅垂状态。

(二) DJ_6 光学经纬仪的读数方法

DJ_6 级光学经纬仪的水平度盘和竖直度盘的分划线通过一系列的棱镜和透镜作用，成像于望远镜旁的读数显微镜内，观测者用读数显微镜读取读数。由于测微装置的不同，DJ_6 级光学经纬仪的读数方法通常有两种，国产 DJ_6 级光学经纬仪，多采用分微尺读数装置。

此装置通过一系列的棱镜和透镜作用，在读数显微镜内，可以看到水平度盘和竖直度盘的分划以及相应的分微尺像，如图 3-2 所示。度盘最小分划值为 1°，分微尺上把度盘为 1°

的弧长分为 60 格，所以分微尺上的最小分划值为 1′，每 10′作一注记，可以估读至 0.1′即 6″。读数时，打开并转动反光镜，使读数视窗内亮度适中，调节读数显微镜的目镜，使度盘和分微尺分划线清晰，然后，“度”可从分微尺中的度盘分划线上的注字直接读得，“分”则用度盘分划线作为指标，在分微尺中直接读出，并估读至 0.1′，两者相加，即得度盘读数。如图 3－2 所示，水平度盘读数为 134°53′30″，竖盘读数为 87°58′12″。

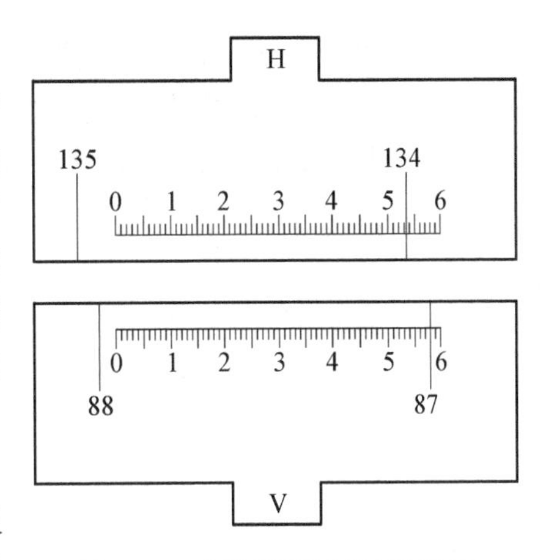

图 3－2　分微尺测微器读数视窗

（三）DJ_6 经纬仪的使用

经纬仪的安置包括对中和整平。对中的目的是使仪器的中心与测站点（标志中心）处于同一铅垂线上；整平的目的是使仪器的竖轴竖直，使水平度盘处于水平位置。

1. 对中

首先张开三脚架，并调节脚架高度与观测者适宜。目估架头水平，使架头小心初步对准测站点标志，然后安上仪器，旋紧中心连接螺旋，挂上垂球，使垂球尖对准标志，踩紧脚架。若仍稍有偏差，可再稍松中心连接螺旋，让经纬仪在脚架头上稍作移动，使垂球尖准确对中，再拧紧中心螺旋，对中误差＜3 mm。

有些仪器装有光学对点器。它是利用直角棱镜将光线折射 90°来观察对点，其光轴与仪器竖轴中心一致。若地面点标志中心与光学对点器分划板中心（即光轴中心）的小圆圈或十字相重合，则说明仪器竖轴中心已位于角顶点的铅垂线上。

2. 整平

旋转照准部，使照准部水准管与任意两个脚螺旋的连线平行，如图 3－3(a)，两手相对旋转这两个脚螺旋使水准管气泡居中（气泡移动方向与左手大拇指移动方向一致），然后将照准部旋转 90°，转动第三个脚螺旋再使水准管气泡居中，如图 3－3(b)。这样反复几次，直到水准管气泡在任何位置均居中为止。

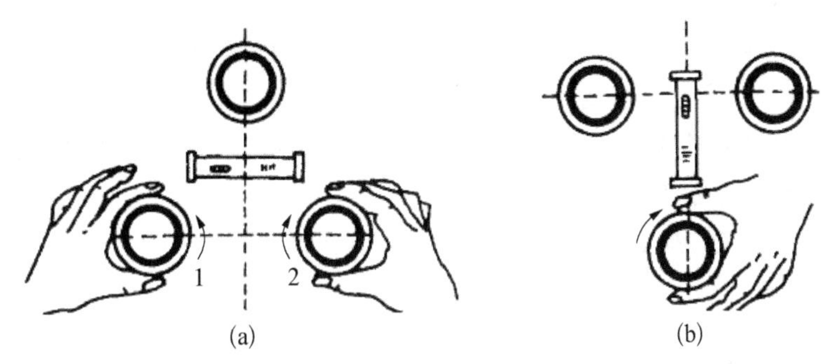

图 3－3　经纬仪整平

当使用光学对中器对中时，对中和整平的操作相互会产生影响，需要反复进行，直到两者都满足要求为止。

3. 瞄准与读数

测角的瞄准标志一般是地面点上的标杆、测钎或觇牌的中心，要求设置要垂直。仪器瞄准目标前，要将望远镜先对向天空或明亮处，调节目镜并消除视差，使十字丝最清晰。然后用望远镜"先外后内"对向目标,进行物镜调焦,使成像清晰。最后固定照准部和望远镜的制动螺旋,用相应的微动螺旋使十字丝精确对准目标。测水平角时以竖丝精确切准目标中心或底部。测竖直角时用中横丝精确切准目标点,然后读取水平度盘或竖直度盘读数。

二、电子经纬仪

电子经纬仪在最近 20 多年才广为应用,它的出现标志着经纬仪已经发展到一个新的阶段。现在以南方测绘仪器公司生产的 ET－02/05/05B 电子经纬仪为例,如图 3－4,说明如下。

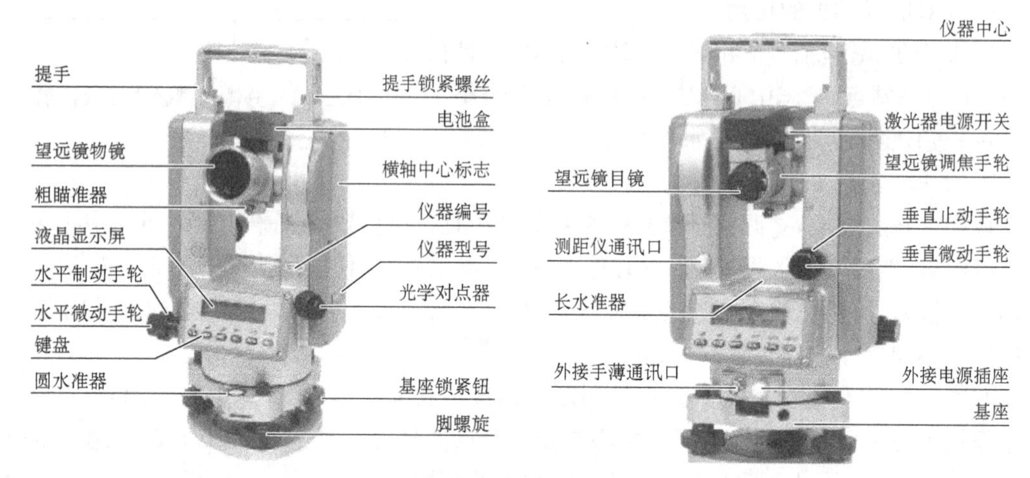

图 3－4　电子经纬仪

(一) 电子经纬仪的特点

南方测绘仪器公司生产的 ET－02/05 电子经纬仪结构合理、美观大方、功能齐全、性能可靠、操作简单、易学易用,很容易实现仪器的所有功能。且还具备如下特点:

(1) 可与南方测绘仪器公司生产的 ND 系列测距仪和其它厂家生产的 6 种测距仪联机,组成组合式全站仪,连接和使用均十分方便。

(2) 可与南方测绘仪器生产的电子手簿联机,完成野外数据的自动采集,组成多功能全站仪。

(3) 按键操作简单,仅用 6 个功能键即可实现任一功能,并且可以将测距仪的距离数据显示在电子经纬仪的显示屏上。

(4) 望远镜十字丝和显示屏有照明光源,便于在黑暗环境中操作。

(二) 使用方法

1. 仪器的安置

电子经纬仪的安置包括对中和整平,其方法与光学经纬仪相同,在此不再重述。

2. 仪器的初始设置

本仪器具有多种功能项目选择,以适应不同作业性质对成果的需要。因此,在作业之前,均应对仪器采用的功能项目进行初始设置。

(1) 设置项目

① 角度测量单位:360°、400 gon(出厂设为 360°)。

② 竖直角0方向的位置：水平为0°或天顶为0°（仪器出厂设天顶为0°）。

③ 自动断电关机时间为：30 min或10 min（出厂设为30 min）。

④ 角度最小显示单位：1″或5″（出厂设为1″）。

⑤ 竖盘指标零点补偿选择：自动补偿或不补偿（出厂设为自动补偿，05型无自动补偿器，此项无效）。

⑥ 水平角读数经过0°、90°、180°、270°时蜂鸣或不蜂鸣（出厂设为蜂鸣）。

⑦ 选择与不同类型的测距仪连接（出厂设为与南方ND3 000连接）。

(2) 设置方法

① 按住[CONS]键，打开电源开关，至三声蜂鸣后松开[CONS]键，仪器进入初始设置模式状态。此时，显示屏的下行会显示闪烁着的八个数位，它们分别表示初始状设置的内容。八个数位代表的设置内容详见表3-1。

② 按[MEAS]或[TRK]键使闪烁的光标向左或向右移动到要改变的数字位。

③ 按▲或▼键改变数字，该数字所代表的设置内容在显示屏上行以字符代码的形式予以提示。

④ 重复②和③操作，进行其它项目的初始设置至全部完成。

⑤ 设置完成后按[CONS]键予以确认，把设置存入仪器内，否则仪器仍保持原来的设置。

表3-1 初始设置的内容

	数位代码	显示屏上行显示的表示设置内容的字符代码	设置内容
第1、2数位	11 01 10	359°59′59″ 399.99.99 359°59′59″	角度单位：360° 角度单位：400 gon 角度单位：360°
第3数位	1 0	HO_T= 0 HO_T= 90	竖直角水平为0° 竖直角天顶为0°
第4数位	1 0	30 OFF 10 OFF	自动关机时间为30分钟 自动关机时间为10分钟
第5数位	1 0	STEP 1 STEP 2	角度最小显示单位1″ 角度最小显示单位5″
第6数位	1 0	TLT ON TLT OFF	竖盘自动补偿器打开 竖盘自动补偿器关闭
第7数位	1 0	90°BEEP DIS.BEEP	象限蜂鸣 象限不蜂鸣
第8位	可与之连接的测距仪型号		
	0 1 2 3 4 5 6	S.2L2A ND 3 000 P.20 DII 600 S.2 D 3 030 TP.A5	索佳RED 2L(A)系列 南方ND 3000系列 宾得MD 20系列 徕卡系列 索佳MIN 12系列 常州大地D 3030系列 拓普康DM系列

3. 水平角观测

设角顶点为 O，左边目标为 M，右边目标为 N。观测水平角 $\angle NOM$ 的方法如下：

(1) 在 O 点安置仪器。对中、整平后，以盘左位置用十字丝中心照准目标 M，先按[R/L]键，设置水平角为右旋(HR)测量方式，再按两次[OSET]键，使目标 M 的水平度盘读数设置为 0°00′00″作为水平角起算的零方向；顺时针转动照准部，以十字丝中心照准目标 N，读取水平度盘读数。如显示屏显示 | V93°08′20″ / HR87°18′40″ |，则水平度盘数为 87°18′40″，由于 M 点的读数为 0°00′00″，故显示屏显示的读数也就是盘左时 $\angle NOM$ 的角值。

(2) 倒镜。以盘右位置照准目标 N，先按[R/L]键，设置水平角为左旋(HL)测量方式，再按[R/L]键，使目标 N 的水平度盘读数设置为 0°00′00″；逆时针转动照准部，照准目标 M，读取显示屏上的水平度盘读数，也就是盘右时∠NOM 的角值。

(3) 若盘左、盘右的角值之差容许范围内，取其平均值作为 $\angle NOM$ 的角值。

4. 竖直角观测

(1) 指示竖盘指标归零(V OSET)操作：开启电源后，如果显示"b"，提示仪器有竖轴不垂直，将仪器精确置平后"b"消失。仪器精确置平后开启电源，显示"V OSET"，提示应将竖盘指标归零。其方法是：将望远镜在垂直方向上转动 1～2 次，当望远镜通过水平视线时，将指示竖盘指标归零，显示出竖盘读数，仪器可以进行水平角及竖直角测量。

(2) 竖直角的零方向设置

竖直角在作业开始前就应依需要而进行初始设置，选择天顶方向为 0°或水平方向为 0°，两种设置的竖盘结构如图 3-5 所示。

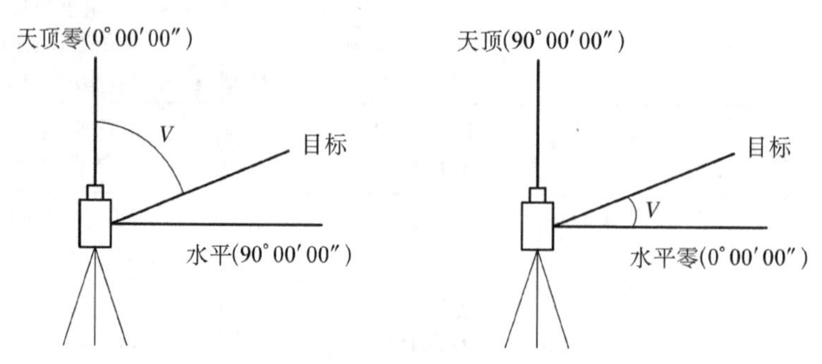

图 3-5　天顶距与垂直角

(3) 竖直角观测

竖直角在开始观测前若设置水平方向为 0°，则盘左时显示屏显示的竖盘读数即为竖直角，如显示屏显示：| V22°30′20″ / HR85°25′18″ |，则视准轴方向的竖直角为+22°30′20″(为俯角时，竖直角等于读数减去 360°)；用测回法观测时，$V=\frac{1}{2}(L+R\pm180°)$。$x=\frac{1}{2}(L+R-180°或540°)$，若设置天顶方向为 0°，则显示屏显示的读数为天顶距，可根据竖直角的计算公式换算成竖直角，指标差的计算方法同光学经纬仪。若指标差 $|x|\geqslant10''$，则应该进行校正。

(三) 注意事项

1. 日光下测量应避免将物镜直接瞄准太阳。若在太阳下作业应安装滤光器。

2. 避免在高温下或低温下存放和使用仪器，亦应避免温度骤变(使用时气温变化除外)时使用仪器。

3. 仪器不使用时，应将其装入箱内，置于干燥处，应注意防震、防尘和防潮。

4. 若仪器工作处的温度与存放处的温度差异太大，应先将仪器留在箱内，直到它适应环境温度后再使用仪器。

5. 仪器长时期不使用时，应将仪器上的电池卸下分开存放。电池应每月充电一次。每次取下电池盒时，都必须先关掉仪器电源。充电要在 0～45℃温度范围内进行，超出此范围可能充电异常，尽管充电器有过充保护回路，但过充会缩短电池寿命，因此在充电结束后应将插头从插座中拨出。如果充电器与电池连接好，指示灯却不亮，此时充电器或电池可能被损坏，应修理。充电电池可重复充电 300～500 次，电池完全放电会缩短其使用寿命。请不要将电池存放在高温、高热或潮湿的地方，更不要将电池短路，否则会损坏电池。

6. 仪器运输时，应将仪器装于箱内，并避免挤压、碰撞和剧烈运动，长途运输最好在箱子周围使用垫。

7. 仪器安装到三脚架或拆卸时，要一手握住仪器，一手装卸，以防仪器跌落。

8. 外露光学器件需要清洁时，应用脱脂棉或镜头纸轻轻擦净，切不可用其它物品擦拭。

9. 不可用化学试剂擦拭塑料部件及有机玻璃表面，可用浸水的软布擦拭。

10. 仪器使用完毕后，用绒布或毛刷清除仪器表面的灰尘。仪器被雨水淋湿后，切勿通电开机，应及时用干净软布擦干并在通风处存放一段时间。

11. 作业前应仔细全面检查仪器，确信仪器各项指标、功能、电源、初始设置和改正参数均符合要求作业时再进行作业。

12. 即使发现仪器功能异常，非专业维修人员不可擅自拆开仪器，以免发生不必要的损坏。

任务二　角度测量方法

一、水平角测量

(一) 水平角测量原理

观测水平角是确定地面点位的基本工作之一。空间相交的两条直线在水平面上投影所夹的角度叫作水平角。

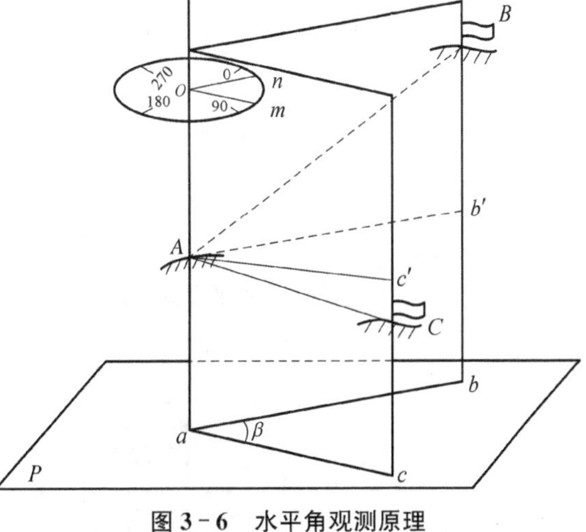

图 3-6　水平角观测原理

如图 3-6 所示，设 A、B、C 是地面上不同高程的任意三个点，a、b、c 是这三个点沿铅垂线在同一水平面 P 上的投影。可以看出，水平面上的 ab 与 ac 之间的夹角 β 即为地面上 AB 与 AC 两方向之间的水平角。为了测出水平角的大小，设想在过 A 点铅垂线上任一点 O 处，放置一个按顺时针注记的全圆量角器(相当于水平度盘)，使其中心与 O 重合，并置成水平位置，则度盘与过 AB、AC 的两竖直面相交，交线分别为 on、om，显然 on、om 在水平度盘上可得到读数，设分别为 a、b，则圆心角 $\beta = b - a$。

（二）水平角测量方法

水平角观测应根据观测目标的多少而采用不同的方法，常用的观测方法有测回法和全圆测回法（方向观测法）。为了抵消仪器的某些误差和校核，通常都采用盘左和盘右两个位置进行观测。所谓盘左，就是观测者对着望远镜目镜时，竖盘在望远镜左侧，亦称正镜。反之，若竖盘在右边，为盘右或称倒镜。

1. 测回法

测回法适用于观测两个方向之间的单个水平角。如图 3－7，欲测出 OA、OB 两方向间的水平角 β，观测步骤为：

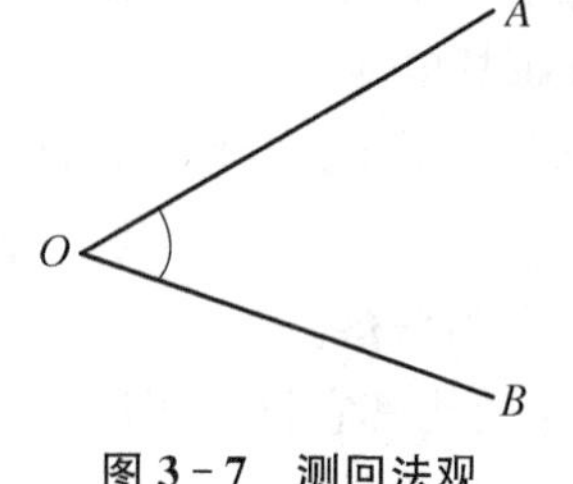

图 3－7　测回法观测水平角

（1）在 O 点安置经纬仪，在 A、B 点上分别竖立花杆；

（2）以盘左位置照准左边目标 A，配置度盘读数得水平度盘读数 $a_{左}$（略大于 0°00′00″），并记入观测手簿；

（3）松开照准部和望远镜制动螺旋，顺时针旋转照准部，瞄准右边目标 B，得到水平度盘读数 $b_{左}$，记入观测手簿；

则盘左所测的角值为：

$$\beta_{左} = b_{左} - a_{左} \tag{3-1}$$

以上完成了上半个测回。为了检核及消除仪器误差对测角的影响，应该以盘右位置再作下半个测回的观测。

（4）松开照准部和望远镜制动螺旋，纵转望远镜成盘右位置，先瞄准右边的目标 B，得到水平度盘读数 $b_{右}$，记入观测手簿；逆时针方向转动照准部，瞄准左边目标 A，得到水平度盘读数 $a_{右}$，记入观测手簿，完成下半测回，水平角值为：

$$\beta_{右} = b_{右} - a_{右} \tag{3-2}$$

计算时，均用右边目标读数 b 减去左边目标读数 a，若不够减时，应加上 360°再减。

上、下两个半测回合称为一测回。用 DJ_6 级经纬仪观测水平角时，上、下两个半测回所测角值之差（称为不符值）应≤±40″。达到精度要求取平均值作为一测回的结果。

$$\beta = \frac{1}{2}(\beta_{左} + \beta_{右}) \tag{3-3}$$

若两个半测回不符值超过±40″时，则该水平角应重新观测。

当精度要求较高时，可观测 n 个测回，为了消除度盘刻划不均匀误差，每测回应当变换度盘的起始位置，每个测回应按 $180°/n$ 的差值变换度盘起始位置。

表 3－2　水平角观测手簿（测回法）

测站	目标	竖盘位置	水平度盘读数（° ′ ″）	半测回角值（° ′ ″）	一测回角值（° ′ ″）	各测回平均角值（° ′ ″）
0	A	左	0　02　00	65　36　24	65　36　29	
	B		65　38　24			
	A	右	180　01　54	65　36　34		
	B		245　38　28			

2. 方向观测法

(1) 观测步骤

在一个测站上，当观测方向在三个以上时，一般采用方向观测法。如图 3-8，方向观测法的观测步骤如下：

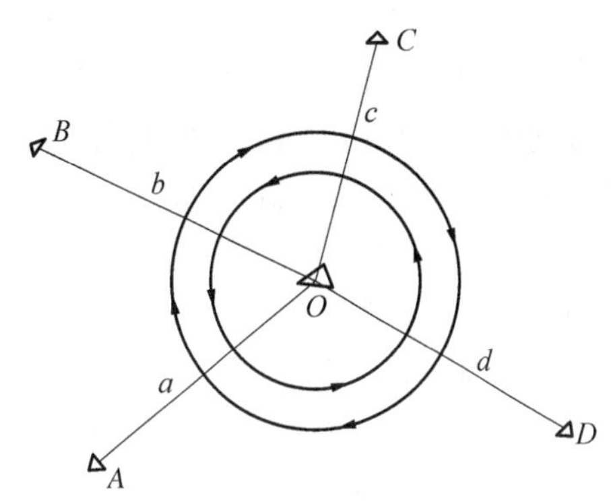

图 3-8 方向法观测水平角

① 上半测回观测　将经纬仪安置在测站点 O 上，令度盘读数略大于 0°，以盘左位置瞄准起始方向 A 点后，按顺时针方向依次瞄准 B、C、D 点，最后又瞄准 A 点，称为归零。每次观测读数分别记入表第 4 栏内，即完成上半个测回。在半测回中两次瞄准起始方向 A 的读数差，称为归零误差。对于 DJ_6 光学经纬仪，一般不得大于±18″，对于 DJ_2 光学经纬仪，一般不得大于±8″，如超过应重测。

② 下半测回观测　倒转望远镜，以盘右位置瞄准 A 点，按反时针方向依次瞄准 D、C、B 点，最后又瞄准 A 点，将各点的读数分别记入表内第 5 栏内(记录顺序自下而上)，即测完下半测回。

上、下两个半测回称为一个测回。为了提高精度，通常要测若干测回，为了削弱水平度盘刻划误差的影响，仍按 180°/n 变换度盘。

③ $2c$ 的计算　c 为照准误差，$2c$ 等于同一目标的盘左读数减去盘右读数±180°之差，计算结果记入第 6 栏内，对于 J_2 经纬仪，$2c$ 要小于 9″，$2c$ 互差小于 13″，若超限，可检查重点方向，直到符合要求为止。

④ 计算盘左、盘右观测值的平均值　将同一方向盘左、盘右读数取平均值(盘右读数应±180°)，记在第 7 栏内。

表 3-3 水平角观测手簿(方向观测法)

测回	测站	目标	水平度盘读数		$2c$=左－(右±180°)	平均读数	归零后之方向值	各测回归零方向值之平均值	水平角值
			盘左	″盘 右					
			° ′ ″	° ′ ″	″	° ′ ″	° ′ ″	° ′ ″	° ′ ″
1	2	3	4	5	6	7	8	9	10
1	0	A	0 01 06	180 01 18	−12	(0 01 16) 0 01 12	0 00 00	0 00 00	91 52 43
		B	91 54 06	271 54 00	+6	91 54 03	91 52 47	91 52 43	61 38 48
		C	153 32 48	333 32 48	0	153 32 48	153 31 32	153 31 31	60 33 27
		D	214 06 12	34 06 06	+6	214 06 09	214 04 53	214 04 58	
		A	0 01 24	180 01 18	+6	0 01 21			
2	0	A	90 01 22	270 01 24	−2	(90 01 30) 90 01 23	0 00 00		
		B	181 54 00	1 54 18	−18	181 54 09	91 52 39		
		C	243 32 54	63 33 06	−12	243 33 00	153 31 30		
		D	304 06 36	124 06 30	+6	304 06 33	214 05 03		
		A	90 01 36	270 01 36	0	90 01 36			

⑤ 计算归零方向值　即以 0°00′00″为起始方向的方向值，计算其余各个目标的方向值。由于起始方向有两个数值，取其平均值作为起始点的方向值，表中第 7 栏括号内数值即为 A 方向的平均值 0°01′15″。A 方向归零方向值要归零，即减去 A 方向平均值，B 及 C 的归零方向值等于其盘左、盘右平均值减去 A 方向的平均值，记入第 8 栏。

⑥ 计算各测回归零方向平均值和水平角值　如符合要求取其平均值即得各测回归零方向平均值。本例共有两个测回，故取两测回同一方向的归零方向值的均值记入表中第 9 栏。用后一方向的方向平均值减去前一方向的方向平均值得水平角值，计算结果记入第 10 栏内。

3. 全圆方向观测法的计算与限差

(1) 两倍照准误差 $2c$ 值。两倍照准误差是同一台仪器观测同一方向盘左、盘右读数之差，简称 $2c$ 值。它是由于视准轴不垂直于横轴而引起的观测误差，计算公式为：

$$2c = 盘左读数 - (盘右读数 \pm 180°)$$

(2) 半测回方向值。半测回方向值就是各方向与零方向所夹的角。计算方法是将零方向的方向值化为零(即 0°00′00″)，并把其他各方向值也均减去零方向两次读数的平均值，得各方向个测回归零后的方向值。

(3) 一测回的平均方向值。即取两个半测回归零后的方向值的平均数。

(4) 各测回的平均方向。如果观测了若干测回，还应检查各测回同一方向值的互差，对 DJ_6 型经纬仪来讲，互差不应超过 24″，然后取各测回方向值的平均数作为该方向的最后方向值，记入表 3-3 第 9 栏。各目标点间方向值之差即为所需要的水平角。

(三) 水平角测量误差

1. 仪器误差

(1) 仪器制造加工不完善引起的误差。如照准部偏心误差、度盘分划误差等。经纬仪照准部旋转中心应与水平度盘中心重合，如果两者不重合，即存在照准部偏心误差，在水平角测量中，此项误差影响也可通过盘左、盘右观测取平均值的方法加以消除。水平度盘分划误差的影响一般较小，当测量精度要求较高时，可采用各测回间变换水平度盘位置的方法进行观测，以减弱这一项误差的影响。

(2) 仪器校正不完善所引起的误差。如望远镜视准轴不严格垂直于横轴，横轴不严格垂直于竖轴所引起的误差，可以采用盘左、盘右观测取平均值的方法来消除，而竖轴不垂直于水准管轴所引起的误差则不能通过此方法或其他观测方法来消除，因此，必须认真做好仪器此项检验和校正。

2. 观测误差

(1) 对中误差　仪器对中不准确，使仪器中心偏离测站中心的位移叫偏心距。对中所引起的水平角观测误差与偏心距成正比，并与测站到观测点的距离成反比。因此，在进行水平角观测时，仪器的对中误差不应超出相应规范规定的范围，特别是对于短边的角度进行测量时，更应精确对中。

(2) 整平误差　观测时仪器未严格整平，竖轴将处于倾斜位置，这种误差与上面分析的水准管轴不垂直于竖轴的误差性质相同。由于这种误差不能采用适当的观测方法加以消除，当观测目标的竖直角越大，其误差影响也越大，故观测目标的高差较大时，应特别注意仪器的整平。当每测回观测完毕，应重新整平仪器再进行下一个测回的观测。当有太阳时，必须打伞，避免阳光照射水准管，影响仪器的整平。

（3）目标偏心误差　由于测点上的目标倾斜而使照准目标偏离测点中心所产生的偏心差称为目标偏心误差。目标偏心是由于目标点的标志倾斜引起的。观测点上一般都是竖立标杆，当标杆倾斜而又瞄准其顶部时，标杆越长，瞄准点越高，则产生的方向误差越大；边长短时误差的影响越大。为了减少目标偏心对水平角观测的影响，观测时，标杆要准确而竖直地立在测点上，且尽量瞄准标杆的底部。

（4）瞄准误差　引起瞄准误差的因素有很多，如望远镜孔径大小、分辨率、放大率、十字丝粗细、清晰等，人眼的分辨能力，目标的大小、形状、颜色、亮度和背景，以及周围的环境，空气透明度，大气的温度等。因此观测时应注意消除视差，使十字丝成像清晰。

（5）读数误差　读数误差与读数设备、照明情况和观测者的经验有关。

3. 外界环境的影响

影响角度测量的外界因素很多，大风、松土会影响仪器的稳定性；地面辐射热会影响大气稳定而引起物象的跳动，空气的透明度会影响照准的精度，温度的变换会影响仪器的正常状态。这些因素都会在不同程度上影响测角的精度，要想完全避免这些影响是不可能的，观测者只能采取措施及选择有利的观测条件和时间，使这些外界因素的影响降低到最小的程度，从而保证观测的精度。

二、竖直角测量

竖直角是在同一竖直面内，倾斜视线和水平视线之间的夹角，称为竖角，也称为倾斜角。用 α 表示。竖直角是由水平线起算量到目标方向的角度。其角值从 $0°\sim\pm90°$。当视线方向在水平线之上时，称为仰角，符号为正（+）；视线方向在水平线以下时，称为俯角，符号为负（−）。

（一）竖直度盘的构造

竖直度盘简称竖盘，DJ_6 级经纬仪的竖盘构造主要包括竖盘、竖盘指标、竖盘指标水准管和竖盘指标水准管微动螺旋。竖盘固定在横轴的一侧，随望远镜在竖直面内同时上、下转动；竖盘读数不随着望远镜转动，它与竖盘指标水准管连接在一个微动架上，转动竖盘指标水准管微动螺旋，可使竖盘读数指标在竖直面内做微小移动。当竖盘指标水准管气泡居中时，指标处于竖直位置，即在正确位置。一个校正好的竖盘，当望远镜视准轴水平、指标水准管气泡居中时，读数视窗上指标所指读数应是 90°或 270°，此读数即为视线水平时竖盘读数。

竖盘的注记形式有很多，常见的光学经纬仪竖盘都是全圆式刻划，如图 3-9 所示，可分为顺时针和逆时针两种注记，盘左位置视线水平时，竖盘读数均为 90°，盘右位置视线水平时竖盘度数均为 270°。多数经纬仪采用的都是顺时针注记。

（二）竖直角的观测

1. 在测站 O 上安置经纬仪；

2. 以盘左位置用望远镜的十字丝中丝，瞄准目标上某一点 M，转动竖盘指标水准管微动螺旋，使气泡居中，读取竖盘读数 L；

3. 倒转望远镜，以盘右位置再瞄准目标上 M 点，调节竖盘指标水准管气泡居中，读取竖盘读数 R。

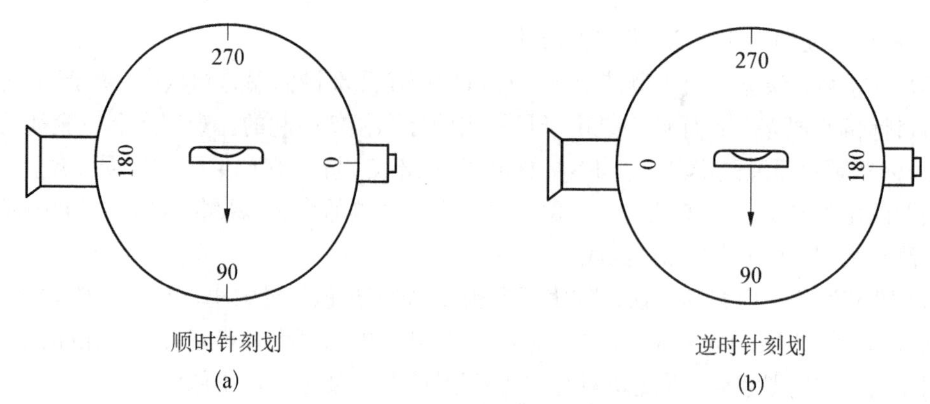

图 3-9　竖盘注记形式

(三) 竖直角的计算

竖盘注记形式不同,则根据竖盘读数计算竖直角的公式也不同,图 3-9 为常见的两种形式。本节仅以图 3-9(a)所示的顺时针注记的竖盘形式为例,加以说明。

在实际测量工作中,可以按照以下两条规则,确定任何一种注记形式(盘左或盘右)竖直角计算公式:

(1) 当望远镜向上倾斜竖盘读数增加时

竖角=瞄准目标时竖盘读数—视线水平竖盘读数

(2) 当望远镜向上倾斜竖盘读数减小时

竖角=视线水平时竖盘读数—瞄准目标时竖盘读数

由图 3-10 可以看出,在盘左位置时,望远镜向上瞄准目标,读数减小,竖盘水准管气泡居中,其竖盘正确读数为 L,则盘左位置时竖直角 $\alpha_{左}$ 为:

$$\alpha_{左}=90°-L \tag{3-4}$$

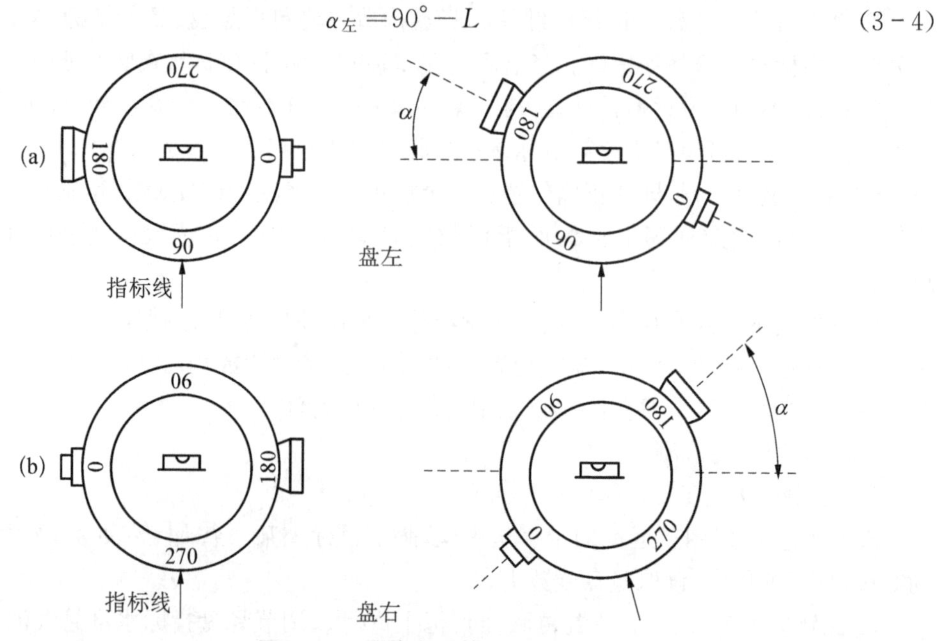

图 3-10　竖直角计算示意图

同理，盘右位置时，读数增大，竖盘正确读数为 R，则盘右位置时竖直角 $\alpha_{右}$ 为：

$$\alpha_{右}=R-270° \tag{3-5}$$

将盘左、盘右位置的两个竖直角取平均值，即得竖直角的计算公式为：

$$\alpha=\frac{1}{2}(\alpha_{左}+\alpha_{右})=\frac{1}{2}(R-L-180°) \tag{3-6}$$

同理，当竖盘为逆时针注记时，竖直角的计算公式为：

$$\left.\begin{aligned}\alpha_{左}&=L-90°\\ \alpha_{右}&=270°-R\\ \alpha&=\frac{1}{2}(\alpha_{左}+\alpha_{右})=\frac{1}{2}(L-R+180°)\end{aligned}\right. \tag{3-7}$$

竖直角的观测记录手簿如表 3-4。

表 3-4　竖直角观测手簿

测站	目标	竖盘位置	竖盘读数 (°　′　″)	半测回竖直角 (°　′　″)	指标差 (″)	一测回竖直角 (°　′　″)	备　注
O	A	左	80 20 36	+9 39 24	+15	+9 39 39	度盘顺时针注记
		右	279 39 54	+9 39 54			
	B	左	96 05 24	−6 05 24	+6	−6 05 18	
		右	263 54 48	−6 05 12			

(四) 竖盘指标差

1. 顺时针注记，竖盘指标差 x 计算

由上述可知，望远镜视线水平且竖盘水准管气泡居中时，竖盘指标的正确读数应是 90°或 270°。但是由于竖盘水准管与竖盘读数指标的关系难以完全正确，当视线水平且竖盘水准管气泡居中时的竖盘读数与应有的正确读数(即 90°或 270°)有一个小的角度差 x，称为竖盘指标差，即竖盘指标偏离正确位置引起的角值。竖盘指标差 x 本身有正负号，一般规定当竖盘读数指标偏移方向与竖盘注记方向一致时，x 取正号，反之 x 取负号。

如图 3-11 所示的竖盘注记与指标偏移方向一致，竖盘指标差取正号。那么盘左和盘右读数中都将增大一个 x 值。因此，若用盘左读数计算正确的竖直角 α，则：

$$\alpha=\alpha_L+x=(90°-L)+x \tag{3-8}$$

若用盘右读数计算竖直角时

$$\alpha=\alpha_R-x=(R-270°)-x \tag{3-9}$$

以上两式相加得

$$\alpha=\frac{1}{2}(\alpha_L+\alpha_R)=\frac{1}{2}(R-L-180°) \tag{3-10}$$

上式说明利用盘左、盘右两次读数求算竖角，可以消除竖盘指标差对竖直角的影响。

两式相减得

$$x=\frac{1}{2}(\alpha_R-\alpha_L)=\frac{1}{2}(L+R-360°) \quad (3-11)$$

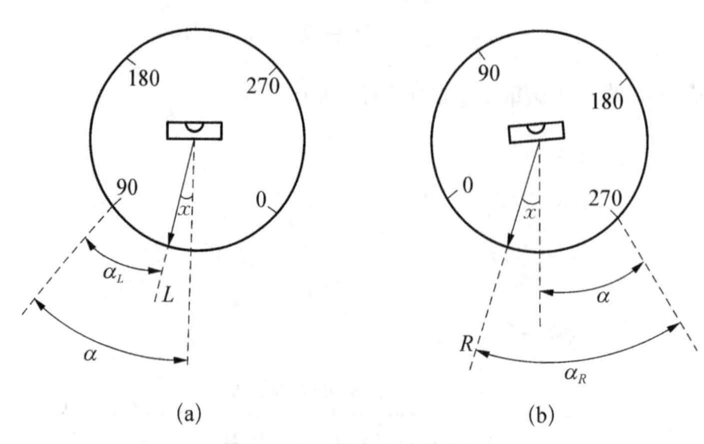

图 3-11　竖直度盘指标差

2. 逆时针注记，竖盘指标差 x 计算

若用盘左读数计算正确的竖直角 α，如图 3-12(a)所示，则：

$$\alpha=\alpha_L-x=(L-90°)-x \quad (3-12)$$

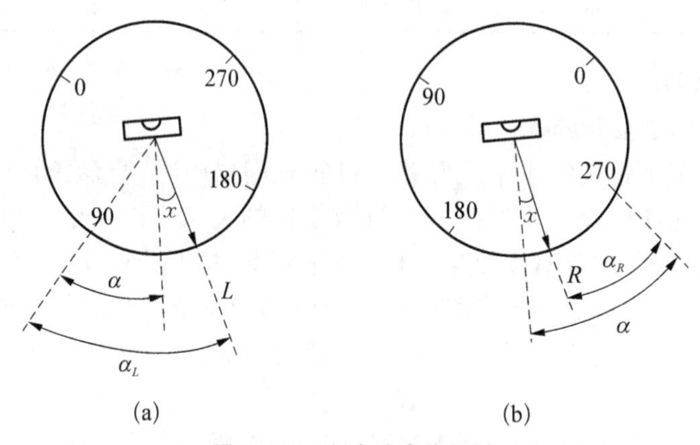

图 3-12　竖直度盘指标差

若用盘右读数计算竖直角时，如图 3-12(b)所示，则：

$$\alpha=\alpha_R+x=(270°-R)+x \quad (3-13)$$

以上两式相加得

$$\alpha=\frac{1}{2}(\alpha_L+\alpha_R)=\frac{1}{2}[(L-R)+180°] \quad (3-14)$$

上式说明利用盘左、盘右两次读数求算竖角，可以消除竖盘指标差对竖直角的影响。

两式相减得

$$x=\frac{1}{2}(\alpha_L-\alpha_R)=\frac{1}{2}(L+R-360^\circ) \quad (3-15)$$

在测量竖直角时，虽然利用盘左、盘右两次观测能消除指标差的影响，但求出指标差的大小可以检查观测成果的质量。同一仪器在同一测站上观测不同的目标时，在某段时间内其指标差应为固定值，但是由于观测误差、仪器误差和外界条件的影响，使实际测定的指标差数值总是不断地变化，对于 DJ_6 级经纬仪该变化不应超过 25″。

(五) 竖直角测量误差

1. 仪器误差

主要有度盘刻划误差、度盘偏心差及竖盘指标差。其中度盘刻划误差不能采用改变度盘位置(每一测回开始的始读数不变)进行观测加以消除，在目前仪器制造工艺中，度盘刻划误差是较小的，一般不大于 0.2″，竖盘指标差可采用盘左盘右观测取平均值加以消除。度盘偏心差可采用对向观测取平均值加以消减，即由 A 点为测站观测 B 点，又以 B 点为测站观测 A。

2. 观测误差

主要有照准误差、读数误差和竖盘指标水准管整平误差。其中前两项误差与水平角测量误差相同，而指标水准管的整平误差，除观测时认真整平外，还应注意打伞保护仪器，切忌仪器局部受热。

3. 外界条件的影响

外界条件的影响与水平角测量时基本相同，但其中大气折光的影响在水平角测量中产生的是旁折光，在竖直角测量中产生的是垂直折光。在一般情况下，垂直折光远大于旁折光，故在布点时应尽可能避免长边，视线应尽可能离地面高一点(应大1 m)，并避免从水面通过，尽可能选择有利时间进行观测，并采用对向观测方法以削弱其影响。

技能实训

实训一　光学经纬仪的认识与使用

角度测量是测量的基本工作之一，经纬仪是测定角度的仪器。通过本实验可使同学们了解光学及电子经纬仪的组成、构造，经纬仪上各螺旋的名称、功能，以及电子经纬仪的特点。

一、实训目标

1. 熟悉 DJ_6 型光学经纬仪的构造及使用方法。

2. 初步掌握经纬仪的使用方法。

3. 练习经纬仪的对中、整平、瞄准、精平和读数的方法，掌握基本操作要领。

二、实训场所

测量实训场

三、实训形式

1. 以组为单位，进行测量。

2. 以人为单元，进行独立操作仪器及观测。

3. 每人完成一份经纬仪使用实习报告。

四、实训备品与材料

DJ_6型光学经纬仪1台、配套三脚架、花杆1根、记录板、铅笔等。

五、实训内容与方法

1. 仪器讲解。指导教师现场讲解DJ6光学经纬仪的构造,各螺旋的名称、功能及操作方法,仪器的安置及使用方法。

2. 安置仪器。各小组在给定的测站点上架设仪器(从箱中取经纬仪时,应注意仪器的装箱位置,以便用后装箱)。在测站点上撑开三脚架,高度应适中,架头应大致水平;然后把经纬仪安放到三脚架的架头上。安放仪器时,一手扶住仪器,一手旋转位于架头底部的连接螺旋,使连接螺旋穿入经纬仪基座压板螺孔,并旋紧螺旋。

3. 认识仪器。对照实物正确说出仪器的组成部分、各螺旋的名称及作用。

4. 对中。对中有垂球对中和光学对中器对中两种方法。

方法一:垂球对中

① 在架头底部的连接螺旋的小挂钩上挂上垂球。

② 平移三脚架,使垂球尖大致对准地面上的测站点,并注意使架头大致水平,踩紧三脚架。

③ 稍松底座下的连接螺旋,在架头上平移仪器,使垂球尖精确对准测站点(对中误差应小于等于3 mm),最后旋紧连接螺旋。

方法二:光学对中器对中

① 将仪器中心大致对准地面测站点。

② 通过旋转光学对中器的目镜调焦螺旋,使分划板对中圈清晰;通过推、拉光学对中器的镜管进行对光,使对中圈和地面测站点标志都清晰显示。

③ 移动脚架或在架头上平移仪器,使地面测站点标志位于对中圈内。

④ 逐一松开三脚架架腿制动螺旋并利用伸缩架腿(架脚点不得移位)使圆水准器气泡居中,大致整平仪器。

⑤ 用脚螺旋使照准部水准管气泡居中,整平仪器。

⑥ 检查对中器中地面测站点是否偏离分划板对中圈。若发生偏离,则松开底座下的连接螺旋,在架头上轻轻平移仪器,使地面测站点回到对中器分划板刻对中圈内。

⑦ 检查照准部水准管气泡是否居中。若气泡发生偏离,需再次整平,即重复前面过程,最后旋紧连接螺旋。(按方法二对中仪器后,可直接进入步骤6)

5. 整平。转动照准部,使水准管平行于任意一对脚螺旋,同时相对(或相反)旋转这两只脚螺旋(气泡移动的方向与左手大拇指行进方向一致),使水准管气泡居中;然后将照准部绕竖轴转动90°,再转动第三只脚螺旋,使气泡居中。如此反复进行,直到照准部转到任何方向,气泡在水准管内的偏移都不超过刻划线的一格为止。

6. 瞄准。取下望远镜的镜盖,将望远镜对准天空(或远处明亮背景),转动望远镜的目镜调焦螺旋,使十字丝最清晰;然后用望远镜上的照门和准星瞄准远处一线状目标(如:远处的避雷针、天线等),旋紧望远镜和照准部的制动螺旋,转动对光螺旋(物镜调焦螺旋),使目标影像清晰;再转动望远镜和照准部的微动螺旋,使目标被十字丝的纵向单丝平分,或被纵向双丝夹在中央。

7. 读数。瞄准目标后,调节反光镜的位置,使读数显微镜读数窗亮度适当,旋转显微镜的目镜调焦螺旋，使度盘及分微尺的刻划线清晰，读取落在分微尺上的度盘刻划线所示的度数，然后读出分微尺上 0 刻划线到这条度盘刻划线之间的分数，最后估读至 1′的 0.1 位。（如图 3 - 13 所示，水平度盘读数为 11 7°01′54″，竖盘读数为 90°36′24″）。

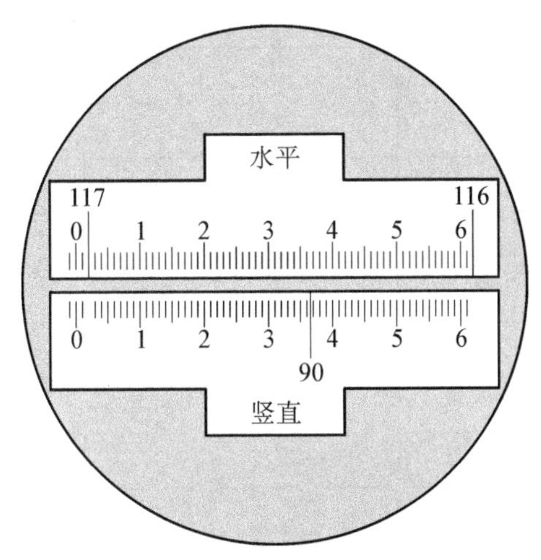

图 3 - 13　DJ6 光学经纬仪读数窗

8. 设置度盘读数。可利用光学经纬仪的水平度盘读数变换手轮，改变水平度盘读数。作法是打开基座上的水平度盘读数变换手轮的护盖，拨动水平度盘读数变换手轮，观察水平度盘读数的变化，使水平度盘读数为一定值，关上护盖。

有些仪器配置的是复测扳手，要改变水平度盘读数，首先要旋转照准部，观察水平度盘读数的变化，使水平度盘读数为一定值，按下复测扳手将照准部和水平度盘卡住；再将照准部（带着水平度盘）转到需瞄准的方向上，打开复测扳手，使其复位。

9. 记录。用 2H 或 3H 铅笔将观测的水平方向读数记录在表格中，用不同的方向值计算水平角。

六、注意事项

1. 尽量使用光学对中器进行对中，对中误差应小于 3 mm。

2. 测量水平角瞄准目标时，应尽可能瞄准其底部，以减少目标倾斜所引起的误差。

3. 观测过程中，注意避免碰动光学经纬仪的复测扳手或度盘变换手轮，以免发生读数错误。

4. 日光下测量时应避免将物镜直接瞄准太阳。

5. 仪器安放到三脚架上或取下时，要一手先握住仪器，以防仪器摔落。

6. 电子经纬仪在装、卸电池时，必须先关掉仪器的电源开关（关机）。

7. 勿用有机溶液擦试镜头、显示窗和键盘等。

七、实训报告

同一小组成员按以上步骤轮流操作，每人须得到一组自己的观测数据，并在实习结束时连同实习报告一并上交指导教师。

表 3-5　经纬仪读数练习记录表

仪器型号________　天气观测________　班组________　观测者________　记录者________

测站	目标	竖盘位置	水平度盘读数 ° ′ ″	水平角值 ° ′ ″	竖直度盘读数 ° ′ ″	略图
		左				
		右				
		左				
		右				
		左				
		右				
		左				
		右				

实训二　测回法观测水平角

水平角测量是角度测量工作之一，测回法是测定由两个方向所构成的单个水平角的主要方法，也是在测量工作中使用最为广泛的一种方法。通过本实验可使同学们了解测回法测量水平角的步骤和过程，掌握用光学或电子经纬仪按测回法测量水平角的方法。

一、实训目标

1. 进一步熟悉 DJ6 光学经纬仪与电子经纬仪的使用方法。

2. 掌握测回法观测水平角的观测、记录和计算方法。

3. 了解用 DJ6 光学经纬仪与电子经纬仪按测回法观测水平角的各项技术指标。

二、实训场所

测量实训场

三、实训形式

1. 以组为单位，进行测量。

2. 以人为单元，进行独立水平角观测并计算。

3. 每人完成一份测回法和全圆方向观测法测定的水平角的计算并写实习报告。

四、实训备品与材料

DJ_6型光学经纬仪1台、配套三脚架、花杆2根、记录板、铅笔、测伞等。

五、实训内容与方法

1. 在指定的场地内，选择边长大致相等的3个点打桩，在桩顶钉上小钉作为点的标志，分别以A,B,C命名。

2. 在A,C两点插标杆。

3. 将B点作为测站点，安置经纬仪进行对中、整平。

4. 使望远镜位于盘左位置(即观测员用望远镜瞄准目标时，竖盘在望远镜的左边，也称正镜位置)，瞄准左边第一个目标A，即瞄准A点垂线，用光学经纬仪的度盘变换手轮将水平度盘读数拨到0°或略大于0°的位置上，读数并做好记录。

5. 按顺时针方向，转动望远镜瞄准右边第二个目标C，读取水平度盘读数，记录，并在观测记录表格中计算盘左上半测回水平角值($C_{目标读数}-A_{目标读数}$)。

6. 将望远镜盘左位置换为盘右位置(即观测员用望远镜瞄准目标时，竖盘在望远镜的右边，也称倒镜位置)，先瞄准右边第二个目标C，读取水平度盘读数，记录。

7. 按逆时针方向，转动望远镜瞄准左边第一个目标A，读取水平度盘读数，记录，并在观测记录表格中计算出盘右下半测回角值($C_{目标读数}-A_{目标读数}$)。

8. 比较计算的两个上、下半测回角值，若限差$\leqslant\pm 40''$，则满足要求，取平均求出一测回平均水平角值。

9. 如果需要对一个水平角测量n个测回，则在每测回盘左位置瞄准第一个目标A时，都需要配置度盘。每个测回度盘读数需变化$\frac{180^\circ}{n}$(n为测回数)。(如：要对一个水平角测量3个测回，则每个测回度盘读数需变化$\frac{180^\circ}{3}=60^\circ$，则3个测回盘左位置瞄准左边第一个目标$A$时，配置度盘的读数分别为：0°、60°、120°或略大于这些读数。)

采用复测结构的经纬仪在配置度盘时，可先转动照准部，在读数显微镜中观测读数变化，当需配置的水平度盘读数确定后，扳下复测扳手，在瞄准起始目标后，扳上复测扳手即可。

10. 除需要配置度盘读数外，各测回观测方法与第一测回水平角的观测过程相同。比较各测回所测角值，若限差$\leqslant 25''$，则满足要求，取平均求出各测回平均角值。

六、注意事项

1. 观测过程中，若发现气泡偏移超过一格时，应重新整平仪器并重新观测该测回。

2. 光学经纬仪在一测回观测过程中，注意避免碰动复测扳手或度盘变换手轮，以免发生读数错误。

3. 计算半测回角值时，当第一目标读数a大于第二目标读数b时，则应在第二目标读数b上加上360°再减。

4. 上、下半测回角值互差不应超过$\pm 40''$，超限须重新观测该测回。

5. 各测回互差不应超过$\pm 25''$，超限须重新观测。

6. 仪器迁站时，必须装箱搬运，严禁装在三脚架上迁站。

7. 使用中，若发现仪器功能异常，不可擅自拆卸仪器，应及时报告实验指导教师或实验室工作人员。

七、实训报告

每人一份报告，包括测回法操作步骤和操作数据的计算。

表3-6　测回法记录表

仪器型号________班组________观测者________记录者________日期________天气

测回	测站	目标	竖盘位置	水平度盘读数 ° ′ ″	半测回角值 ° ′ ″	一测回角值 ° ′ ″	平均值 ° ′ ″
1	B	A	左				
		C					
		A	右				
		C					
2	B	A	左				
		C					
		A	右				
		C					
3	B	A					
		C					
		A					
		C					
4	B	A					
		C					
		A					
		C					
5	B	A					
		C					
		A					
		C					

实训三　全圆方向法观测水平角

DJ_2电子经纬仪是控制测量经常使用的高精度经纬仪。在三角网的控制测量中，全圆方向法观测水平角是必要工作之一。通过本实验可使同学们了解DJ_2电子经纬仪及其使用，掌握用DJ_2级电子经纬仪按全圆方向法测定水平角。

一、实训目标

1. 了解DJ_2电子经纬仪的基本构造、主要部件的名称与作用。
2. 掌握DJ_2电子经纬仪的使用方法。
3. 掌握全圆方向法观测水平角的观测、记录和计算方法。

4. 了解DJ_2电子经纬仪按全圆方向法观测水平角的各项技术指标。

二、实训场所

测量实训场

三、实训形式

1. 以组为单位，进行测量。

2. 以人为单元，进行独立水平角观测并计算。

3. 每人完成一份全圆方向观测法测定的水平角的计算并写实习报告。

四、实训备品与材料

DJ_2电子经纬仪1台、配套三脚架、花杆4根、记录板、铅笔、测伞等。

五、实训内容与方法：

(1) 安置经纬仪

设测站点为O，观测目标从左到右依次为A、B、C、D四点，把经纬仪安置在O点，对中整平。

(2) 盘左观测

瞄准A点，并将水平度盘读数调至略大于$0°00'00''$，顺时针方向旋转照准部，依次瞄准目标B、C、D，继续顺时针旋转照准部，最后再次照准目标A点，分别读取水平度盘读数，半测回归零差应$\leqslant\pm 8''$。

(3) 盘右观测

瞄准开始方向A，读数并记录。逆时针旋转照准部，依次观测D、C、B、A方向，并依次读数，记录。半测回归零差应$\leqslant\pm 8''$，如果超限应重测。

(4) 计算两倍照准误差$2c$值。

$$2c=\text{盘左读数}-(\text{盘右读数}\pm 180°)$$

(5) 半测回方向值。半测回方向值就是各方向与零方向所夹的角。计算方法是将零方向的方向值化为零(即$0°00'00''$)，并把其他各方向值也均减去零方向两次读数的平均值，得各方向个测回归零后的方向值。

(6) 一测回的平均方向值。即取两个半测回归零后的方向值的平均数。

(7) 各测回的平均方向。如果观测了若干测回，还应检查各测回同一方向值的互差，对DJ_6型经纬仪来讲，互差不应超过$24''$，然后取各测回方向值的平均数作为该方向的最后方向值，各目标点间方向值之差即为所需要的水平角。

六、注意事项

1. 使用光学对中器进行对中，对中误差应小于2 mm，整平应仔细。

2. 可以选择远近适中、易于瞄准的清晰目标作为第一个目标。

3. 每人独立完成一个测回的观测，测回间应变换水平度盘的位置。

4. 应随时观测，随时记录，随时检核。

5. 观测过程中，若发现气泡偏移超过一格时，应重新整平仪器并重新观测该测回。

6. 各项误差指标超限时，必须重新观测。

七、实训报告

实验结束后将测量实验报告以小组为单位装订成册上交，包括全圆测回法操作步骤和操作数据的计算。

表 3－7 水平角观测手簿(全圆方向观测法)

仪器型号________班组________观测者________记录者________日期________天气

测回	测站	目标	水平度盘读数		$2c$＝左－(右±180°)	平均读数	归零后之方向值	各测回归零方向值之平均值	水平角值
			盘左	盘右					
			° ′ ″	° ′ ″	″	° ′ ″	° ′ ″	° ′ ″	° ′ ″
1	0	A							
		B							
		C							
		D							
		A							
2	0	A							
		B							
		C							
		D							
		A							
		A							
		B							
		C							
		D							
		A							

实训四 竖直角观测

竖直角是计算高差及水平距离的元素之一,在三角高程测量与视距测量中均需测量竖直角。竖直角测量时,要求竖盘指标位于正确的位置上。通过本实验可以使同学们了解用光学经纬仪及电子经纬仪进行竖直角测量的过程,掌握竖直角的测量方法。

一、实训目标

1. 了解光学经纬仪竖盘构造、竖盘注记形式;弄清竖盘、竖盘指标与竖盘指标水准管之间的关系。

2. 能够正确判断出所使用经纬仪竖直角计算的公式。

3. 掌握竖直角观测、记录、计算的方法。

二、实训场所

测量实训场

三、实训形式

1. 以组为单位,进行测量。

2. 以人为单元,进行独立操作仪器观测竖直角并计算出竖直角和竖盘指标差。

3. 每人完成一份实习报告。

四、实训备品与材料

DJ_6型光学经纬仪1台、配套三脚架、花杆1根、记录板、铅笔等。

五、实训内容与方法

熟悉经纬仪竖直度盘的构造和注记形式;竖直角的观测和计算方法及竖盘指标差的计算。

1. 观测

(1) 先任选一般目标(如避雷针等)等三个不同高度的A、B、C观测目标,并在地面上任意标志一点o作为观测点。

(2) 在o点安置经纬仪,整平、对中。

(3) 盘左判断竖盘构造,画出盘左时的竖盘注记草图,写出竖直角计算公式。

(4) 以盘左位置用望远镜十字丝中横丝,瞄准目标上某一点A,转动竖盘指标水准管微动螺旋,使气泡居中,读取竖盘读数L。

(5) 倒转望远镜,以盘右位置再瞄准目标上A点。调节竖盘指标水准管气泡居中,读取竖盘读数R。

(6) 计算竖盘指标差及一测回角值。

2. 计算(竖直度盘顺时针注记)

水平角计算:

$$\alpha_{左}=90^\circ-L;\quad \alpha_{右}=R-270^\circ$$

竖直角平均值:

$$\alpha=\frac{1}{2}(\alpha_{左}+\alpha_{右})=\frac{1}{2}(R-L-180^\circ)$$

竖盘指标差:

$$x=\frac{1}{2}(\alpha_R-\alpha_L)=\frac{1}{2}(L+R-360^\circ)$$

六、注意事项

1. 观测过程中,对同一目标应用十字丝中丝切准同一部位。

2. 操作过程中,要注意区分竖直度盘是顺时针注记还是逆时针计算。

七、实训报告

完成实践报告,连同观测数据一并上交。

表3-8　竖直角观测手簿

仪器型号________班组________观测者________记录者________日期________天气________

测站	目标	竖盘位置	竖盘读数(° ′ ″)	半测回竖直角(° ′ ″)	指标差(″)	一测回角值(° ′ ″)
O	A	左				
		右				
	B	左				
		右				

续表

测站	目标	竖盘位置	竖盘读数(° ′ ″)	半测回竖直角(° ′ ″)	指标差(″)	一测回角值(° ′ ″)
O	C	左				
		右				
	D	左				
		右				
	E	左				
		右				
	F	左				
		右				

思考与练习

一、选择

1. 水平角是(　　)。

A. 两目标方向线的夹角

B. 两目标方向线间的夹角在水平面上的投影

C. 两目标方向线间的夹角在竖直面内的投影

D. 一点到两目标的方向线垂直投影在水平面上的夹角

2. 一点到两目标的方向线垂直投影到水平面上的夹角称为(　　)

A. 竖直角　　B. 水平角

C. 方位角　　D. 象限角

3. 角度观测是指观测(　　)。

A. 水平角　　B. 方位角

C. 垂直角　　D. 倾斜角

4. 竖直角(　　)。

A. 只能为正　　B. 只能为负

C. 可为正,也可为负　　D. 不能为零

5. 在一个竖直面内,视线与水平线的夹角叫作(　　)。

A. 水平角　　B. 竖直角

C. 天顶距　　D. 方位角

6. DJ_6仪器指的是(　　)。

A. 第六代水准仪　　B. 第六代经纬仪

C. 6″级经纬仪　　D. 6″级平板仪

7. 经纬仪整平目的是使(　　)处于铅垂位置。

A. 仪器竖轴　　B. 仪器横轴

C. 水准管轴　　D. 视线

8. 当经纬仪竖轴与目标点在同一竖直平面时，不同高度的水平度盘读数(　　)。

A. 相等　　B. 不等

C. 有时不等　　D. 有时相等

9. 经纬仪粗平操作应(　　)。

A. 升降脚架　　B. 调节脚螺旋

C. 调整脚架位置　　D. 平移仪器

10. 经纬仪的管水准器和圆水准器整平仪器的精确度关系为(　　)。

A. 管水准精度高　　B. 圆水准精度高

C. 精度相同　　D.不确定

11. 经纬仪望远镜照准目标的步骤是(　　)。

A. 目镜调焦　物镜调焦　方向标定

B. 物镜调焦　目镜调焦　方向标定

C. 方向标定　物镜调焦　目镜调焦

D. 目镜调焦　方向标定　物镜调焦

12. 经纬仪望远镜的纵转是望远镜绕(　　)旋转。

A. 竖轴　　B. 横轴

C. 管水准轴　　D. 视准轴

13. 水平角观测中，盘左起始方向OA的水平度盘读数为358°12′15″，终了方向OB的对应读数为154°18′19″，则∠AOB前半测回角值为(　　)。

A. 156°06′04″　　B. −156°06′04″

C. 203°53′56″　　D. −203°53′56″

14. 下列记录格式正确的是(　　)。

A. 238°6′6″　　B. 238°6′06″

C. 238°06′06″　　D. 238°06′6″

二、简答和计算

1. 经纬仪是依据怎么样的原理测量水平角和竖直角的?

2. 什么叫水平角？用经纬仪照准同一竖直面内不同高度的两个点，水平度盘上读数是否相同？测站与不同高度的两点所组成的夹角是不是水平角?

3. 如何消除瞄准目标时存在的视差？如何消除读数显微镜内存在的视差?

4. 试分述用测回法与全圆方向法测量水平角的操作步骤。

5. 用经纬仪测量水平角时，为什么要用盘左和盘右观测并取平均值?

6. 在水平角的观测过程中，盘左、盘右照准同一目标时，时候要照准目标的同一高度？为什么?

7. 什么叫竖直角？用经纬仪照准同一竖直面内高度不同的两个点，在竖直读盘上的读数差时候就是竖直角?

8. 整理下列水平角(测回法)测量记录表。

表 3-9　水平角(测回法)测量记录表

测站	目标	竖盘位置	水平度盘读数 (° ′ ″)	半测回角值 (° ′ ″)	一测回角值 (° ′ ″)	各测回平均角值 (° ′ ″)	备注
1	2	3	4	5	6	7	8
O	A	左	0　01　36				
	B		69　07　18				
	A	右	180　01　48				
	B		249　07　36				
O	A	左	90　02　42				
	B		159　08　18				
	A	右	270　02　54				
	B		339　08　42				

9. 整理下列水平角(方向观测法)测量记录表。

表 3-10　方向观测法测量记录

测站	测回数	目标	水平度盘读数		2C	平均读数	一测回归零方向值	各测回归零方向值之平均数	水平角值
			盘左	盘右					
			° ′ ″	° ′ ″	″	° ′ ″	° ′ ″	° ′ ″	° ′ ″
1	2	3	4	5	6	7	8	9	10
0	1	A	0　02　00	180　02　06					
		B	78　33　18	258　33　06					
		C	156　15　42	336　15　36					
		D	219　44　24	39　44　12					
		A	0　02　12	180　02　18					
0	2	A	90　01　42	270　01　36					
		B	168　32　42	348　32　36					
		C	246　15　00	66　15　06					
		D	309　43　54	129　43　48					
		A	90　01　42	270　01　30					

10. 整理下面竖直角测量记录。

表 3 - 11　竖直角测量记录

测站	目标	竖盘位置	竖盘读数 (°　′　″)	半测回竖直角 (°　′　″)	指标差 (″)	一测回竖直角 (°　′　″)	备　注
O	A	左	85　29　36				竖盘注记顺时针
		右	274　30　18				
	B	左	111　17　30				
		右	248　42　54				

项目四

全站仪

知识目标

1. 了解电子全站仪的主要技术指标以及各部件名称，熟悉电子全站仪的键盘功能及信息显示，掌握电子全站仪的标准测量模式。

技能目标

1. 能够熟练地操作电子全站仪，掌握电子全站仪在数字化测图中进行数据采集的方法步骤；

2. 掌握全站仪坐标测量、坐标放样等功能。

一、全站仪的构造

（一）全站仪的构造

全站型电子速测仪（简称全站仪）具有测距、测角、记录、计算和存储等多种功能。它的基本组成部分有：电子经纬仪、光电测距仪、数据记录器（电子手簿），反射棱镜、电源装置等。

它具有：操作简便，测量精度高且稳定，程序测量功能强大并可持续开发；其电子记录部分已逐渐发展为电子微处理器，其自动化程度越来越高，数字化测量前景广阔。

全站仪是通过测量斜距、水平角和竖直角，通过内置程序自动计算平距、高差、高程及坐标值，可以进行距离、角度、坐标放样测量和其他特殊功能的测量工作，并可以自动实现数字化测图工作。

全站仪由于生产厂家的不同，有很多的种类和型号，其外形、体积、重量、性能各不相同。我们介绍的是由苏州一光生产的 RTS602 型全站仪，其结构和各部件名称如图 4 - 1 所示。

（二）全站仪测量工具

全站仪测量工具主要有三角基座、棱镜组和对中杆组。

1. 三角基座

全站仪在经纬仪的基座基础上，增加了三角基座锁定钮、锁定钮固定螺丝和定向槽等结构，通过仪器固定脚和定向凸起标志，使基座与仪器或棱镜组可分可合，从而大大减少了测量中的对中操作次数，提高了测量工作效率。

2. 棱镜组

全站仪的棱镜组一般有单棱镜组和三棱镜组两种。

棱镜组有棱镜、光学对中器、圆水准器、基座和觇标组成。它是全站仪测量中的目标标志工具，要求进行对中、整平操作。

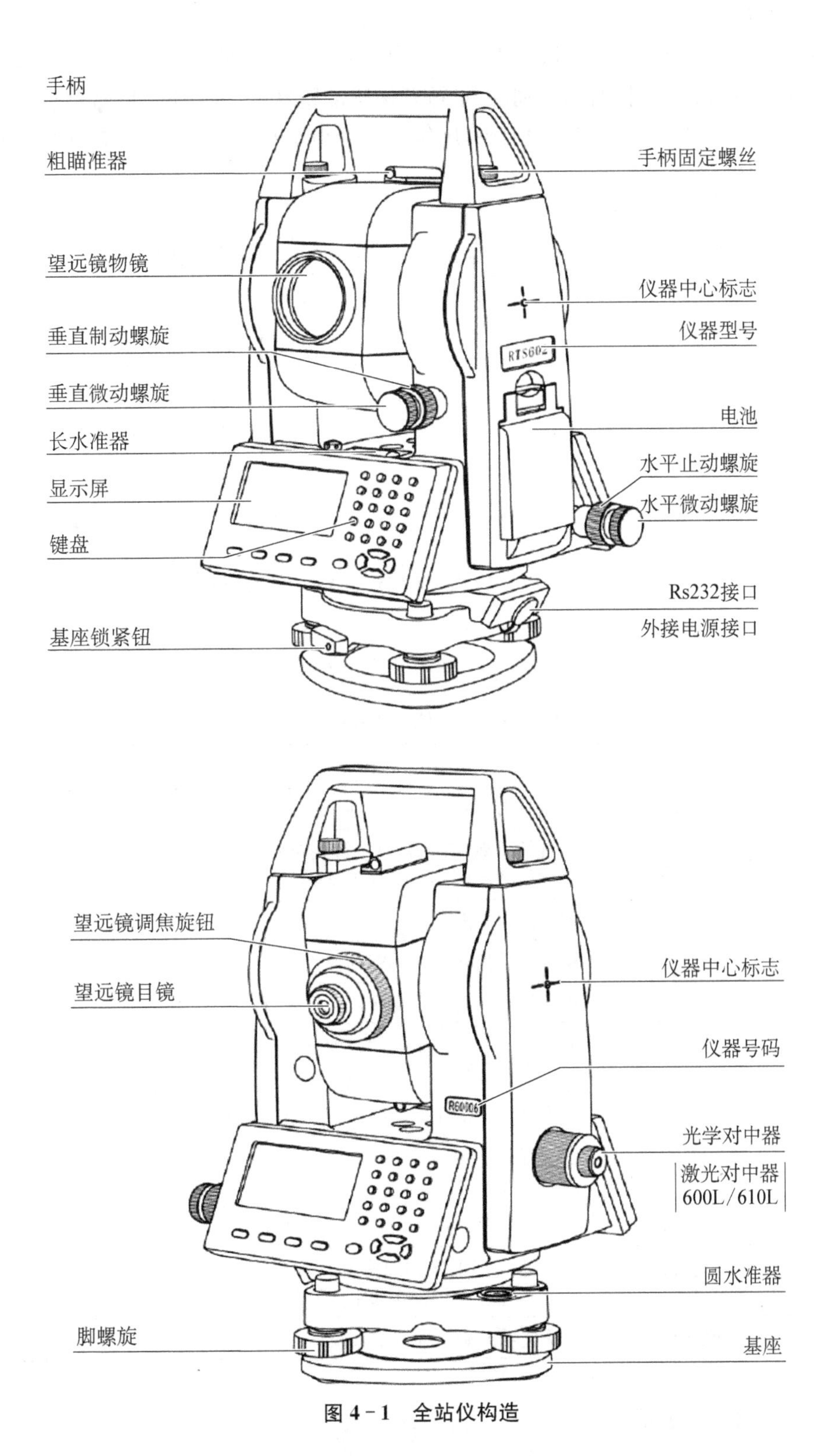
手柄
粗瞄准器
手柄固定螺丝
望远镜物镜
仪器中心标志
垂直制动螺旋
仪器型号
RTS602
垂直微动螺旋
电池
长水准器
水平止动螺旋
显示屏
水平微动螺旋
键盘
Rs232接口
基座锁紧钮
外接电源接口
望远镜调焦旋钮
仪器中心标志
望远镜目镜
仪器号码
光学对中器
激光对中器 600L/610L
圆水准器
脚螺旋
基座

图 4－1　全站仪构造

3. 对中杆组

全站仪的对中杆组有支架、圆水准器和对中杆组。支架由两脚和中间锁杆组成,两脚架间夹角可任意调整;对中杆有高度刻度,上可套接棱镜和觇标,可上下升降;调整支架上的两脚可使对中杆组中的圆水准器气泡居中,确保对中杆组垂直,在精度许可的情况下,可方便快捷地明确测量目标。

(三) 全站仪的操作键

全站仪操作键一般在显示屏上,根据其操作功能常分为普通操作键和软键。

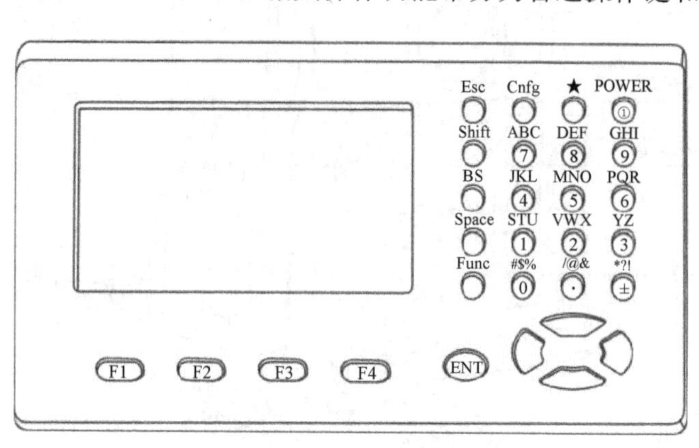

图 4-2　全站仪操作显示器

表 4-1　全站仪操作键功能说明

按键	名称	功　　能
F1～F4	软键	功能参考显示屏幕最下面一行所显示的信息
9～±	数字、字符键	1. 在输入数字时,输入按键相对应的数字 2. 在输入字母或特殊字符的时候,输入相对应的字符
POWER	电源键	控制仪器电源的开/关
★	星键	用于若干仪器常用功能的操作
Cnfg	设置键	进入仪器设置项目操作
Esc	退出键	退回到上一个菜单显示或前一个模式
Shift	切换键	1. 在输入屏幕显示下,在输入数字和字符间切换 2. 在测量模式下,用于测量模式的切换
BS	退格键	1. 在输入屏幕显示下,删除光标左侧一个字符 2. 在测量模式下,用于打开电子水泡显示
Space	空格键	在输入屏幕显示下,输入一个空格
Func	功能键	1. 在测量模式下,用于软键对应功能信息的翻页 2. 在程序菜单模式下,用于菜单翻页
ENT	确认键	选择选项或确认输入的数据

二、全站仪的使用

(一) 电池的使用

使用全站仪前,应首先检查电池的电量。电池电量图标显示电量信息,当信息提示电量不多或开机后又自动关机时，必须在关机情况下更换电池，按下电池锁紧杆，取下电量不足的电池，将充好电的电池底部插入仪器的槽中，按下电池盒顶部的电池锁紧杆，使电池卡入仪器中固定归位。

电池的充电应按说明书进行操作。全站仪野外测量时应带备用电池。

（二）测量准备

1. 对中

（1）安放三脚架。使三脚架架腿等长，架头位于测点上并近似水平，三脚架腿牢固的支撑在地面上。

（2）架设仪器。将仪器放在架头上，一手握住仪器，两一只手旋紧中心连接螺旋。

（3）测点调焦。通过光学对中器目镜观察，旋转对中器的目镜至分划板十字丝看得最清楚，再旋转对中器调焦至地面测点看得最清楚为止；调节仪器脚螺旋使测点位于光学对中器小圆圈中心。

2. 整平

（1）使圆水准器气泡居中

通过调整三脚架架腿的高度来使圆水准器气泡居中，此操作需要重复进行。

（2）使管水准器气泡居中

松开水平制动螺旋，转动照准部，使管水准器平行于脚螺旋 A、B 的连线，旋转脚螺旋 A、B 使气泡居中。

（3）将照准部旋转 90°，使管水准器垂直于脚螺旋 A、B 的连线，旋转脚螺旋 C 使气泡居中，如图 4-3 所示。

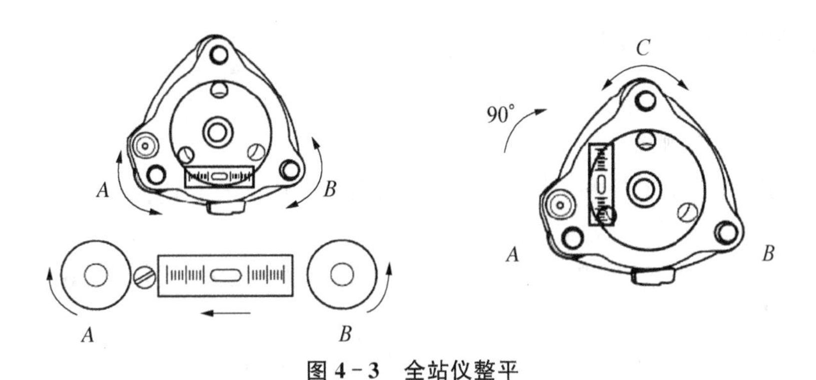

图 4-3 全站仪整平

（4）再将照准部旋转 90°，检查气泡是否还居中，若不居中，则重复(2)(3)步骤，直至气泡居中为止。需要指出的是，对中和整平需要反复进行，直到对中和整平两项操作同时完成。

3. 调焦与照准

用望远镜观察一明亮的背景，进行目镜调焦，通过粗瞄器照准目标处棱镜，对物镜进行调焦，使目标处棱镜成像清晰，制动水平和竖直螺旋，调整水平和竖直微动螺旋，精确瞄准目标处棱镜中心。

4. 开机

全站仪安置好以后，长按 POWER 键，打开全站仪的电源开关，仪器显示“请转动望远镜”的提示，转动望远镜后，仪器完成初始化。

5. 参数设置

(1) 按[Cnfg]进行系统设置，包括观测条件、仪器设置、仪器校正、通讯设置以及日期和时间的设置。

(2) 按[★]键进入星键设置模式，可进行液晶显示屏背光的开启和关闭、液晶显示屏对比度的调节、分划板亮度的调节、回光信号的查看。

6. 数字和字符的输入

以代码的输入为例。

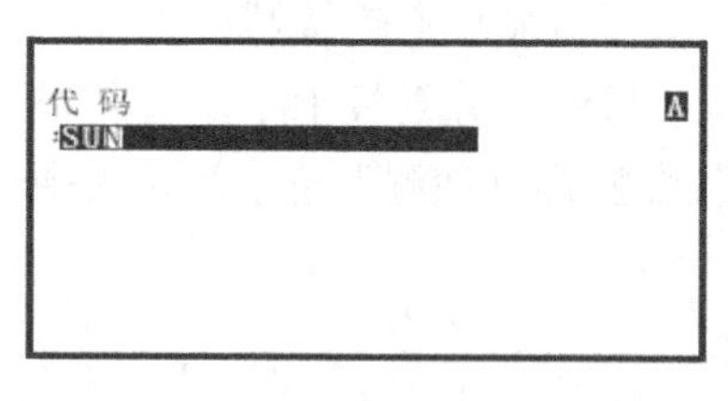

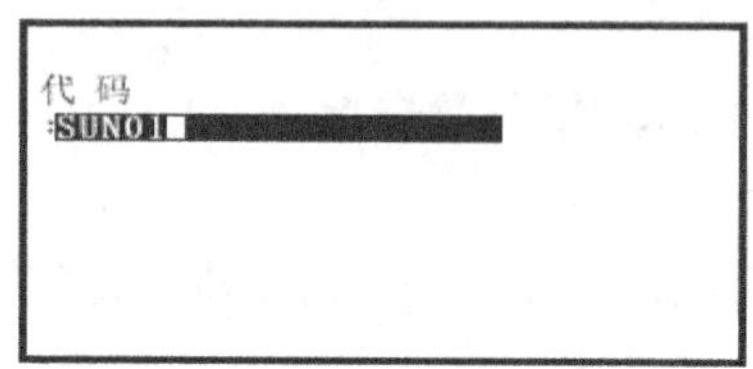

图 4－4　数字和字符的输入

(1) 进入代码输入窗口光标闪烁位置即当前输入位置；

(2) 每一按键上定义三个字母，每按一次后，光标位置处显示出其中的一个字母，所需字母出现后，按向右键将光标移到下一个待输入位置(若两次输入的字母不在同一个键上，则可直接按下一个键即可)；

(3) 按[Shift]键切换到数字输入模式，进行数字输入，在数字输入模式下，每一个键即对应一个数字，按一次键即可输入一个数字，光标自动移到下一个待输入位置；

(4) 输入完成后，按[ENT]键确认，仪器保存所输入的代码。

三、全站仪的基本应用

全站仪的基本应用包括：角度测量、距离测量和坐标测量。

(一) 全站仪角度测量

利用水平角置零功能“置零”测定两点间的夹角，该功能可将任何方向的值设置为零。

(1) 如图 4－5(a)所示，仪器照准目标点 A；

(2) 在测量模式第一页菜单下，按[F3](置零)键，此时(置零)开始闪动；

(3) 再次按[F3](置零)键，此时目；

(4) 转动望远镜瞄准目标点 B，则此时图中所示的水平角 36°05′19″即是目标点间的夹角。

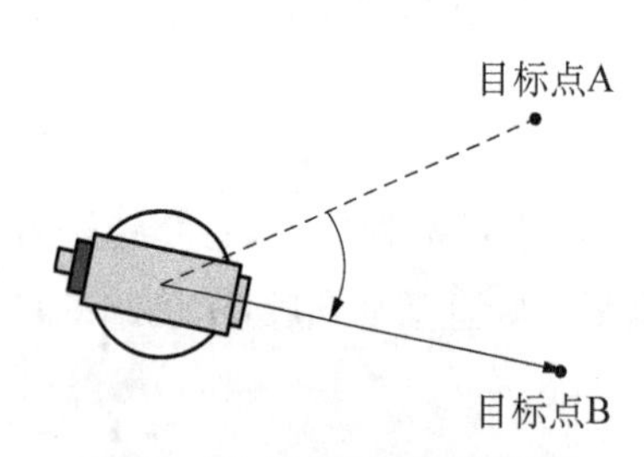

图 4－5(a) 全站仪角度测量

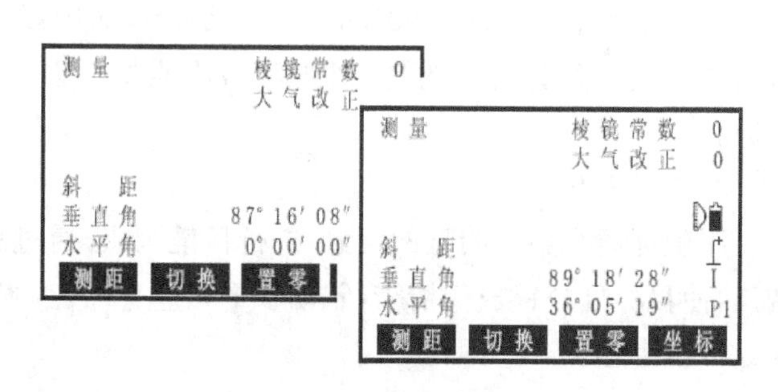

图 4－5(b) 角度测量界面

(二) 距离测量

照准目标，进入测量模式第一页，如图 4－6，按[F1](测距)键开始距离测量，测距开始后，仪器闪动显示测距模式，棱镜常数改正值、气象改正值等信息，一声短响后，显示出斜距、垂直角和水平角的测量值，按[F4]键停止距离测量。

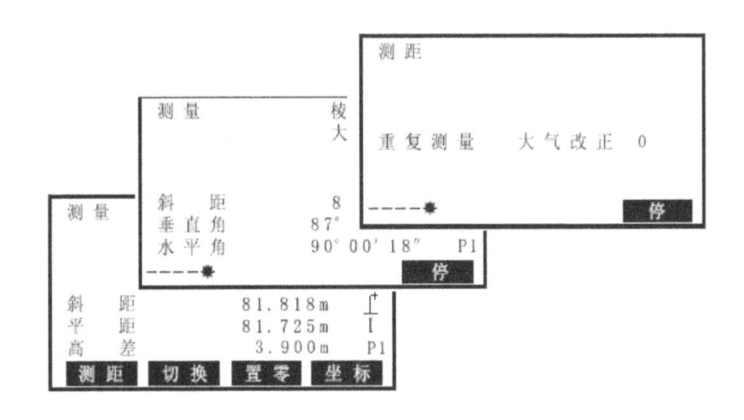

图 4－6　全站仪距离测量

按[F2](切换)键可使距离值显示在斜距、平距和高差之间切换。

全站仪可同时对距离和角度进行测量。

(三) 坐标测量

在测站及其后视方位角设置完成后便可测定目标点的三维坐标，如图 4－7。

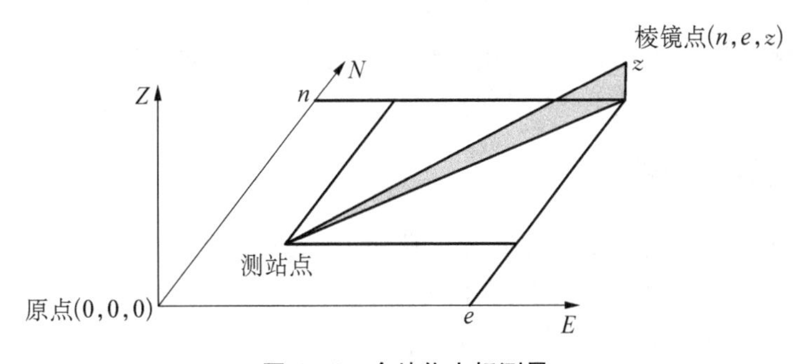

图 4－7　全站仪坐标测量

1. 输入测站数据

(1) 量取仪器高和目标高，进入测量模式第一页；

(2) 按[F4]键进入＜坐标测量＞屏幕，选取“测站定向”，选取“测让坐标”，输入测让坐标、仪器高和目标高，如图 4－8。

2. 后视方位角设置

(1) 在＜坐标测量＞屏幕下选取“测站定向”；

(2) 选取“后视定向”，选取“后视”并输入后视点坐标；

(3) 按[F4](OK)键确认输入的后视点数据；

(4) 照准后视点按[F4](YES)键设置后视方位角，如图 4－9 所示。

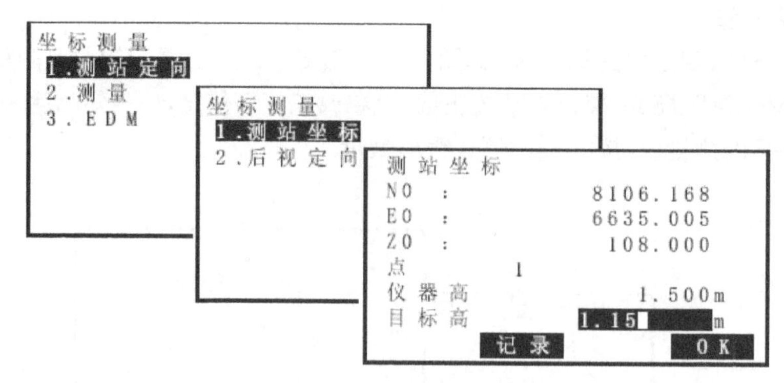

图 4-8　输入测站坐标

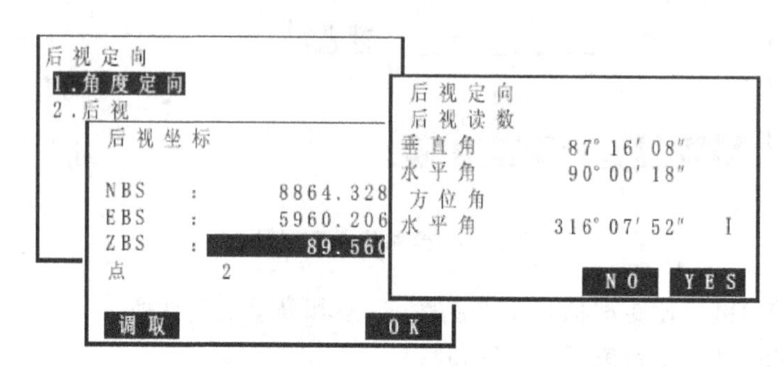

图 4-9　后视定向

3. 三维坐标测量

(1) 照准目标点上的棱镜，进入＜坐标测量＞界面；

(2) 选取“测量”开始坐标测量，照准目标点后，按[F1](观测)开始测量；

(3) 用同样的方法对所有目标点进行观测。

四、全站仪程序测量

全站仪的程序测量让全站仪的功能不断强大，同时大大提高了测量工作效率。程序测量是数字化仪器在一定的测量程序指导下，逐步完成测量操作，自动完成数据的存取、转换、代入计算，从而完成某一特定测量任务或测量功能。

RTS602 型全站仪的程序测量有：放样测量、面积测量、对边测量、悬高测量等。

(一) 面积测量

面积测量是通过调用仪器内存中的 3 个或多个点的坐标数据，计算出由这些点连线封闭而成的图形面积，所用坐标数据可以是测量所得，也可以作手工输入，如图 4-10 所示。

输入值：P1(N1,E1)、P2(N2,E2)、P3(N3,E3)

输出值：S

构成图形的点数范围：3～30

面积的计算通过构成该封闭图形的一系列有顺序的点的坐标来进行。(在构成图形的点号时必须按顺时针或逆时针顺序给出，否则计算成果不正确)

(1) 进入“面积测量”模式；

(2) 照准所计算面积的封闭区域第 1 边界点后，按[F4](观测)键，测量结果显示在屏幕上；

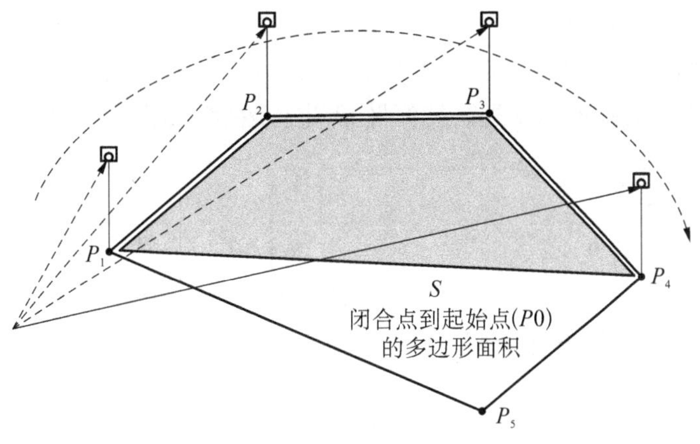

图 4－10　面积测量

(3) 按[F1](OK)键将测量结果作为"01"点；

(4) 重复步骤 2 和 3，按顺时针或逆时针方向顺序观测完全部边界点；

(5) 按[F2](计算)键计算并显示面积结果，如图 4－11 所示。

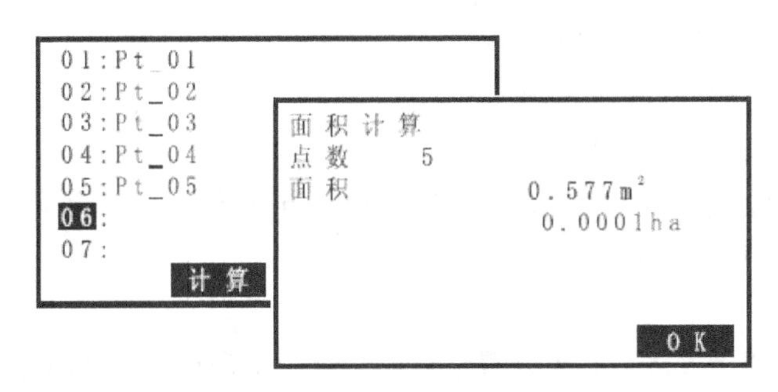

图 4－11　面积测量界面

(二) 对边测量

对边测量是要不搬动仪器的情况下，直接测量多个目标点与某一起始点(P1)间和斜距、平距和高差，如图 4－12 所示。

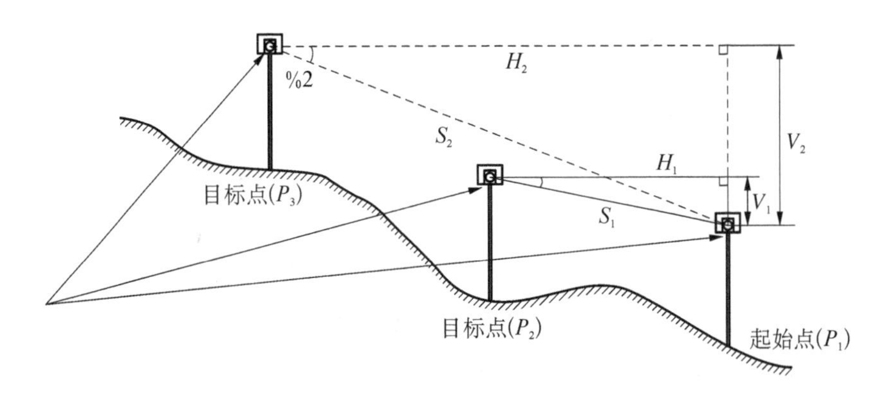

测站点

图 4－12　对边测量

(1) 进入“对边测量”模式；

(2) 照准起始点，按[F4](观测)键开始测量，待显示测量值后按[F4](停)键停止测试；

(3) 照准目标点，按[F1](对边)键对目标点进行测量，如图 4-13 所示；

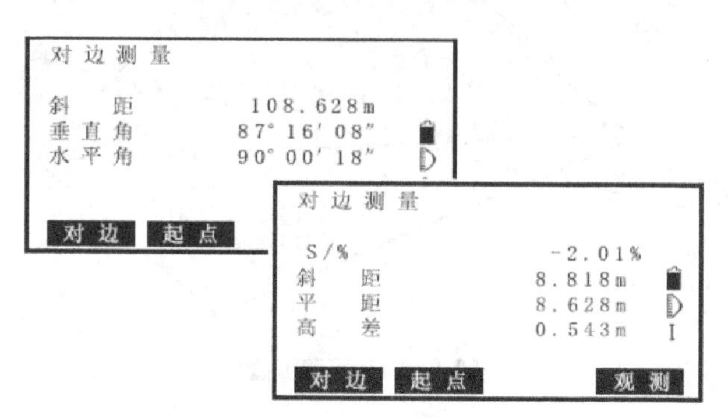

图 4-13 对边测量界面

屏幕显示测量值如下：

S/%—目标点与起始点之间的坡度

斜距—目标点与起始点之间的斜距

平距—目标点与起始点之间的平距

高差—目标点与起始点之间的高差

(4) 照准下一目标点并按[F1](对边)键对目标点进行测量。用同样的方法测量多个目标点与起始点间的斜距、平距和高差。

(三) 悬高测量

悬高测量功能用于无法在其上设置棱镜的物体，如高压输电线、悬空电缆、桥梁等高度的测量，如图 4-14 所示。

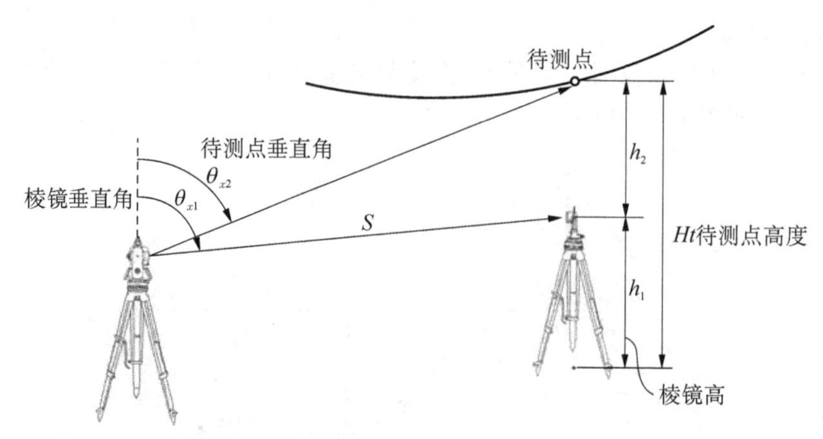

图 4-14 悬高测量

高度计算公式如下：

$$H_t = h_1 + h_2$$

$$h_2 = S\sin\theta_{z1} \times \mathrm{ctg}\theta_{z2} - S\cos\theta_{z1}$$

(1) 将棱镜架设在待测物体的正下方或正上方并量取并输入棱镜高；

(2) 进入"悬高测量"模式；

(3) 精确照准棱镜后，按[F4](观测)键测距；

(4) 转动望远镜照准待测物体，按[F2](悬高)键，仪器屏幕晃示出地面点至待测物体的高度；

(5) 按[F4](停)键停止悬高测量，如图 4－15 所示。

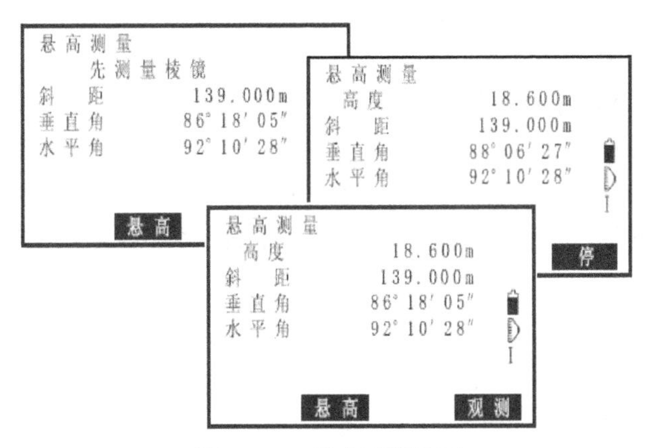

图 4－15　悬高测量界面

(四) 放样测量

放样测量用于在实地上测设出所要求的点位。在放样过程中，通过照准点角度、距离或坐标的测量，仪器将显示出预先输入的放样值与实测值之差以指导放样。

显示的差值由以下公式计算：

水平角差值：dHA＝水平角放样值－水平角实测值

距离差值：

$S-OS$＝斜距实测值－斜距放样值

$S-OH$＝平距实测值－平距放样值

$S-OV$＝高差实测值－高差放样值

放样可采用斜距、平距、高差、坐标或悬高方式进行。

1. 角度和距离放样

角度和距离放样时是根据相对于某参考方向转过的角度和至测站点的距离测设出所需点位，如图 4－16。

(1) 进入"放样测量"模式，选取"测站定向"，输入测站数据，设置后视坐标方位角；

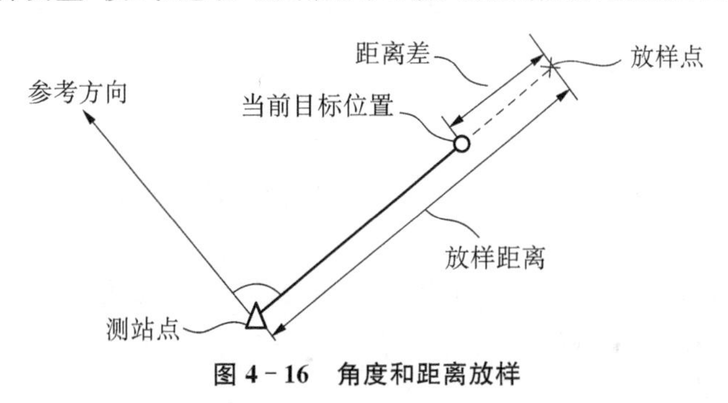

图 4－16　角度和距离放样

(2) 选取“角度距离”进入,按[F2](切换)键选择距离输入模式,每按一次[F2](切换)键,输入模式将在斜距、平距、高差之间切换;

(3) 输入下列各值;

① 斜距/平距/高差放样值

仪器至放样点之间的放样距离值。

② 角度放样值

放样点方向和参考方向间的夹角。

(4) 按[F4](OK)键确认输入放样值;

(5) 转动仪器照准部到使显示的“放样角差”值为“0”,并将棱镜设立到所照准方向上。按[F1](观测)键开始测量。屏幕上显示出距离实测值与放样值之差“放样平距”;

(6) 在照准方向上将棱镜移向或远离测站使“放样平距”值为“0”。

移动方向:

←—:将棱镜左移

—→:将棱镜右移

↓:将棱镜移向测站

↑:将棱镜远离测站

2. 坐标放样测量

在给定了放样点的坐标后,仪器自动计算出放样的角度和距离值,利用角度和距离放样功能可测设出放样点的位置,如图 4-17 所示。

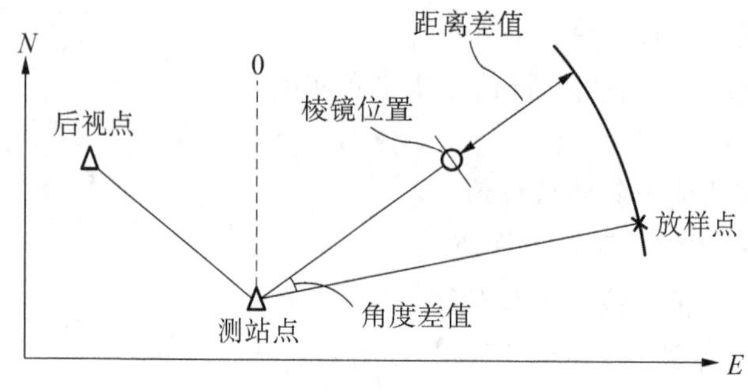

图 4-17　坐标放样

(1) 在“放样测量”模式下,选取“坐标”进入,输入放样点坐标;

(2) 按[F4](OK)键确认输入放样点坐标;

(3) 按[F1](观测)键开始坐标放样测量,通过观测和移动棱镜测设出放样点位。

⯭:表示低于放样高程

⯯:表示高于放样高程

3. 悬高放样测量

悬高放样测量用于测设由于位置过高或过低而无法在其位置上设置棱镜的放样点点位。

(1) 将棱镜设置在放样点的正上方或正下方,用带尺量出棱镜高(棱镜中心到地面点的距离),按[Space]键输入棱镜高;

(2) 输入测站数据;

(3) 选取“放样测量”进入,选取“高度”进入,输入数据后按[F4](OK)键确认;

(4) 按[F1](观测)键进行测量。

向上或向下转动望远镜测定放样点的点位。

⯭:表示向上转动望远镜

⯯:表示向下转动望远镜

全站仪的功能很强大,其他程序测量、数据采集和存储管理等,具体操作参考全站仪的使用操作说明书。

技能实训

实训一 全站仪的认识和使用

一、实训目标

了解全站仪各部件的基本结构与几何关系;熟练掌握全站仪的对中、整平和基本操作及安全保管工作;熟练掌握全站仪在角度测量、距离测量和坐标测量中的基本操作与基本要领。

二、实训场所

测量实训场地

三、实训形式

1. 以组为单位,进行测量;
2. 以人为单元,进行独立操作全站仪;
3. 每人完成一份完整的实习报告。

四、实训备品与材料

每组全站仪1台、全站仪脚架1付、反光棱镜1组、对中杆1根、皮尺1把、测伞、铅笔等。

五、实训内容与方法

1. 在测站 O 点上架设三脚架,高度与人的胸部平齐,稳定三脚架;开箱、取出全站仪,安置于三脚架上,完成对中、整平等仪器安置工作;用钢尺量取仪器高并记录。

2. 同时间内,由另外学生在测点处完成棱镜组的对中、整平安置操作;用钢尺量取各棱镜高并报测站处记录。

3. 按 F_4 键开机,进入全站仪基本设置,完成全部的基本设置项选值操作后按 F_4 键确认;让全站仪进入角度测量模式。

4. 在角度测量模式下,盘左,瞄准其中一测点 A,作为全圆法测量水平角的起始点;设置目标 A 水平方向角值为 $0°00'00''$,并作为坐标测量的后视方位角 $A_{后}$ 值,录取目标 A 处的竖直角;按距离测量键,完成距离测量变量设置后,进行距离测量,录取 OA 间平距 HD、高差 VD 和斜距 SD 值,按 ANG 键,切换到角度测量模式下。

5. 松下水平制动和竖直制动,顺时针转动全站仪的照准部,瞄准目标 B,录取目标 B 的水平角方向值和竖直角后,按距离测量键,完成距离测量变量设置后,进行距离测量;录取 OB 间平距 HD、高差 VD 和斜距 SD 值后,按坐标测量键,完成坐标测量设置后,按 F1 键,进行坐标测量;录取 B 点坐标值后,按 ANG 键,切换至角度测量模式。

6. 同理，逆时针旋转全站仪的照准部，依次瞄准目标 D、C、B、A，同理完成各目标的角度、距离、坐标测量和数据录取工作。

7. 关机，盖上镜头盖，松开各制动螺旋，旋下中心连接螺旋，将仪器取下，放入箱中归位，盖好箱盖，清点仪器、工具。

六、注意事项

1. 搬运仪器时，要提供合适的减震措施，以防止仪器受到突然的震动；
2. 近距离将仪器和脚架一起搬运时，应保持仪器竖直向上；
3. 装卸电池必须在关机状态下进行；
4. 全站仪测量出现异常情况，应请示实践指导教师，不允许擅自处理；
5. 操作以前应认真阅读使用说明和认真听老师讲解。不理解操作方法与步骤者，不能操作仪器。

七、实训报告

每人完成一分全站仪操作的实习报告。

表 4-2　全站仪基本测量实训记录手簿

仪器型号________班组________观测者________记录者________日期________天气________

<table>
<tr><th rowspan="2">测站</th><th rowspan="2">竖盘位置</th><th rowspan="2">目标</th><th rowspan="2">水平度盘读数</th><th rowspan="2">竖直角</th><th colspan="4">距离测量(m)</th><th colspan="5">坐标测量(m)</th></tr>
<tr><th>温度</th><th>SD</th><th>HD</th><th>VD</th><th>仪器高</th><th>棱镜高</th><th>X(N)</th><th>Y(E)</th><th>Z</th></tr>
<tr><td rowspan="10">1</td><td rowspan="5">盘左</td><td>A</td><td></td><td></td><td></td><td></td><td></td><td></td><td></td><td></td><td></td><td></td><td></td></tr>
<tr><td>B</td><td></td><td></td><td></td><td></td><td></td><td></td><td></td><td></td><td></td><td></td><td></td></tr>
<tr><td>C</td><td></td><td></td><td></td><td></td><td></td><td></td><td></td><td></td><td></td><td></td><td></td></tr>
<tr><td>D</td><td></td><td></td><td></td><td></td><td></td><td></td><td></td><td></td><td></td><td></td><td></td></tr>
<tr><td>A</td><td></td><td></td><td></td><td></td><td></td><td></td><td></td><td></td><td></td><td></td><td></td></tr>
<tr><td rowspan="5">盘右</td><td>A</td><td></td><td></td><td></td><td></td><td></td><td></td><td></td><td></td><td></td><td></td><td></td></tr>
<tr><td>B</td><td></td><td></td><td></td><td></td><td></td><td></td><td></td><td></td><td></td><td></td><td></td></tr>
<tr><td>C</td><td></td><td></td><td></td><td></td><td></td><td></td><td></td><td></td><td></td><td></td><td></td></tr>
<tr><td>D</td><td></td><td></td><td></td><td></td><td></td><td></td><td></td><td></td><td></td><td></td><td></td></tr>
<tr><td>A</td><td></td><td></td><td></td><td></td><td></td><td></td><td></td><td></td><td></td><td></td><td></td></tr>
</table>

思考与练习

一、选择

1. 全站仪主要是由(　　)两部分组成。

A. 测角设备和测距仪　　B. 电子经纬仪和光电测距仪

C. 仪器和脚架　　D. 经纬仪和激光测距仪

2. 根据全站仪坐标测量的原理，在测站点瞄准后视点后，方向值应设置为(　　)。

A. 测站点至后视点的方位角　　B. 后视点至测站点的方位角

C. 测站点至前视点的方位角　　D. 前视点至测站点的方位角

3. 若某全站仪的标称精度为±$(3+2\times10^{-6}\cdot D)$mm，则用此全站仪测量 2 km 长的距离，其误差的大小为(　　)。

A. ±7 mm　　B. ±5 mm　　C. ±3 mm　　D. ±2 mm

4. 全站仪有三种常规测量模式，下列选项中，不属于全站仪的常规测量模式的是(　　)。

A. 角度测量模式　　B. 方位测量模式　　C. 距离测量模式　　D. 坐标测量模式

5. 下列关于全站仪使用时注意事项的说法中，属于错误说法的是(　　)。

A. 全站仪的物镜不可对着阳光或其他强光源

B. 全站仪的测线应远离变压器、高压线等

C. 全站仪应避免测线两侧及镜站后方有反光物体

D. 一天当中，上午日出后一个时至两小时，下午日落前三小时到半小时为最佳观测时间

6. 全站仪的主要技术指标有最大测程、测角精度、放大倍率和(　　)。

A. 最小测程　　B. 自动化和信息化程度

C. 测距精度　　D. 缩小倍率

7. 全站仪除能自动测距、测角外，还能快速完成一个测站所需完成的工作，包括(　　)。

A. 计算平距、高差　　B. 计算三维坐标

C. 按水平角和距离进行放样测量　　D. 将任一方向的水平角置为 0°

二、简答

1. 简述全站仪的数字输入操作。

2. 简述全站仪的坐标测量的方法。

3. 全站仪有何优点。

项目五

小区域控制测量

知识目标

1. 掌握控制测量概念，熟悉测量控制网的种类及其建立方法；

2. 了解导线测量的概念，熟悉导线的等级及其主要技术要求，掌握导线的布设形式以及各自适合的敷设测区；

3. 能够在图纸上绘制平面直角坐标格网，并能正确展绘测量控制点的平面位置、标注控制点的高程数据。

技能目标

能够熟练的利用钢尺、经纬仪、电子全站仪等仪器和工具进行导线的外业观测，并能正确运用数学公式完成导线的内业计算，以建立小区域平面控制网。

任务一　控制测量概述

中国幅员辽阔，国家测绘部门在全国范围内建立了统一的平面控制网。国家平面控制网的建立主要采用三角测量和精密导线测量两种方法。

我们知道测量工作的基本原则是“由高精度到低精度”、“从整体到局部”、“先控制后碎部”其含义就是在测区内，先建立测量控制网，用来控制全局，然后根据控制网测定控制点周围的地形或进行建筑施工放样测量，这个在绪论中已讲过。这样不仅可以增加作业面，从而加快测量速度。而且可以保证整个测区有一个统一的、均匀的测量精度。

所谓控制网，就是在测区内选择一些有控制意义的控制点构成几何图形。按控制网控制的范围，可分为国家控制网、城市控制网、小区域控制网和图根控制网。依控制网的功能可分为平面控制网和高程控制网。测定控制点高程的工作，称为高程控制测量；测定控制点平面坐标的工作，称为平面控制测量。

一、国家控制网

国家平面控制网分一、二、三、四等四个等级，而且是由高级到低级逐级加以控制。国家一等三角锁基本上是沿经纬线方向布设成纵、横三角锁。锁间距离大约为 200 km，三角形的平均边长约为 25 km。建立国家平面控制网，主要是用三角测量和精密导线测量。对国家高程控制网，首先是在全国范围内布设纵、横一等水准路线，在此基础上布设二等水准闭合或附合路线，再在二等水准路线上加密三、四等闭合或附合水准路线。国家高程控制测量，主要采用精密水准测量。图 5-1 和图 5-2 分别为国家平面控制网和高程控制网的布设形式示意图。

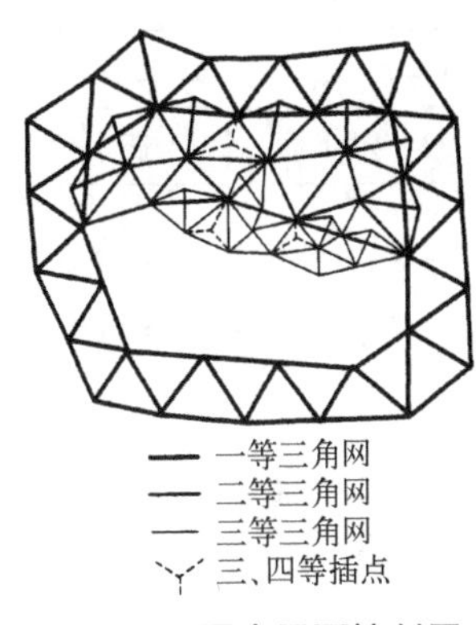

图 5-1　国家平面控制网

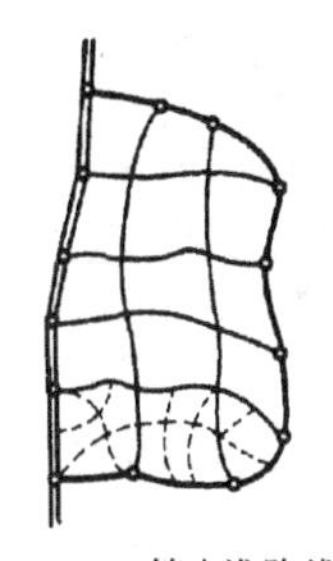

图 5-2　国家高程控制网

二、城市控制网

城市控制网是在国家控制网的基础上建立起来的，目的在于为城市规划、市政建设、工业民用建筑设计和施工放样服务。城市控制网建立的方法与国家控制网相同，只是控制网的精度有所不同。为了满足不同目的的要求，城市控制网也要分级建立。

三、小区域控制网

小区域内控制网是小面积(15 km^2以内)的大比例尺地形图测绘或工程测量所建立的控制网。根据测区面积大小可以采用三级或二级控制，在全测区范围内建立的控制网，称为首级控制网。小地区控制网尽可能与国家控制网联测，采用国家控制点的坐标和高程作为小地区控制网的起算和校核依据。若测区附近没有国家控制点或与国家控制点联测有困难时，也可建立测区的独立控制网。前者所测图纸可与周围地区已有图纸连接使用，后者只能单独使用。但当连接有困难时，为了建设的需要，也可以建立独立控制网。小区域控制网，也要根据面积大小分级建立，其面积和等级的关系，如表 5-1。

表 5-1　小区域控制网布设要求

测区面积	首级控制	图根控制
2～15 km^2	一级小三角或一级导线	二级图根
0.5～2 km^2	二级小三角或二级导线	二级图根
0.5 km^2以下	图根控制	——

四、图根控制网

直接为了测图所建立的控制网，称为图根控制网，其控制点称为图根点。

图根控制网也应尽可能与上述各种控制网连接，形成统一系统。但是在个别地区连接有困难时，我们也可建立独立图根控制网。由于图根控制专为测图而做，所以图根点的密度和精度要满足测图要求。表 5-2 是对平坦地区图根点密度的规定。对山区或特困地区，图根点的密度，可适当增大。

表 5－2　图根控制点密度

测图比例尺	1∶500	1∶1 000	1∶2 000	1∶5 000
图根点个数/km^2	150	50	15	5
每幅图图根点个数	9～10	12	15	20

根据专业性质对测量的要求以及测量的发展趋势，尤其是光电测距技术的广泛应用，本章主要介绍小区域控制测量中常用的导线测量。

任务二　导线测量

一、导线测量概述

将测区内控制点连成折线图形，称为导线，其转折点，称为导线点。导线测量根据所使用的仪器、工具的不同，可分为经纬仪钢尺量距导线和全站仪导线两种。它是建立小地区平面控制网的主要方法之一。本节主要介绍导线测量的外业工作。

导线布设比较灵活，只需要两相邻导线点间通视，导线边便于量取就可以，所以特别适宜于隐蔽地区，如建筑区、森林区等视野不够开阔的地方。

根据测区内及其附近已知控制点情况和测区的自然地理条件，导线可以布设成以下三种形式：

1. 闭合导线

由某一控制点出发，经过一系列的控制点后，又回到原来的点上，形成一闭合多边形，这种图形的导线，称为闭合导线，如图 5－3。导线从一已知高级控制点 B 和已知方向 AB 出发，经过导线点 P_1、P_2、P_3、P_4后，又回到已知点 B。它本身存在着严密的几何条件，具有检核作用。

2. 附合导线

由某一高级控制点出发，经过一系列的控制点后，附合到另一个高级点上，这种图形的导线，称为附合导线，如图 5－4 中的 $ABP_1P_2P_3CD$。

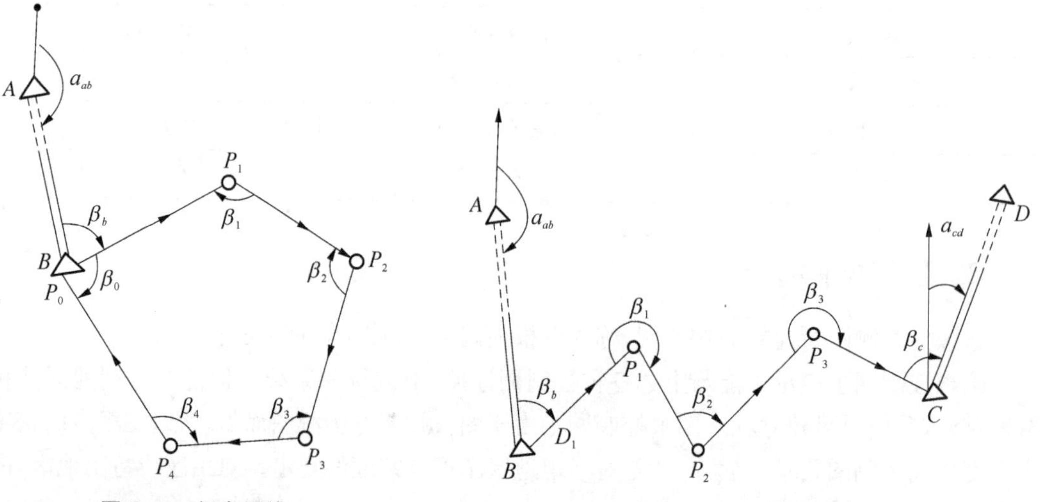

图 5－3　闭合导线　　图 5－4　附合导线

此种布设形式，具有检核观测成果的作用。

3. 支导线

仅一端连接在高级控制点，向外伸展的导线，称为支导线支导线没有图形检核条件，发生错误不易发现。所以仅限于图根点加密时使用，布设点数 2～3 个。

导线的布设形式，应根据测区的形状，面积的大小、已知点分布情况及技术要求来决定。一般来说方、圆地区适合布设成闭合导线，狭长地带适合布设成附合导线，已知点较少的测区可布设成闭合导线，已知点较多的地区可布设成附合导线。若测区面积较大，宜采用二级或三级控制，首级应采用一、二级导线，三级和图根导线在满足测图需要的情况下，可布设成闭合或附合导线的形式。

二、导线测量的外业工作

在进行导线测量之前，我们首先要对现场进行熟悉，然后选择合适的位置做导线点，导线的选择，应根据测区的实际情况来决定。若测区面积较大，采用分级控制时，可根据测区的已有的小比例尺地形图和已知控制点资料，在地形图上研究布网方案及控制点的位置。导线点选择好以后，还应带着图纸到实地踏勘，检查图上选择的点位置是否符合实地情况，若不符合进行适当调整，以便最后确定点的位置。若测区面积较小（小于 0.5 km^2）可采用一级控制，直接到实地踏勘，选择控制点的位置。

现把外业工作步骤叙述如下：

1. 踏勘选点及建立标志

选点要注意下列几点：

(1) 点应选在地面坚实而视野开阔的地方，便于安置仪器，测量碎部。点位能长期保存。

(2) 相邻导线点要互相通视，便于角度测量，地面比较平坦.或坡度比较均匀，便于丈量距离。

(3) 导线点要均匀布设于全测区，以便控制整个测区。

(4) 同一等级的导线相邻边长相差不宜过大，以免引起较大的测角误差。

导线点选定后应埋设标志，临时性导线点可用较长的木桩打入地下。永久性的导线点可用长水泥桩或石桩埋入地下。也可利用地面上固定的标志，导线点应进行编号。如果仅为测图需要，可钉一木桩，在桩顶画一“＋”记号或钉一小钉标明点位，在桩的一侧写明点号。为了便于寻找，应将每一个导线点绘制一位置草图，该图称为点之记。

2. 导线边长的测量

导线边长测量，利用全站仪进行水平距离测量。一、二级导线可采用单向观测 2 测回，各测回较差应小于 15 mm，三级及图根导线 1 测回。若用钢尺丈量，应用检定过的钢尺按精密丈量的方法往返丈量，图根导线边长测量相对误差小于或等于 1/3 000 时，取其平均值作为最后的结果。

3. 导线转折角测量

导线的转折角用经纬仪（或全站仪）采用测回法观测。导线的等级不同，使用仪器类型不同，测回数也不同。导线的转折角有左角、右角之分，可以观测左角，也可以观测右角。一级导线测量分别测量两个测回，起始角度分别为 0°和 90°开始，所测量角度在限差范围内取其平均值作为最后的结果。图根导线转折角一般用 DJ_6 型经纬仪观测一测回，对中误差应小于±3 mm，上、下两半测回较差不超过±40″时，取其平均值作为最终角值。

4. 导线联接角或方位角

为了计算导线点的坐标，导线边的方向需要确定，导线起始边定向的方法有两种。一种是布设成独立导线。在小区域内进行测量工作，如果测区附近没有国家控制点，可布设成独立导线，采用罗盘仪测量导线起始边的磁方位角。另一种是布设成与国家控制点联测的导线。这个在一级导线测量过程中，经常涉及连接角的测量。在测量过程中，一定注意区分连接角左角右角之分。

三、导线测量的内业计算

导线测量外业工作结束后，在全面检查外业记录，计算无误的情况下，根据外业测量成果绘制导线草图、注明导线点号、实测的转折角值、边长、起始边方位角和起始点的坐标，供计算参考。

导线布设形式不同，其计算方法略有不同。闭合导线与附合导线计算步骤基本相同，主要区别：角度闭合差和坐标增量闭合差的计算方法不同，其余的计算公式都是相同，在计算过程中要注意区分。

（一）闭合导线坐标计算

1. 角度闭合差的计算与调整

n 边形的闭合导线其内角和应为

$$\sum \beta_{理} = (n-2) \times 180^\circ \tag{5-1}$$

观测值的总和 $\sum \beta_{测}$ 应等于理论值，但由于角度观测值不可避免地存在误差，使两者不相等，而产生的差异称为角度闭合差 f_β。

$$f_\beta = \sum \beta_{测} - \sum \beta_{理} = \sum \beta_{测} - (n-2) \times 180^\circ$$

各级导线角度闭合差的允许值是不同的，图根导线的允许值为

$$f_{\beta容} = \pm 60'' \sqrt{n} \tag{5-2}$$

若闭合差大于允许值，成果不合格，说明角度观测值中存在粗差，应仔细检查原始记录，分析原因，进行有目的的返工。

若闭合差小于允许值，成果合格，可将闭合差反符号平均分配到各角观测值中，每个角的改正数为：

$$V_\beta = -\frac{f_\beta}{n} \tag{5-3}$$

角度改正数计算取位至秒，如有小数，以秒取整后将剩余误差分配到边长较短或转折角较大的几个角度观测值上。调整后的内角和应等于 $\sum \beta_{理} = (n-2) \times 180^\circ$，以作计算校核。

2. 导线边坐标方位角的推算

根据起始边的坐标方位角及改正后角值推算其他各导线边的坐标方位角，如图 5－5。图 5－5 是所观测的转折角是左角，导线如果按照逆时针方向布设，所观测是水平内角是左角，导线如果按照顺时针方向布设，所观测的水平内角是右角，具体推导过程这里不作具体讲解。

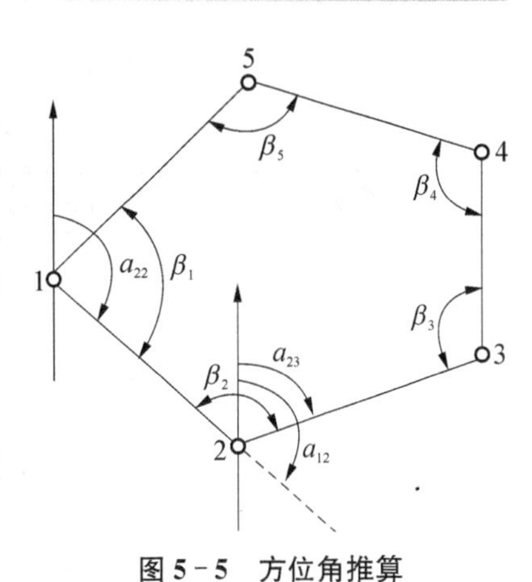

图 5－5 方位角推算

$$\alpha_{前} = \alpha_{后} + \beta_{左} - 180° \quad \text{（适于测左角）} \quad (5-4)$$

即前一边的坐标方位角等于后一边的方位角加左角加或减 180。或

$$\alpha_{前} = \alpha_{后} - \beta_{右} + 180° \quad \text{（适于测右角）} \quad (5-5)$$

式中 $\alpha_{前}$、$\alpha_{后}$——分别为相邻导线边前、后边的坐标方位角；

$\beta_{左}$、$\beta_{右}$——分别为相邻导线边所夹的左、右转折角。

本例观测左角，按左角推算出导线各边的坐标方位角，列入表 5－4 中的第四栏。

在推算过程中必须注意：

（1）如果算出的 $\alpha_{前} > 360°$，则应减去 360°；$\alpha_{前} < 0°$时，应加 360°；

（2）最后推算出起始边坐标方位角，它应与原值相等，否则应重新检查计算。

3. 坐标增量的计算及其闭合差的调整

（1）坐标增量的计算

地面上两点的直角坐标值之差称为坐标增量。用 Δx_{AB} 表示 A 点至 B 点纵坐标增量，Δy_{AB} 表示 A 点至 B 点横坐标增量。坐标增量有方向性和正负意义，Δx_{BA}，Δy_{BA} 则表示 B 点至 A 点的纵、横坐标增量，其符号与 Δx_{AB}，Δy_{AB} 相反。

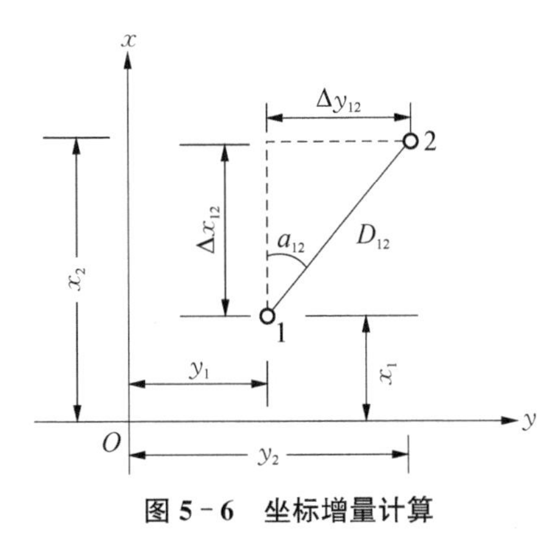

图 5－6 坐标增量计算

如图 5－6，设点 1 的坐标 x_1、y_1 和 1～2 边的坐标方位角 α_{12} 均为已知，边长 D_{12} 也已测得，则点 2 的坐标为

$$\left.\begin{aligned} x_2 &= x_1 + \Delta x_{12} \\ y_2 &= y_1 + \Delta y_{12} \end{aligned}\right\} \quad (5-6)$$

式中 Δx_{12}、Δy_{12} 称为坐标增量。由于坐标方位角和坐标增量均带有方向性（由下标表示），需务必注意下标的书写次序。

上式说明，欲求待定点的坐标，必须先根据两点间的边长和坐标方位角求出增量。由图 5－6 中的几何关系，可写出坐标增量的通用公式。

$$\left.\begin{aligned} \Delta x &= D\cos\alpha \\ \Delta y &= D\sin\alpha \end{aligned}\right\} \quad (5-7)$$

坐标增量的计算，一般都采用电子计算器进行，带有函数的电子计算器一般都带有坐标变换功能，可采用坐标变换键直接进行计算，甚是方便。

(2) 象限角、方位角、坐标增量之间的关系

表 5-3 象限角与方位角的关系

象限	象限角 R 与方位角 α 的关系	Δx	Δy
Ⅰ	$\alpha = R$	+	+
Ⅱ	$\alpha = 180° - R$	−	+
Ⅲ	$\alpha = 180° + R$	−	−
Ⅳ	$\alpha = 360° - R$	+	−

(3) 坐标增量闭合差的计算与调整

从图 5-7 可以看出,闭合导线纵、横坐标增量代数和的理论值应为零,即

$$\left.\begin{aligned}\sum \Delta x_{理} = 0 \\ \sum \Delta y_{理} = 0\end{aligned}\right\} \tag{5-8}$$

实际上由于量边的误差和角度闭合差调整后的残余误差的影响,往往 $\sum \Delta x_{理}$,$\sum \Delta y_{理}$ 均不等于零,而产生纵坐标增量闭合差 f_x 与横坐标增量闭合差 f_y,即

$$\left.\begin{aligned}f_x = \sum \Delta x_{测} \\ f_y = \sum \Delta y_{测}\end{aligned}\right\} \tag{5-9}$$

从图 5-8 中明显看出,由于 f_x、f_y 的存在,使导线不能闭合,1-1′的长度 f_D 称为导线全长闭合差,并用下式计算

$$f_D = \sqrt{f_x^2 + f_y^2} \tag{5-10}$$

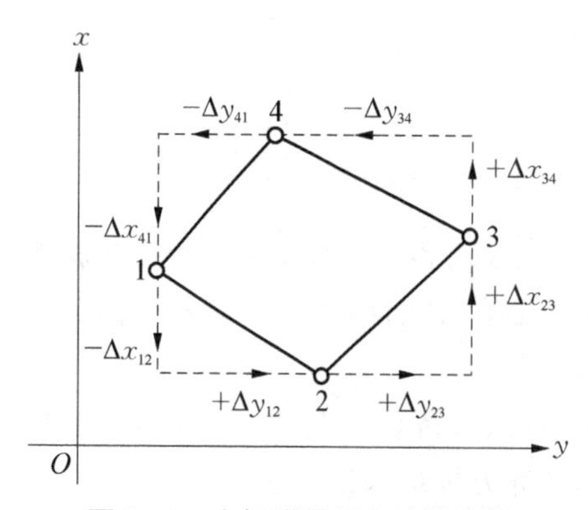

图 5-7 坐标增量闭合差的计算

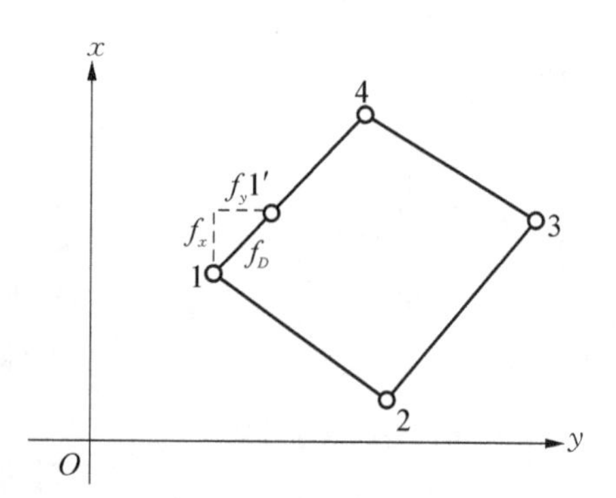

图 5-8 闭合导线增量闭合差

仅从 f_D 值的大小还不能完全评定导线测量的精度,应当将 f_D 与导线全长 $\sum D$ 相比,以分子为 1 的分数来表示导线全长相对闭合差,即

$$K = \frac{f_D}{\sum D} = \frac{1}{\sum D / f_D} = \frac{1}{N} \tag{5-11}$$

导线全长相对闭合差综合反映了导线测角、量边的精度。不同等级导线的全长相对闭合差的允许值是不相同的。对于图根导线来说，其 K 值应小于 1/2 000。若 K 大于允许值，说明导线测角或量边存在粗差，应仔细检查外业记录和内业计算，如确无问题，应认真分析超限原因后重新测量。

若 K 不超过 $K_{容}$，则说明符合精度要求，可以进行增量闭合差调整，即将 f_x，f_y 按照"符号相反，按边长成正比例分配"的原则配赋到各边的纵、横坐标增量中去。以 V_{xi}、V_{yi} 分别表示第 i 边的纵、横坐标增量改正数，D_i 表示第 i 条边的边长，则

$$\left.\begin{aligned} V_{xi} &= -\frac{f_x}{\sum D}D_i \\ V_{yi} &= -\frac{f_y}{\sum D}D_i \end{aligned}\right\} \tag{5-12}$$

纵、横坐标增量改正数之和应满足下式

$$\left.\begin{aligned} \sum V_{xi} &= -f_x \\ \sum V_{yi} &= -f_y \end{aligned}\right\} \tag{5-13}$$

因此，改正后的坐标增量 $\Delta x_i'$、$\Delta y_i'$ 为

$$\left.\begin{aligned} \Delta x_i' &= \Delta x_i + V_{xi} \\ \Delta y_i' &= \Delta y_i + V_{yi} \end{aligned}\right\} \tag{5-14}$$

改正后的坐标增量 $\sum \Delta x_i'$、$\sum \Delta y_i'$ 应等于理论值，如果不等于理论值，说明计算或改正有问题，应仔细检查。如果因改正数计算取位误差，可将残差分配到边长较大的坐标增量中去。

4. 计算各导线点的坐标

坐标增量经改正后，可根据已知点坐标和改正后的坐标增量，计算各导线点的坐标。导线点坐标计算公式如下：

$$\left.\begin{aligned} x_{前} &= x_{后} + \Delta x_i' \\ y_{前} &= y_{后} + \Delta y_i' \end{aligned}\right\} \tag{5-15}$$

计算出最后一点坐标后，还应计算到起始点，以资校核。算例见表 5-4。

【例 5-1】图 5-9 为一闭合导线略图及外业测量数据，假定起点 1 坐标为(500.00，500.00)；测得 1—2 边的方位角为 115°23′00″，试进行其内业计算。

解：将外业观测数据和已知数据填入表 5-3，并按上述的计算步骤进行计算，其结果见表 5-4。

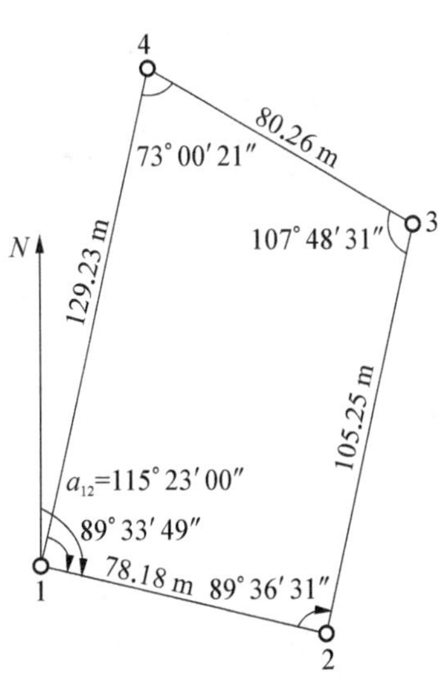

图 5-9 闭合导线实例

表 5-4　闭合导线坐标计算表

点号	角值(左) 观测值	角值(左) 改正后角值	方位角	边长/m	坐标增量/m Δx	坐标增量/m Δy	改正后坐标增量/m Δx	改正后坐标增量/m Δy	坐标/m x	坐标/m y	点号
1	2	3	4	5	6	7	8	9	10	11	
1									500.00	500.00	1
			115°23′00″	78.18	(−0.02) −33.51	(+0.01) +70.63	−33.53	+70.64			
2	(+12″) 89°36′31″	89°36′43″							466.47	570.64	2
			24°59′43″	105.25	(−0.02) +95.39	(+0.02) +44.47	+95.37	+44.49			
3	(+12″) 107°48′31″	107°48′43″							561.84	615.13	3
			312°48′26″	80.26	(−0.02) +54.54	(+0.01) −58.88	+54.52	−58.87			
4	(+12″) 73°00′21″	73°00′33″							616.36	556.26	4
			205°48′59″	129.23	(−0.03) −116.33	(+0.02) −56.28	−116.36	−56.26			
1	(+12″) 89°33′49″	89°34′01″							500.00	500.00	1
			115°23′00″								
2			(检核)						(检核)		
∑	359°59′12″	360°		392.92	+0.09	−0.06	0	0			

辅助计算：

$\sum\beta_{理} = (4-2)\times 180° = 360°$

$f_\beta = 359°59'12'' - 360° = -48'' < f_{\beta容} = \pm 60''\sqrt{4} = \pm 120''$

$f_x = +0.09$ m，$f_y = -0.06$ m，

$f_D = \sqrt{0.09^2 + (-0.06)^2} = 0.108$ m

$K = f_D/\sum D = 0.108/392.92 \approx 1/3\ 638 < 1/2\ 000$

略图

N　4　1　3　2

（二）附合导线坐标计算

附合导线的坐标计算步骤与闭合导线相同。仅由于两者形式不同，致使角度闭合差与坐标增量闭合差的计算稍有区别。下面着重介绍其不同点。

1. 角度闭合差的计算

设有附合导线如图 5-10 所示，根据起始边坐标方位角 α_{AB} 及观测的左角(包括连接角 β_A 和 β_C)可以算出终边 CD 的坐标方位角 α_{CD}。

$$
\begin{aligned}
\alpha_{B1} &= \alpha_{AB} - 180° + \beta_B \\
\alpha_{12} &= \alpha_{B1} - 180° + \beta_1 \\
\alpha_{23} &= \alpha_{12} - 180° + \beta_2 \\
\alpha_{34} &= \alpha_{23} - 180° + \beta_3 \\
\alpha_{4c} &= \alpha_{34} - 180° + \beta_4 \\
+\ \alpha'_{CD} &= \alpha_{4c} - 180° + \beta_c
\end{aligned}
$$

$$
\alpha'_{CD} = \alpha_{AB} - 6\times 180° + \sum\beta_{测}
$$

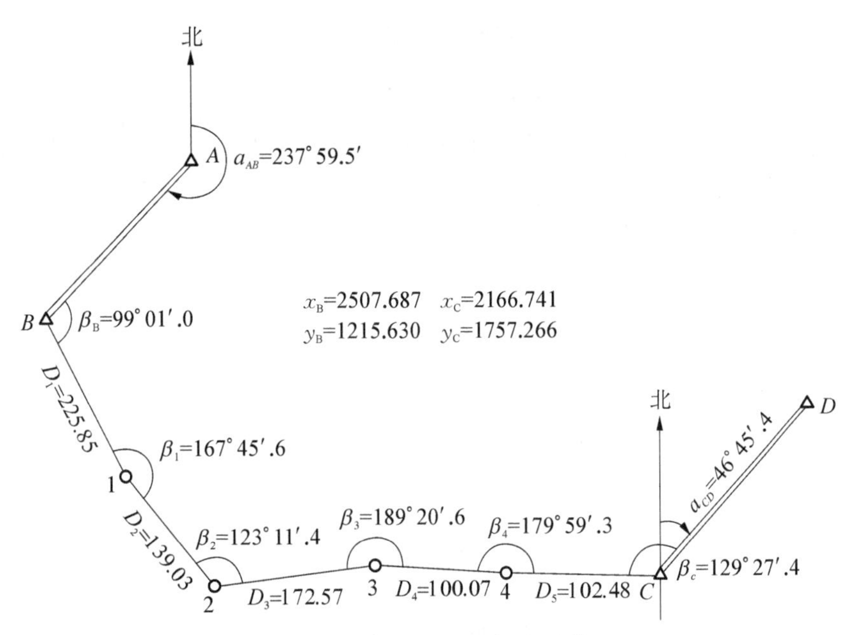

图 5-10　附合导线方位角计算

写成一般的公式为

$$\alpha'_{终}=\alpha_{始}-n\times180^\circ+\sum\beta_{测}$$

角度闭合差 f_β 用下式计算

$$f_\beta=\alpha'_{终}-\alpha_{终}=\alpha_{始}-\alpha_{终}+\sum\beta_{测}-n\times180^\circ \tag{5-16}$$

附合导线角度闭合差调整及各边方位角推算与闭合导线相同。

公式(5-16)为附合导线观测左角时计算角度闭合差的公式。容许闭合差的计算与角度闭合差的调整与闭合导线相同。

注意:若附合导线观测的转折角为右角时,角度闭合差按公式(5-17)计算,角度闭合差调整按相同符合平均分配。

$$f_\beta=(\alpha_{始}-\alpha_{终})+180^\circ n-\sum\beta_{测} \tag{5-17}$$

2. 坐标增量闭合差的计算

附合导线的两端均为已知点,各边坐标增量代数和的理论值应等于终、始两点的已知坐标值之差,即

$$\left.\begin{aligned}\sum\Delta x_{理}&=x_{终}-x_{始}\\ \sum\Delta y_{理}&=y_{终}-y_{始}\end{aligned}\right\} \tag{5-18}$$

由于导线边长测量存在误差,使得按上式计算的 $\sum\Delta x_{测}$、$\sum\Delta y_{测}$,与理论值不相等,两者之差即为坐标增量闭合差,即

$$\left.\begin{aligned} f_x &= \sum \Delta x_{测} - (x_{终} - x_{始}) \\ f_y &= \sum \Delta y_{测} - (y_{终} - y_{始}) \end{aligned}\right\} \tag{5-19}$$

附合导线的导线全长闭合差、全长相对闭合差和容许相对误差的计算，以及增量闭合差的调整，与闭合导线相同。附合导线坐标计算的全过程，见表 5－5 的算例。

【例 5－2】 图 5－11 给出附合导线的略图，表 5－5 给出附合导线的具体算例。

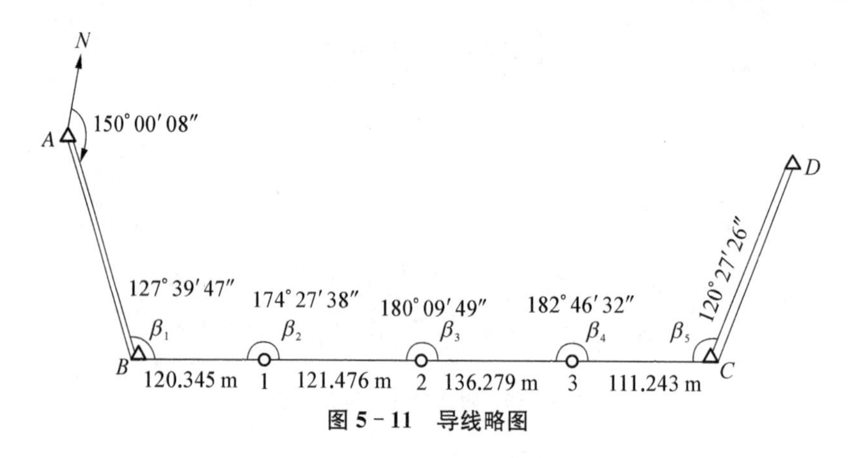

图 5－11　导线略图

表 5－5　附合导线坐标计算表

点号	左角 观测值 (° ′ ″)	左角 改正后角值 (° ′ ″)	方位角 α (° ′ ″)	边长 D (m)	坐标增量计算(m) Δx	坐标增量计算(m) Δy	改正后坐标增量(m) Δx′	改正后坐标增量(m) Δy′	坐标(m) x	坐标(m) y
A										
			150 00 08							
B	(+1″) 127 39 47	127 39 48							500.000	421.375
			97 39 56	120.345	(+0.003) −16.053	(+0.004) +119.270	−16.050	+119.274		
1	(+1″) 174 27 38	174 27 39							483.950	540.649
			92 07 35	121.476	(+0.003) −4.507	(+0.004) +121.392	−4.504	+121.396		
2	(+2″) 180 09 49	180 09 51							479.446	662.045
			92 17 26	135.279	(+0.003) −5.407	(+0.004) +135.171	−5.404	+135.175		
3	(+2″) 182 46 32	182 46 34							474.042	797.220
			95 04 00	111.243	(+0.002) −9.824	(+0.003) +110.808	−9.822	+110.811		
C	(+1″) 120 27 26	120 27 27							464.220	908.031
			35 31 27							
D										
∑	785 31 12	785 31 19		488.343	−35.791	+486.641	−35.780	486.656		

$f_{\beta}=785°31'12''+150°00'08''-35°31'27''-5\times180°=-7''$

$f_{\beta容}=\pm60''\sqrt{5}=\pm134''$

因为 $f_\beta < f_{\beta容}$，

所以精度符号要求，可以计算。

$f_x = -35.791 + 500.000 - 464.220 = -0.011\ \text{m}$

$f_y = 486.641 + 421.375 - 908.031 = -0.015\ \text{m}$

$f_D = \sqrt{f_x^2 + f_y^2} = \sqrt{(-0.011)^2 + (-0.015)^2} \approx 0.018\ 6\ \text{m}$

$K = \dfrac{0.018\ 6}{488.343} \approx \dfrac{1}{26\ 255} < \dfrac{1}{2\ 000}$

(三) 支导线的内业计算

支导线由于不具备检核的条件，因此其内业的计算与闭合导线、附合导线相比，只是不进行角度闭合差及坐标增量闭合差的调整，其导线边的方位角、坐标增量及导线点的坐标等计算方法均相同。

【例 5 - 3】图 5 - 12 中的支导线 2 - 2′，测得导线边 1 - 2 与 2 - 2′的左角∠122′为 138°40′12″，2 - 2′的边长 $D_{22'}$ 为 95.68 m，$x_2 = 466.47$ m，$y_2 = 570.64$ m，求 2′点的坐标。

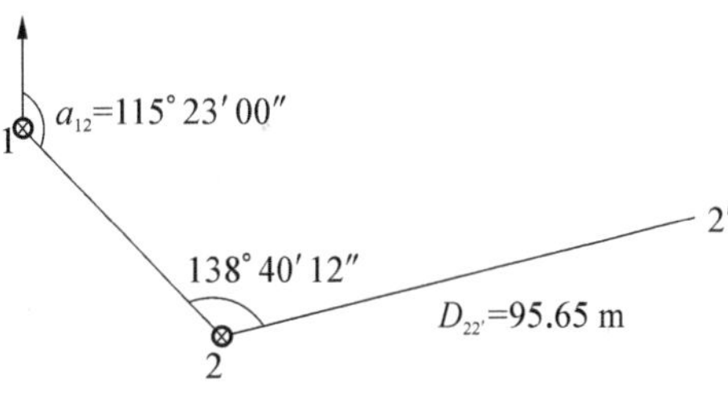

图 5 - 12　支导线方位角计算

解：计算 2 - 2′的坐标方位角

$$\alpha_{22'} = \alpha_{12} + \angle 122' - 180° = 115°\ 23'\ 00'' + 138°\ 40'\ 12'' - 180° = 74°\ 03'\ 12''$$

计算 2 - 2′的坐标增量

$$\Delta x_{22'} = D_{22'} \cos\alpha_{22'} = 95.68\ \text{m} \times \cos 74°03'12'' \approx 26.29\ \text{m}$$

$$\Delta y_{22'} = D_{22'} \sin\alpha_{22'} = 95.68\ \text{m} \times \sin 74°03'12'' \approx 92.00\ \text{m}$$

计算 2′点的坐标

$$x_{2'} = x_2 + \Delta x_{22'} = 466.47 + 26.29 = 492.76\ \text{m}$$

$$y_{2'} = y_2 + \Delta y_{22'} = 570.64 + 92.00 = 662.64\ \text{m}$$

四、查找导线测量中角度或边长错误的简易方法

在导线计算过程中，如发现角度闭合差或全长闭合差大大超过了容许值时，说明测量中存在差错。这时首先检查原始记录是否抄错，其次核对计算过程有无错误；若均确认无误时，可能是外业测角和量边错误，可用以下方法查找后重测。

若错误发生于边长，如图 5 - 13(a)中的 3 - 4 边上错了 4 - 4′，图 5 - 13(b)中的 *de* 边上错了 *ee*′，则闭合差 1 - 1′和 *BB*′将分别与错误边平行；若错误发生于方位角，如图 5 - 14(a)中的 3 - 4 边方位角和图 5 - 14(b)中的 *de* 方位角错了，则闭合差方向将大致垂直于方位角出错的导线边。为了要确定错误所在，就必须先确定闭合差的方向。由图 5 - 14(b)可得闭合差 *BB*′的坐标方位角的公式为：

$$\alpha = \arctan \frac{f_y}{f_x} \tag{5-20}$$

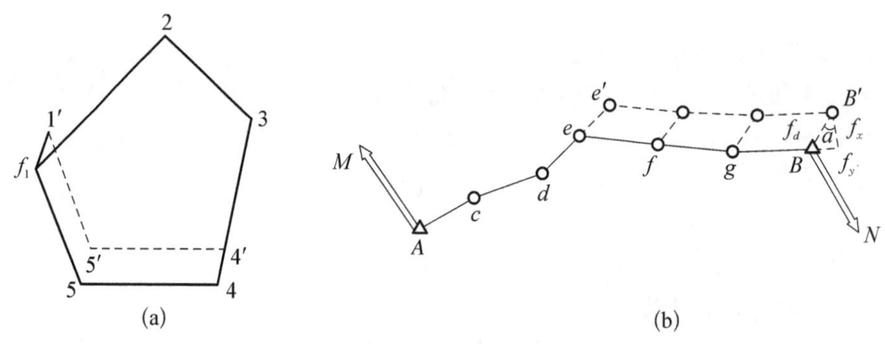

图 5－13　检查导线边错误的方法

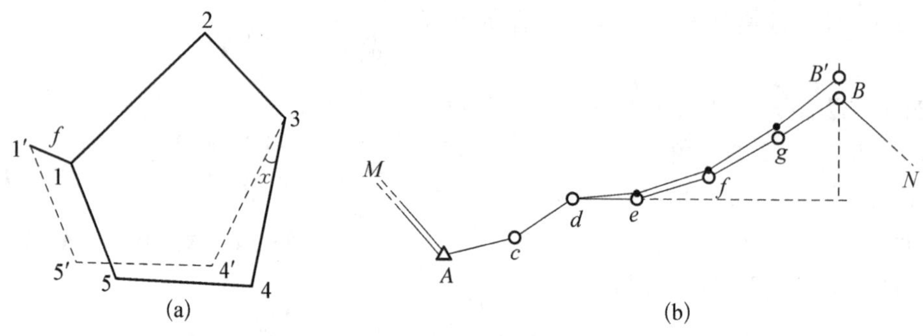

图 5－14　检查导线坐标方位角错误的方法

将 α 值与各导线边的坐标方位角相比较，如有与之相差约 90°者，则检查其坐标方位角有无用错或算错；如有与之大致相等的导线边，则应检查该边长的计算。如果从手簿记录或计算中检查不出错误，则到现场重测相应的角度和边长。

注意：上述查找错误的方法，仅对只有一个错误存在时方为有效。

五、坐标的反算

根据起点的坐标和起点与终点之间的方位角、水平距，推算终点的坐标，称为坐标的正算。

由两点的已知坐标来计算两点间的坐标方位角和水平距，叫作坐标的反算。其方法如下：

1. 根据两点坐标计算方位角

如图 5－15 所示，设 A、B 为已知点，其坐标分别为(x_A, y_A)和(x_B, y_B)，则

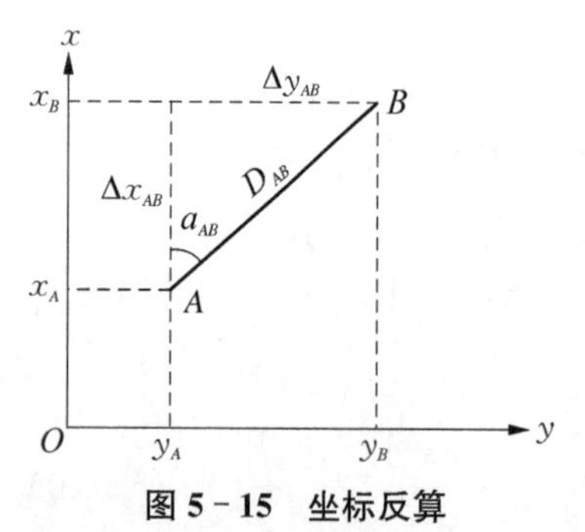

图 5－15　坐标反算

$$\Delta x_{AB}=x_B-x_A,\Delta y_{AB}=y_B-y_A,$$

$$\tan\alpha_{AB}=\frac{\Delta y_{AB}}{\Delta x_{AB}}$$

故
$$\alpha_{AB}=\arctan\frac{\Delta y_{AB}}{\Delta x_{AB}} \tag{5-21}$$

上式求得的 α_{AB} 所在的象限位置，是由 Δx_{AB} 和 Δy_{AB} 的正负符号确定，计算时应注意。

2. 根据两点坐标计算水平距

根据勾股定理可得

$$D_{AB}=\sqrt{\Delta x_{AB}^2+\Delta y_{AB}^2} \tag{5-22}$$

由公式求得 α_{AB} 和 D_{AB} 后，可计算 $D_{AB}\cos\alpha_{AB}$ 与 Δx_{AB}、$D_{AB}\sin\alpha_{AB}$ 与 Δy_{AB} 是否分别相等，若不相等，可能存在 α_{AB} 和 D_{AB} 的计算错误。

【例 5-4】已知 1、2 两点的坐标分别为(198.75，123.32)和(98.45，85.36)，单位 m，求 α_{12} 和 D_{12}。

解：$\Delta x_{12}=98.45-198.75=-100.30$ m，$\Delta y_{12}=85.36-123.32=-37.96$ m

$$D_{12}=\sqrt{\Delta x_{12}^2+\Delta y_{12}^2}=\sqrt{(-100.30)^2+(-37.96)^2}\approx 107.24\ \text{m}$$

则
$$\tan\alpha_{12}=\frac{\Delta y_{12}}{\Delta x_{12}}=\frac{-37.96}{-100.30}\approx 0.378\ 465$$

$$\therefore \alpha'_{12}\approx 20^\circ 43' 48''$$

由于 $\Delta x_{12}<0$，$\Delta y_{12}<0$，故 1-2 线段在第Ⅲ象限，$\alpha_{12}=20^\circ43'48''+180^\circ=200^\circ43'48''$。

【例 5-5】已知：$x_B=500.000$ m，$y_B=410.000$ m，$x_A=560.320$ m，$y_A=350.775$ m，$\beta_1=135^\circ01'00''$，$\beta_2=190^\circ10'20''$，$S_1=D_{BP_1}=25.001$ m，$S_2=D_{P_1P_2}=80.002$ m。求 α_{BP_1}、$\alpha_{P_1P_2}$、x_{P_1}、y_{P_1}、x_{P_2}、y_{P_2}。

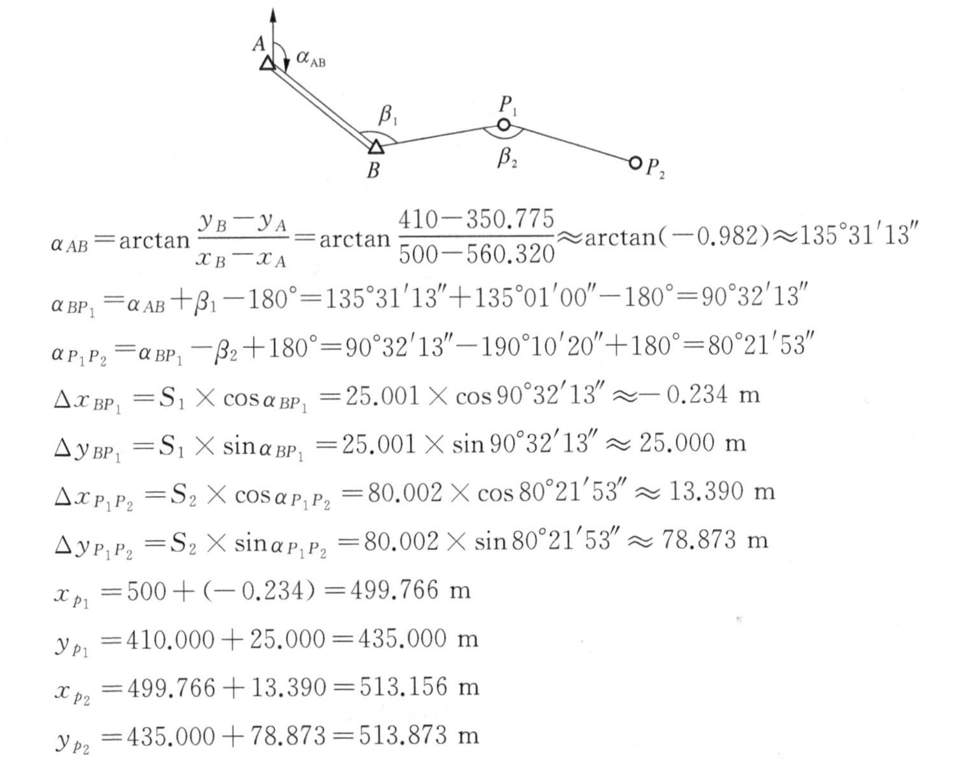

$$\alpha_{AB}=\arctan\frac{y_B-y_A}{x_B-x_A}=\arctan\frac{410-350.775}{500-560.320}\approx\arctan(-0.982)\approx 135^\circ31'13''$$

$$\alpha_{BP_1}=\alpha_{AB}+\beta_1-180^\circ=135^\circ31'13''+135^\circ01'00''-180^\circ=90^\circ32'13''$$

$$\alpha_{P_1P_2}=\alpha_{BP_1}-\beta_2+180^\circ=90^\circ32'13''-190^\circ10'20''+180^\circ=80^\circ21'53''$$

$$\Delta x_{BP_1}=S_1\times\cos\alpha_{BP_1}=25.001\times\cos 90^\circ32'13''\approx -0.234\ \text{m}$$

$$\Delta y_{BP_1}=S_1\times\sin\alpha_{BP_1}=25.001\times\sin 90^\circ32'13''\approx 25.000\ \text{m}$$

$$\Delta x_{P_1P_2}=S_2\times\cos\alpha_{P_1P_2}=80.002\times\cos 80^\circ21'53''\approx 13.390\ \text{m}$$

$$\Delta y_{P_1P_2}=S_2\times\sin\alpha_{P_1P_2}=80.002\times\sin 80^\circ21'53''\approx 78.873\ \text{m}$$

$$x_{p_1}=500+(-0.234)=499.766\ \text{m}$$

$$y_{p_1}=410.000+25.000=435.000\ \text{m}$$

$$x_{p_2}=499.766+13.390=513.156\ \text{m}$$

$$y_{p_2}=435.000+78.873=513.873\ \text{m}$$

任务三　图根点的展绘

测图前，除做好仪器、工具以及相应实地资料准备之外，还要做好测图板的准备工作。它主要包括测量图纸的准备、绘制坐标格网以及展绘图根点等工作，为碎部测量做准备。

一、图纸准备

为了保证测图质量，应选用质地比较好的图纸。对于临时性的测图，可将图纸直接固定在图板上进行测绘；对于那些需要长期保存的地图，为了减少图纸变形，应将图纸裱糊在锌板、铝板或胶合板上。

二、绘制坐标格网

1. 对角线法

为了将图根点根据其平面坐标准确地展绘在图纸上，应先绘制坐标格网。坐标格网一般绘成 50 cm×50 cm 的正方形图幅或者 50 cm×40 cm 的图幅，网格大小为 10 cm×10 cm。坐标格网可用坐标展点仪或坐标格网尺等专用工具进行绘制，也可用精密直尺采用对角线法绘制。

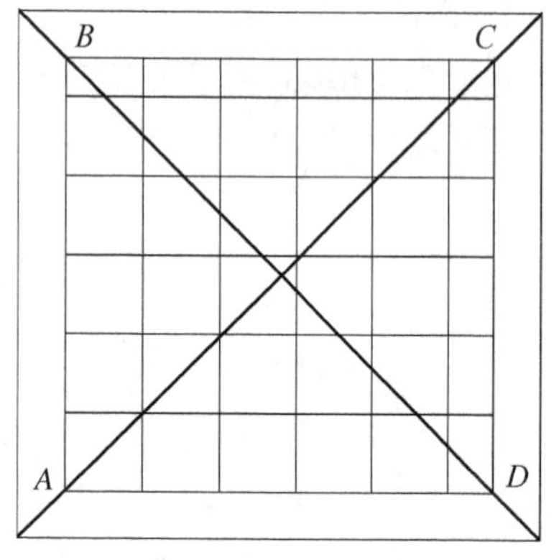

图 5-16　用对角线绘制格网

对角线法绘制坐标格网的具体方法为：如图 5-16 所示，将 $2H$～$3H$ 铅笔削尖，用长直尺沿图纸的对角方向画出两条对角线 AC、BD 线上，以交点为中心，以适当的相同长度在对角线上截取四点 A、B、C、D，将相邻点相连得 $ABCD$；在 AD、BC 线的 A、B 点开始，向右每隔 10 cm 截取一点，同样从 AB、DC 线上，从 A、D 点开始向上每隔 10 cm 截取一点，分别连接对边 AB 与 DC、AD 与 BC 的相应的点，就得由 10 cm×10 cm 组成的坐标方格网。

坐标格网绘制好后，应进行检查，即用直尺检查方格边长（10 cm）的误差不应超过 0.2 mm；对角线长度（14.14 cm）的误差不应超过 0.3 mm；纵横方格网线应严格正交，各方格的相对应角点应在一条直线上，偏离不应大于 0.2 mm。经检查合格后方可使用。

2. 使用 AutoCAD 绘制方格网

利用相关的绘图软件 AutoCAD 在绘图纸上打印出需要的 50 cm×50 cm 的正方形图幅或者 50 cm×40 cm 的矩形图幅。该方法比较简单、准确，但是对仪器的要求比较高，要有较大尺寸的打印机或者绘图仪。

三、展绘图根点

坐标格网检查合格后，即可展绘图根点。展点前应根据图幅所在测区的位置和测图比例尺，将坐标值注记在格网线上，如图 5-17 所示。展点时，先根据先要找到要展绘的点所在的具体小方格，如 2 点的坐标值为 $x_2=466.47$ m、$y_2=570.64$ m，根据格网坐标值可知 2 点位于 $hijk$ 方格内。从 h、k 两点沿 hi、kj 方向量取 20.64 m 得 d、c 两点；再从 k、j 两点按比例尺沿 kh、ji 方向量取 16.47 m 得 a、b 两点，用直线连接 ab、cd 两直线，其交点即为 2 点在图上的位置。同

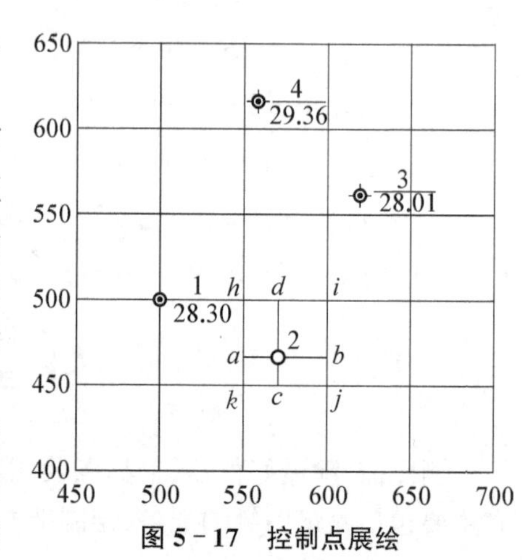

图 5-17　控制点展绘

法逐一展绘其他控制点，展绘结束要按照要求将控制点的位置和高程进行标注，按图式规定绘上图根点符号，在点的右侧画一短线，分子注记上点号，分母注上高程。

同时为保证准确度，要进行相应的检查。其方法是用直尺量出各导线边的距离并与相应边的已知距离相比较，其误差不得超过图上距离±0.3 mm。否则，需要重新展绘。

技能实训

实训一　导线测量

各小组根据地形图的分幅图了解小组的测图范围、控制点的分布，在此基础上在小组的测图范围建立图根控制网。在建立图根控制时，可以根据测区高级控制点的分布情况，布置成附合导线、闭合导线。图根导线测量的内容分外业工作和内业计算两个部分。

一、实训目标

掌握经纬仪导线测量或全站仪一级导线测量的外业方法和内业计算。

二、实训场所

测量实训场。

三、实训形式

每组完成一条闭合导线(4～6 点)的外业工作和内业计算。

四、实训备品与材料

DJ_2电子经纬仪 1 台，J_2全站仪 1 台，小钢尺 1 副，花杆、对中杆各 2 根，棱镜 2 组，工具包 1 个，记录板 1 块，斧子 1 把；自备木桩和铁钉若干个、油漆 1 小瓶、毛笔 1 支、铅笔、小刀、计算器和记录表格等。

五、实训内容与方法

(一) 经纬仪导线测量操作步骤

1. 外业工作

(1) 踏勘选点

各小组在指定测区进行踏勘，了解测区地形条件和地物分布情况，根据测区范围及测图要求确定布网方案。选点时应在相邻两点都各站一人，相互通视后方可确定点位。

选点时应注意以下几点：

① 相邻点间通视好，地势较平坦，便于测角和量边；

② 点位应选在土地坚实，便于保存标志和安置仪器处；

③ 视野开阔，便于进行地形、地物的碎部测量；

④ 相邻导线边的长度应大致相等；

⑤ 控制点应有足够的密度，分布较均匀，便于控制整个测区；

⑥ 各小组间的控制点应合理分布，避免互相遮挡视线。

点位选定之后，应立即做好点的标记，若在土质地面上可打木桩，并在桩顶钉小钉或划“十”字作为点的标志；若在水泥等较硬的地面上可用油漆画“十”字标记。在点标记旁边的固定地物上用油漆标明导线点的位置并编写组别与点号。导线点应分等级统一编号，以便于测量资料的管理。为了使所测角既是内角也是左角闭合导线点可按逆时针方向编号。

(2) 导线转折角测量

导线转折角是由相邻导线边构成的水平角。一般测定导线延伸方向左侧的转折角，闭合导线大多测内角。图根导线转折角可用 6″级经纬仪按测回法观测一个测回。对中误差应不超过 3 mm，水平角上、下半测回角值之差应不超过$\pm 40''$，否则，应予以重新测量。图根导线角度闭合差应不超过$\pm 40''\sqrt{n}$，n 为导线的观测角度个数。

(3) 边长测量

边长测量就是测量相邻导线点间的水平距离。经纬仪钢尺导线的边长测量采用钢尺量距；红外测距导线边长测量采用光电测距仪或全站仪测距。钢尺量距应进行往返丈量，其相对误差应不超过 1/3 000，特殊困难地区应不超过 1/1 000，高差较大地方需要进行高差的改正。

(4) 连测

为了使导线定位及获得已知坐标需要将导线点同高级控制点进行连测。可用经纬仪按测回法观测连接角，用钢尺(光电测距仪或全站仪)测距。若测区附近没有已知点，也可采用假定坐标，即用罗盘仪测量导线起始边的磁方位角，并假定导线起始点的坐标值(起始点假定坐标值可由指导教师统一指定)。

2. 内业计算

在进行内业计算之前，应全面检查导线测量的外业记录，有无遗漏或记错，是否符合测量的限差和要求，发现问题应返工重新测量。

应使用科学计算器进行计算，特别是坐标增量计算可以采用计算器中的程序进行计算。计算时，角度值取至秒，高差、高程、改正数、长度、坐标值取至毫米。

具体计算步骤如下：

(1) 填写已知数据及观测数据

(2) 计算角度闭合差及其限差

(3) 计算角度改正数

(4) 计算改正后的角度

(5) 推算方位角

(7) 计算坐标增量闭合差

(8) 计算全长闭合差及其相对误差

(9) 精度满足要求后，计算坐标增量改正数

纵向坐标增量改正数

$$v_{\Delta x i,\ i+1}=-\frac{f_x}{\sum D}D_{i,\ i+1}$$

横向坐标增量改正数

$$v_{\Delta y i,\ i+1}=-\frac{f_y}{\sum D}D_{i,\ i+1}$$

(10) 计算改正后坐标增量

(11) 计算导线点的坐标

（二）全站仪一级导线测量操作

1. 执行规范

参照 GB 50026—2007《工程测量规范》。

2. 导线形式

三个未知点和一个已知点及已知方向组成的闭合导线(如图 5-18)，四条导线边总长约 800 米。

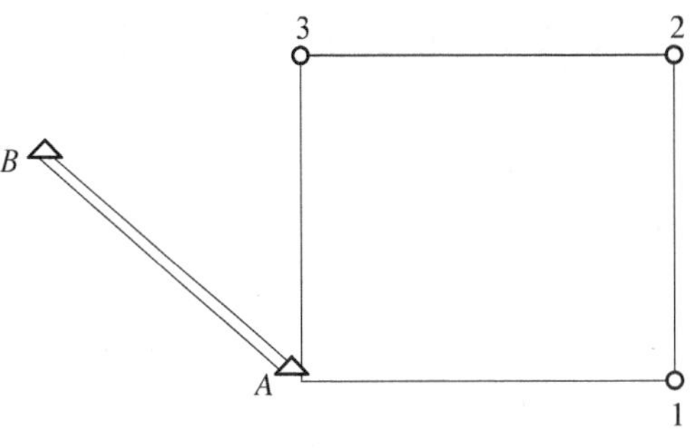

图 5-18 闭合导线示意图

3. 具体内容

(1) 每个小组在规定的时间内独立完成闭合导线中的一个连接角和四个转折角测量；

(2) 每个小组在规定的时间内独立完成闭合导线中的四条导线边测量；

(3) 每个小组根据已知数据在规定的时间内独立完成 3 个指定未知点的平面坐标计算。

4. 训练要求

a. 每个小组必须为 4 人，编号为 1、2、3、4 号，按规范要求独立完成指定闭合导线的全部观测；

b. 各组独立观测一条导线，路线的起始点由老师事先确定，同时提交本组人员编号安排；

c. 每个组员完成一个测站的观测和记录，具体方案如下：

A 号测站点由本组 4 号组员独立进行仪器安置、观测，1 号组员进行记录，计算，2，3 号组员负责安置棱镜。

1 号测站点由本组 1 号组员独立进行仪器安置、观测，2 号同时提交本组人员编号安排进行记录，计算，3，4 号组员负责安置棱镜。

2 号测站点由本组 2 号组员独立进行仪器安置、观测，3 号组员进行记录，计算，1，4 号组员负责安置棱镜。

3 号测站点由本组 3 号组员独立进行仪器安置、观测，4 号组员进行记录，计算，1，2 号组员负责安置棱镜。

d. 仪器操作应符合要求，迁站时全站仪主机必须装箱，手簿应记录完整；

e. 各小组独立作业，不得妨碍或阻挡其他小组的观测。

5. 技术要求

a. 导线观测中角度观测采用测回法观测 2 个测回，距离测量观测 2 个测回，每个测回观测 2 次读数，只进行往测，不进行返测，观测和计算的各项限差见表 5-6、表 5-7；

表 5-6 导线测量观测技术要求

水平角			距离		
测回数	上下半测回较差	同一角两测回较差	测回数	同一测回两次读数较差	两测回间读数较差
2	24″	12″	2	10 mm	15 mm

表 5-7 导线测量成果技术要求

方位角闭合差	导线相对闭合差
$\leqslant \pm 10'' \sqrt{n}$	≤1/15 000

注：表中 n 为转折角的个数。

b. 每测站起始观测应从盘左开始，测回间按规则变换度盘位置，第一测回：0 度附近；第二测回：90 度附近；

c. 光学对中误差小于或等于 2 mm；水准管气泡整平偏差小于或等于 1 格，对中、整平、平移仪器后，应拧紧中心连接螺旋；

d. 盘左照准目标是先起始目标后终始目标，盘右照准目标是先终始目标后起始目标；即盘左顺时针旋转，盘右逆时针旋转；

e. 记录字迹工整、清晰，不得任意修改，记录者必须回报读数。

（三）方格网的绘制及导线点的展绘

在绘图纸上，使用 2H 铅笔，按对角线法（或坐标格网尺法）绘制 50 cm×50 cm 或者 40 cm×50 cm 坐标方格网，格网边长为 10 cm，其格式可参照《地形图图式》。

坐标方格网绘制好后检查以下 3 项内容：① 用直尺检查各格网交点是否在一条直线上，其偏离值应不大于 0.2 mm；② 用比例尺检查各方格的边长，与理论值（10 cm）相比，误差应不大于 0.2 mm；③ 用比例尺检查各方格对角线长度，与理论值（14.14 cm）相比，误差应不大于 0.3 mm。如果超限，应重新绘制。

坐标方格网绘制好后，擦去多余的线条，在方格网的四角及方格网边缘的方格顶点上根据图纸的分幅位置及图纸的比例尺，注明坐标，单位取至 0.1 km。

图 5-19 所示为绘制好的 40 cm×50 cm 图幅的方格网示意图。

在展绘图根控制点时，应首先根据控制点的坐标确定控制点所在的方格，然后用卡规再根据测图比例尺，在比例尺（复式比例尺或三棱尺）上分别量取该方格西南角点到控制点的纵、横向坐标增量；再分别以方格的西南角点及东南角点为起点，以量取的纵向坐标增量为半径，在方格的东西两条边线上截点，以方格的西南角点及西北角点为起点，以量取的横向坐标增量为半径，在方格的南北两条边线上截点，并在对应的截点间连线，两条连线的交点即为所展控制点的位置。控制点展绘完毕后，应进行检查，用比例尺量出相邻控制点之间的距离，与所测量的实地距离相比较，差值应不大于 0.3 mm，如果超限，应重新展点。在控制点右侧按图式标明图根控制点的名称及高程，如图 5-20 所示。

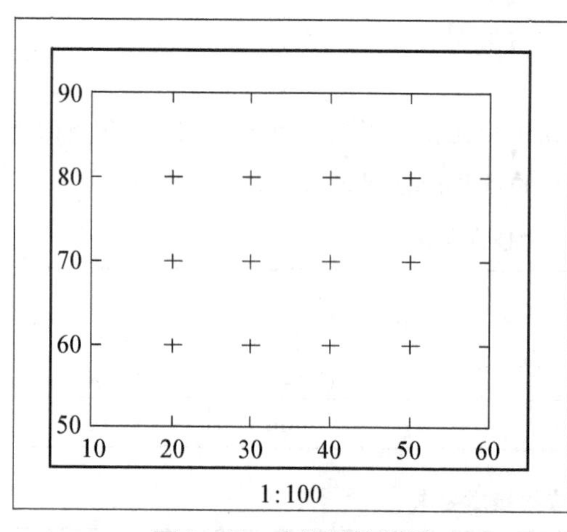

图 5-19　方格网的绘制

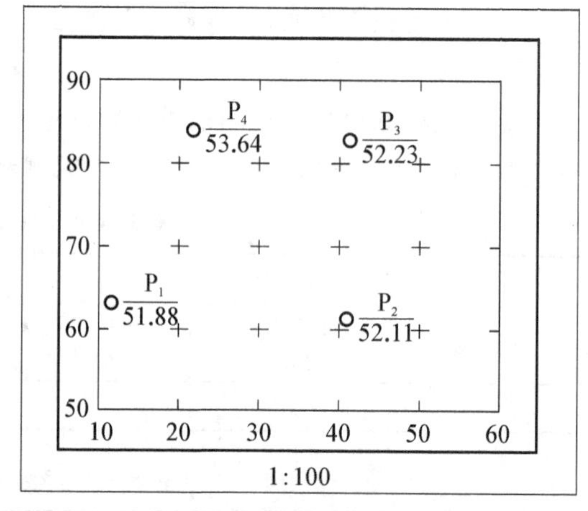

图 5-20　控制点展绘

六、注意事项

1. 导线点间应互相通视，边长以 70～150 m 为宜。若边长较短，测角时应特别注意提高对中和瞄准的精度。

2. 假定起始点坐标为(500.000,500.000)。

3. 限差要求为:同一边往、返测距离的相对误差应小 1/3 000,困难地区应不大于 1/1 000;导线角度闭合差的限差为$\pm 60''\sqrt{n}$,n 为测角数;导线全长相对闭合差的限差为 1/2 000,超限应重测。

七、实训报告

每组每人交"导线测量观测记录表"一套及实习报告一份。

表 5-8　导线测量观测记录表

组号:　　　　　　　　　　　　　　　　计算者:　　　　　　　　　　　　　　　　检查者:

测站	竖盘位置	目标	水平度盘读数(° ′ ″)	半测回角值(° ′ ″)	一测回平均角值(° ′ ″)	各测回平均角值(° ′ ″)	备注
	左						
	右						
	左						
	右						

边名	第一测回平距读数(m)			第二测回平距读数(m)			两测回平距平均值(m)
	第一次	第二次	平均值	第一次	第二次	平均值	

测站	竖盘位置	目标	水平度盘读数(° ′ ″)	半测回角值(° ′ ″)	一测回平均角值(° ′ ″)	各测回平均角值(° ′ ″)	备注
	左						
	右						
	左						
	右						

边名	第一测回平距读数(m)			第二测回平距读数(m)			两测回平距平均值(m)
	第一次	第二次	平均值	第一次	第二次	平均值	

表 5-9　导线测量成果计算表

组号：　　　　　　　　　　计算者：　　　　　　　　　　检查者：

点号	观测角 (°　′　″)	角度改正数 (″)	改正后角度值 (°　′　″)	坐标方位角 (°　′　″)	距离 (m)	坐标增量 Δx(m)			坐标增量 Δy(m)			纵坐标 x(m)	横坐标 y(m)
						计值 (m)	改正值 (mm)	改正后值 (m)	计算值 (m)	改正值 (mm)	改正后的值(m)		
M													
A													
1													
2													
3													
A													
M													
$\sum$													
辅助计算													

思考与练习

一、选择

1. 随着测绘技术的发展，目前建立平面控制网常用的方法有(　　)。

A. 三角测量　　B. 高程测量　　C. 导线测量　　D. GPS 控制测量

2. 导线的布设形式有(　　)。

A. 一级导线、二级导线、图根导线　　B. 单向导线、往返导线、多边形导线

C. 闭合导线、附合导线、支导线　　D. 单向导线、附合导线、图根导线

3. 在新布设的平面控制网中，至少应已知(　　)才可确定控制网的方向。

A. 一条边的坐标方位角　　B. 两条边的夹角

C. 两条边的坐标方位角　　D. 一个点的平面坐标

4. 导线角度闭合差的调整方法是将闭合差反符号后(　　)。

A. 按角度大小成正比例分配　　B. 按角度个数平均分配

C. 按边长成正比例分配　　D. 按边长成反比例分配

5. 某导线全长 620 m，纵横坐标增量闭合差分别为 $f_x=0.12$ m，$f_y=-0.16$ m，则导线全长闭合差为(　　)。

A. -0.04 m　　B. 0.14 m　　C. 0.20 m　　D. 0.28 m

6. 图根导线的导线全长相对闭合差 K 为(　　)。

A. 1/8 000　　B. 1/6 000　　C. 1/5 000　　D. 1/2 000

7. 导线测量工作中，当角度闭合差在允许范围内，而坐标增量闭合差却远远超过限值，说明(　　)有错误。

A. 边长　　B. 角度　　C. 高程　　D.连接角测量

8. 闭合导线和附合导线内业计算的不同点是(　　)。

A. 方位角推算方法不同　　B. 角度闭合差计算方法不同

C. 坐标增量闭合差计算方法不同　　D. 导线全长闭合差计算方法不同

9. 闭合导线观测转折角一般是观测(　　)。

A. 左角　　B. 右角　　C. 外角　　D.内角

10. 五边形闭合导线，其内角和理论值应为(　　)。

A. 360°　　B. 540°　　C. 720°　　D. 900°

11. 某附合导线的方位角闭合差 $f_\beta=+50°$，观测水平角(右角)的个数 $n=5$，则每个观测角的角度改正数为(　　)。

A. $+10''$　　B. $-5''$　　C. $-10''$　　D. $+5''$

12. 实测四边形内角和为 359°59′24″，则四边形闭合差及每个角的改正数为(　　)。

A. $+36''$、$-9''$　　B. $-36''$、$+9''$　　C. $+36''$、$+9''$　　D. $-36''$、$-9''$

13.《工程测量规范》规定，图根导线宜采用 6″级经纬仪(　　)测回测定水平角。

A. 半个　　B. 1 个　　C. 2 个　　D. 4 个

14. 在大比例尺地形图上，坐标格网的方格大小是(　　)。

A. 50×50 cm　　B. 40×50 cm　　C. 40×40 cm　　D. 10×10 cm

二、简答和计算

1. 导线测量的外业工作有哪些？

2. 闭合导线和附合导线计算有何不同？

3. 什么叫经纬仪导线？导线布设的基本形式有哪几种？各在什么情况下使用？

4. 闭合导线坐标增量总和 $\sum \Delta x = +0.38$ m，$\sum \Delta y = -0.48$ m，导线总长 $\sum D =$ 1 325.38 m，试计算导线全长相对闭合差和边长为 125.58 m 的坐标增量改正数。

5. 根据下列已知数据和观测数据计算附合导线 1、2、3 三点的坐标。

表 5-10 附合导线计算表

点号	观测角		方位角 α	边长 D	坐标增量计算(m)		改正后坐标增量(m)		坐标(m)	
	观测值	改正后角值			$\Delta x'$	$\Delta y'$	Δx	Δy	x	y
	° ′ ″	° ′ ″	° ′ ″	(m)						
A										
			290 21 00							
B	291 07 50								8 865.810	5 055.330
				388.06						
1	174 45 20									
				283.38						
2	143 47 40									
				359.89						
3	128 53 00									
				161.93						
C	222 53 30								9 846.690	5 354.037
			351 49 02							
D										
$\sum$										

6. 我们来假定 A 坐标为(3 000.00，3 000.00)，外业来测定导线 $A-1$ 边的坐标方位角为 150°47′29″，各边长数据及闭合导线内角如下图 5-21 所示，请你来计算下面各导线点的坐标。

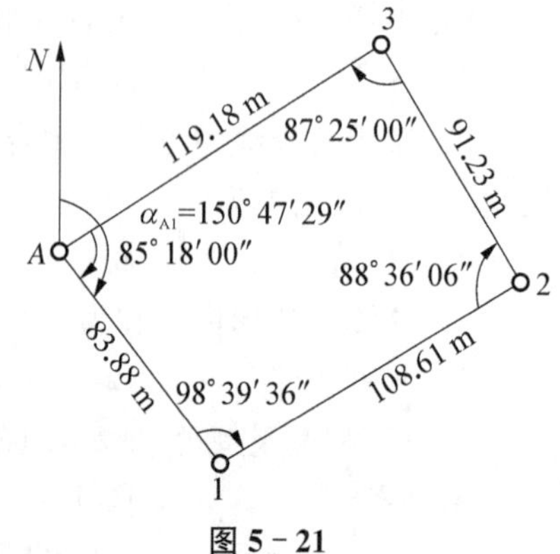

图 5-21

项目六

大比例尺地形图测绘

知识目标

1. 掌握比例尺、比例尺精度的概念，掌握比例尺精度对测图和用图的作用；

2. 掌握等高线及其特性以及等高线表示典型地貌的特征；

3. 掌握测图前的准备工作以及地形图测绘的主要方法和等高线勾绘等；

4. 了解数字化测图系统的构成及测图特点，熟悉数字化测图软件 CASS 的运行环境和基本功能。

能力目标

1. 学会数字化测图软件的安装，能够利用 CASS 绘制地形图；

2. 学会综合取舍测区范围内的地物、地貌，合理地选择碎部点，能够熟练的利用经纬仪进行测图；

3. 根据外业测量成果，能够在纸上正确绘制地物、勾绘等高线，并能对所测地形图进行拼接与检查、整饰与清绘。

任务一　地形图测绘的基本知识

一、比例尺及其精度

地图比例尺是地图重要的数学要素之一，要想知道地图上某一段距离在实地上的长度，就必须知道地图比例尺的概念。

地图比例尺是指地图上某一线段的长度与地面上相应线段的水平距离之比，一般用分子为 1 的分数形式表示。如图上 1 cm 等于地面上 10 m 的水平长度，称为 1∶1 000 的比例尺。

(一) 比例尺的种类

1. 数字比例尺

用分子为 1 的分数表示的比例尺，称为数字比例尺。设图上直线长度为 d，相应于地面上的水平长度为 D，则比例尺的公式为

$$\frac{d}{D}=\frac{1}{M} \tag{6-1}$$

式中分母 M 为缩小的倍数。例如：地面上两点的水平长度为 1 000 m，在地图上以

0.1 m的长度表示，则这张图的比例尺为 0.1/1 000=1/10 000，或记为 1∶10 000。

根据比例尺，便可按图上长度求出相应地面的水平距离；同样，根据地面上量出的水平距离求出在图上的相应长度，即

$$D=Md \tag{6-2}$$

$$d=\frac{D}{M} \tag{6-3}$$

【例 6-1】在 1∶500 的地形图上，量得某田块东边界线长 d=10.6 cm，求它的实地水平距离。

解：$D=Md=500\times10.6\ \text{cm}=5\ 300\ \text{cm}=53\ \text{m}$

【例 6-2】量得某学校一道路水平距离 D=225 m，若绘在 1∶1 000 的地形图上，其图上长度是多少？

解：$d=\frac{D}{M}=\frac{225}{1\ 000}=0.225\ \text{m}=22.5\ \text{cm}$

比例尺的大小，取决于分数值的大小，即分母愈大则比例尺愈小，分母愈小则比例尺愈大。

测量上通常把 1∶500、1∶1 000、1∶2 000、1∶5 000 比例尺的地形图称为大比例尺地形图，比例尺 1∶10 000、1∶25 000、1∶50 000、1∶100 000 比例尺的地形图称为中比例尺地形图，比例尺小于 1∶100 000 的图称为小比例尺地形图。

2. 直线比例尺

为了直接而方便地进行换算，并消除图纸伸缩对距离的影响，可用直线比例尺，以一定长度的线段和数字注记表示的比例尺，称为直线比例尺。如图 6-1 所示为 1∶1 000 的比例尺。其制作方法是：在图上绘一直线，等分为若干段，并以 2 cm（或 1 cm）为一个基本单位，将左边一个基本单位再分为 10 或 20 等分，在右分点上注记 0，自 0 起向左及向右的各分点上，均注记相应的水平距离，即制成直线比例尺。

其使用方法是：将两脚规张开，量取图上两点间的长度，再移到直线比例尺上。右脚针尖对准 0 右边适当的分划上，使左脚针尖落在 0 左边的基本单位内，并读取左边的尾数。如图 6-1 中，将两脚规右脚放在 0 点右边适当划线 20 m 上，使左脚落在 0 点左边的基本单位内，这时可读得相应的实地水平距离 D=23.4 m。

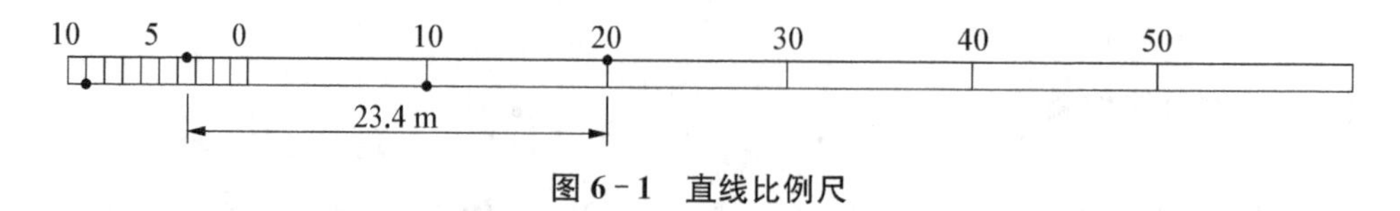

图 6-1 直线比例尺

（二）比例尺精度

在正常情况下，人眼在图上能分辨的两点间最小距离为 0.1 mm，因此，实地平距按比例尺缩绘在图纸上时，不能小于 0.1 mm。相当于图上 0.1 mm 的实地水平距离，称为比例尺的最大精度。它等于 0.1 mm 与比例尺分母 M 的乘积。不同比例尺的相应精度见表 6-1。

表 6-1　不同比例尺的相应精度

比例尺	1∶100	1∶500	1∶1 000	1∶2 000	1∶5 000	1∶10 000
比例尺精度/m	0.01	0.05	0.10	0.20	0.50	1.00

根据比例尺精度，在测图中可解两个方面的问题：一方面，根据比例尺的大小，确定在碎部测量量距时应准确的程度；另一方面，根据预定的距离精度要求，可确定所采用比例尺的大小。例如，测绘 1∶3 000 比例尺地形图时，实地量距精度只要达到 0.3 m 即可，小于 0.3 m，在图上也无法绘出；若要求在图上能显示 0.2 m 的精度，则所用测图比例尺不应小于 1∶2 000。

（三）地图比例尺的应用

1. 如果知道地图上两点间的图上距离为 d，地图比例尺为 $1:M$，则实地水平距离 $D=d\times M$。

例：某地图的比例尺为 1∶500，在图上量得距离 $d=1$ cm 时，相应实地水平距离为：$D=d\times M=0.01\text{ m}\times500=5\text{ m}$。

2. 如果知道地图上的线段长度和相应线段的实地水平距离，则地形图比例尺为：$1/M=d/D=1/(D/d)$。

例：在某地图上量得距离 $d=2$ cm 时，相应实地水平距离量得为 20 m，则该地图的比例尺为 $1/M=d/D=0.02\text{ m}/20\text{ m}=1/1\,000$。

3. 如果知道地图上的面积为 F，地图比例尺分母为 M，则相应的实地面积为 $S=F\times M^2$。

4. 地图比例尺的缩小和放大。

地图比例尺的缩小和放大的公式为：

比例尺放大(缩小)倍数＝原比例尺分母∶放大(缩小)比例尺分母。

例：将 1∶1 千比例尺地图放大 2 倍，放大后地图的比例尺应为多大比例尺？

放大比例尺分母＝原比例尺分母∶放大倍数＝1 000∶2＝500，则放大后地图的比例尺应为 1∶500。

二、地物在地形图上的表示方法

地形是地物和地貌的总称。地物是地面上人工建造或自然形成的具有明显轮廓线的物体，如湖泊、房屋、村镇、河流等。地面上的地物和地貌符号应按照国家测绘地理信息局颁发的《1∶500、1∶1 000、1∶2 000 地形图图式》中规定的符号表示在图纸上。表 6-2 是在国家测绘地理信息局统一制定和颁发的“1∶500、1∶1 000、1∶2 000 地形图图式”中摘录的一部分地物、地貌符号。图式是测绘、使用和阅读地形图的重要依据，因此，在测绘和使用地形图之前，应首先了解地物符号的分类方法。

1. 按符号与地物的比例关系分类

(1) 比例符号

当地物轮廓较大，如森林、湖泊、房屋、运动场等，可将其形状和大小按测图比例尺直接缩绘在图纸上的符号称为比例符号。

在测量和绘制比例地物时，再按照地物实际的大小、形状、方位进行绘制。在用图时，可直接在图上量取地物的面积和大小。

(2) 非比例符号

如纪念碑、井泉、独立树、路灯等地物很小，但是又非常重要时，无法将其形状、大小按测图比例尺绘制在图上，他们的形状和大小无法依比例缩绘到图纸上，只能用规定的符号表示其中心位置，这种符号称为非比例符号。

非比例符号上表示地物实地中心位置的点叫定位点。地物符号的定位点在测图和用图时应注意以下几点：

① 几何图形符号，其定位点在几何图形的中心，如三角点、图根点、水井等；

② 几种几何图形组合成的符号，其定位点在下方图形的中心或交叉点，如路灯、气象站等；

③ 具有底线的符号，其定位点在底线的中心，如烟囱、灯塔等；

④ 底部为直角的符号，其定位点在直角的顶点，如风车、路标、独立树等。

(3) 半比例符号

对于如铁路、电线、沟渠等成带状的狭长地物，其长度可依比例尺缩绘而宽度无法依比例尺缩绘的符号，称为半比例符号。绘图时要使符号的中心线与实际地物的中心位置一致。

(4) 注记符号

用文字、数字或特有符号对地物加以说明的符号称为注记符号。比如城镇、高程、工厂、楼房结构、层数、河流、植被种类符号、水流方向等。

2. 按地物性质分类

按地物性质的不同，地物符号可分为以下几种：

(1) 测量控制点符号。如图根点、水准点、三角点等。

(2) 居民地符号。如窑洞、蒙古包、房屋等。

(3) 独立地物符号。如路灯、水井、独立坟等。

(4) 管线及垣栅符号。如栏杆、围墙、篱笆、铁丝网等。

(5) 境界线符号。如国界、省界、县界、乡界等。

(6) 水系符号。如河流、湖泊、水库、沟渠等。

(7) 道路符号。如铁路、轻轨、阶梯路、小路等。

(8) 土质符号。如石块地、砂地、盐碱地等。

(9) 植被符号。如灌木林、森林、稻田、草地、菜地等。

表 6-2 地物符号摘录

编号	符号名称	图例		编号	符号名称	图例	
		1∶500 1∶1 000	1∶2 000			1∶500 1∶1 000	1∶2 000
1	坚固房屋 4—房屋层数	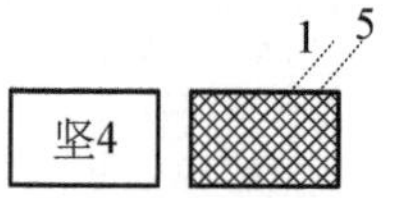 坚4	1.5	3	台阶	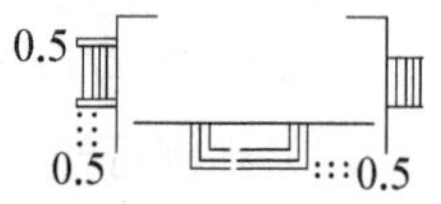 0.5 0.5 0.5	
2	建筑物间的悬空建筑	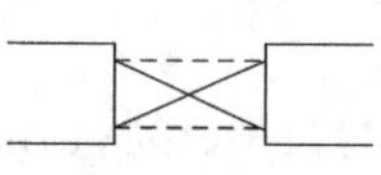		4	图根点 1. 埋石的 2. 不埋石的	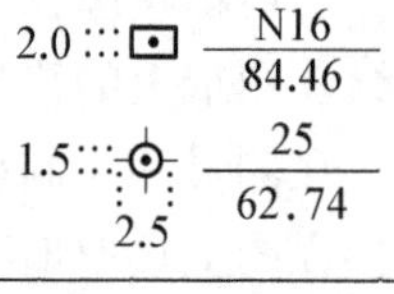 2.0 N16/84.46 1.5 25/62.74 2.5	

续表

编号	符号名称	图例		编号	符号名称	图例	
		1∶500 1∶1 000	1∶2 000			1∶500 1∶1 000	1∶2 000
5	水准点 Ⅱ京石 5 -点名 32.804 -高程	2.0 ⊗ Ⅱ京石5 / 32.804		11	小路	4.0 1.0 0.3	
6	花圃	1.5 1.5 10.0 10.0		12	独立树 1. 阔叶 2. 针叶 3. 果树	1.5 3.0 0.7 3.0 0.7 3.0 0.7	
7	草地	1.5 0.8 10.0 10.0		13	路灯	3.5 1.0	
8	水稻田	0.2 2.0 10.0 10.0		14	灌木丛(大面积的)	0.5 1.0	
9	篱笆	1.0 10.0		15	菜地	2.0 2.0 10.0 10.0	
10	活树篱笆	3.5 0.5 10.0 10.0 0.8		16	栅栏、栏杆	1.0 10.0	

三、地貌在地形图上的表示方法

地貌是指地表面的高低起伏状态，它包括山地、丘陵和平原等。用等高线表示地貌，不仅能表示地面的起伏形态，而且还能科学地表示出地面的坡度和地面点的高程。

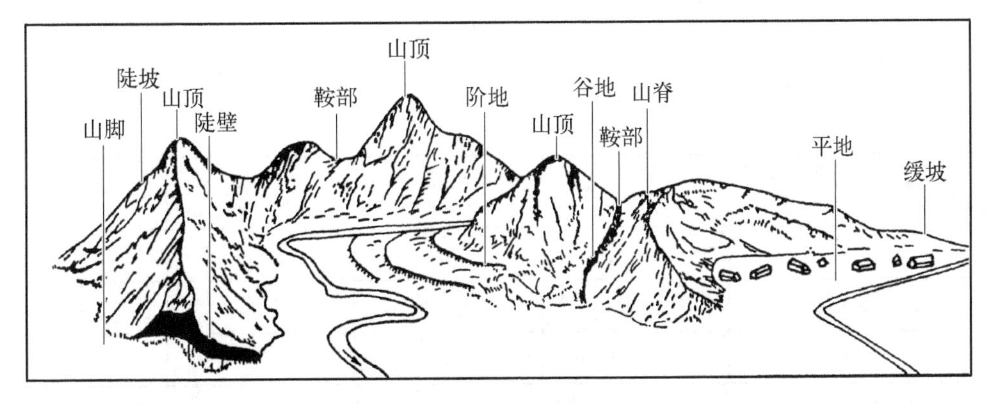

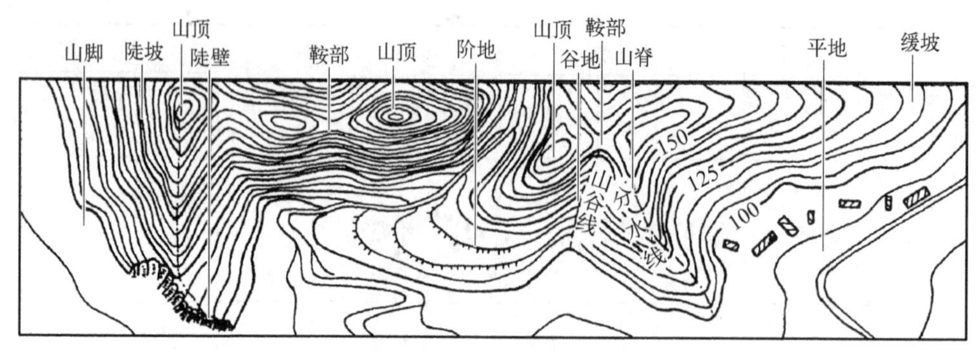

图 6-2　用等高线表示地貌

(一) 等高线表示地貌的原理

等高线是地面上高程相同的点所连接成的连续的闭合曲线。组成地貌的各种细部有许多名称。如图 6-3,有一座山,假想从山底到山顶,按相等间隔把它一层层的水平切开后,便呈现各种形状的截口线。设想把这组实地上的等高线沿铅垂线方向投影到水平面 H 上,并且按照规定的比例尺缩绘到图纸上,就得到用等高线表示该山头地貌的等高线图。由此可见,等高线表示地貌的原理是:从底到顶,相等高度,层层水平,地面截口,垂直投影。

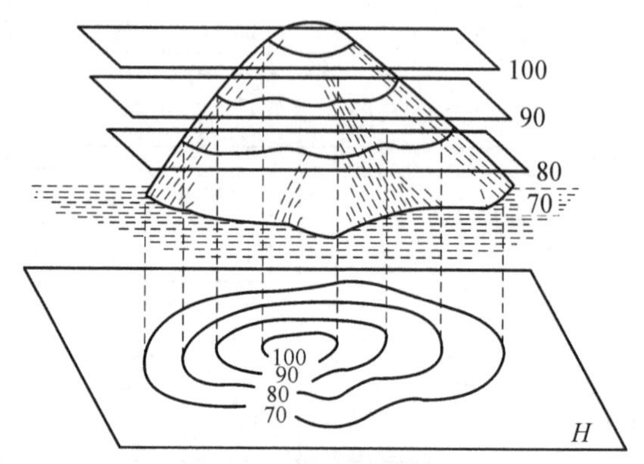

图 6-3　等高线原理

(二) 等高距和等高线平距

等高距是相邻等高线之间的高差,以 h 表示。在同一幅地形图上,等高距是相同的。

等高线平距是相邻等高线之间的水平距离,以 d 来表示。等高线平距越小,地面坡度就越大;平距越大,则坡度越小;坡度相同,平距相等。根据地图上等高线的疏密来判定地面坡度的缓陡。等高距越小,显示地貌越详细;等高距越大,显示地貌越简略,如图 6-4。因此,在测绘地形图时,如何确定等高距是根据测图比例尺与测区地面坡度来确定的。地形测量规范中对等高距的规定见表 6-3。

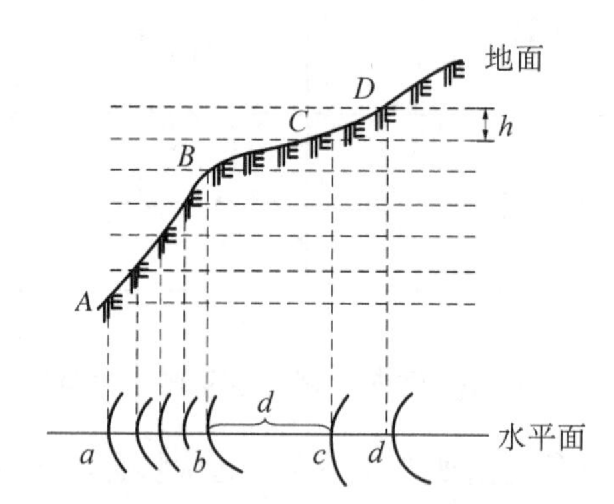

图 6-4　坡度大小与平距的关系

表 6-3　等高距表

地形类别 比例尺	平地 (0°～2°)	丘陵 (2°～6°)	山地 (6°～25°)	高山地 (>25°)
1∶500	0.5	0.5	0.5,1	1
1∶1 000	0.5	0.5,1	1	1,2
1∶2 000	0.5,1	1	2	2

(三) 典型地貌等高线表示方法

地貌尽管千姿百态,变化多端,但归纳起来不外乎由山丘、盆地、山脊、山谷、鞍部等典型地貌所组成。会用等高线表示各种典型地貌,才能用等高线表示综合地貌。

1. 山丘和盆地

隆起而高于四周的高地叫山丘,高大的山丘称山岭。山的最高部分称为山顶,山的侧面部分称为山坡。四周高,中间低的地形称为盆地(面积小的称洼地)。

在地形图上区分山丘和盆地的方法是:凡是内圈等高线的高程注记大于外圈者为山丘,小于外圈者为盆地(洼地)。如果等高线上没有高程注记,则用示坡线表示。示坡线是垂直于等高线的短线,用以指示坡度下降的方向。示坡线从内圈指向外圈,说明中间高,四周低,为山丘。示坡线从外圈指向内圈,说明四周高,中间低,故为盆地。如图 6－5(a)为山丘,6－5(b)为盆地。

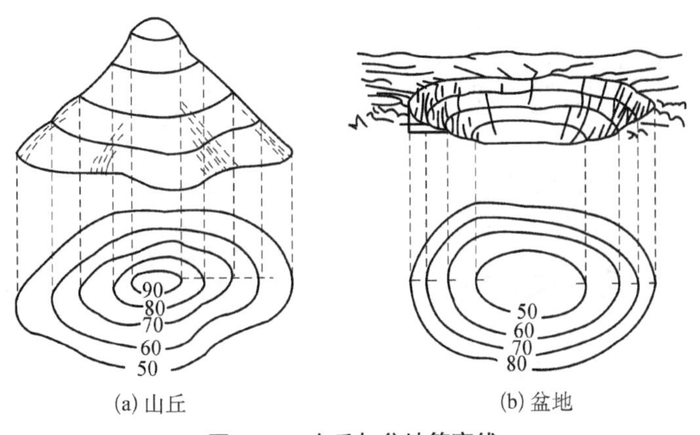

图 6－5　山丘与盆地等高线

2. 山脊和山谷

山脊是沿着一个方向延伸的高地。山脊最高点的连线称为山脊线,即分水线。山脊等高线表现为一组凸向低处的曲线与等高线垂直相交,如图 6－6(a)所示。山谷是沿着一个方向延伸的洼地,位于两山脊之间。山谷的等高线则表现为一组凸向高处的曲线,如图 6－6(b)所示。山脊线和山谷线统称为地性线。而在山谷中,雨水必然由两侧山坡流向谷底,向山谷线汇集,所以,山谷最低点的连线称为集水线或山谷线。

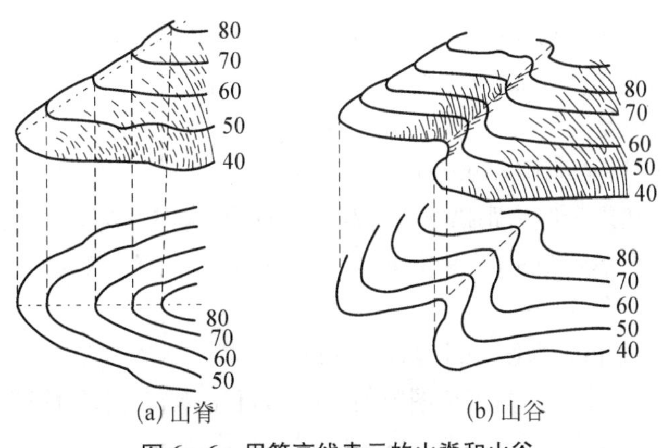

图 6－6　用等高线表示的山脊和山谷

3. 鞍部

鞍部是山脊上相邻两个山顶之间的形似马鞍状的低凹部位。鞍部往往是山区道路通过的地方，也是两个山头和两个山谷相对交会的地方。鞍部等高线的特点是在一圈大的闭合曲线内，套有两组小的闭合曲线，亦可视为两个山头和两个山谷等高线对称的组合而成。如图 6－7 所示。

4. 悬崖和峭壁

近于垂直的陡坡称峭壁，若用等高线表示将非常密集，所以用峭壁符号来代表这一部分等高线。悬崖是上部突出，下部凹进的陡坡。这种地貌的等高线出现相交。这种特殊地貌常用等高线配合特殊符号表示。如图 6－8 所示。

了解和掌握典型地貌等高线，就不难读懂综合地貌的等高线图。

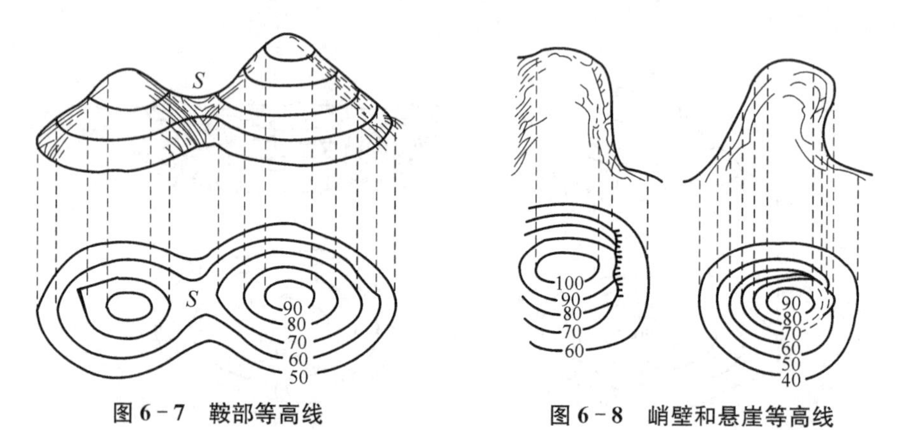

图 6－7　鞍部等高线　　　图 6－8　峭壁和悬崖等高线

(四) 等高线的特性

(1) 等高性。同一条等高线上各点高程相等，但高程相等的点不一定在同一等高线上。

(2) 闭合性。等高线为连续闭合曲线。不在本幅内闭合，就在图幅外闭合。在图幅内只有遇到符号或者数字时才能人为断开。

(3) 非交性。等高线一般不能相交，也不能重叠，只有在悬崖或绝壁的等高线才可能出现相交或者重叠，相交时交点成双出现。

(4) 正交性。等高线与山脊线、山谷线成正交。与山脊线相交时，等高线由高处向低处凸出；与山谷线相交时，等高线由低处向高处凸出。

(5) 疏密性。同一幅地形图内，等高线越密，说明等高线平距越小，表示地面的坡度越陡；反之，坡度越缓；等高线分布均匀，则地面坡度也均匀。

(五) 等高线的种类

(1) 首曲线——基本等高线(intermediate contour)

在同一幅图上，按规定等高距描绘的等高线称首曲线，亦称基本等高线。它用宽度直径为 0.15 mm 的实线表示，如图 6－9 中的 38 m、42 m 等各条等高线，在首曲线上不注记高程。

(2) 计曲线——加粗等高线(index contour)

计曲线亦称加粗等高线。为了读图方便，凡是高程能被 5 倍基本等高距整除的等高线用粗线加粗绘出，其上注有高程，如图中的 40 m 等高线。

(3) 间曲线——半距等高线(half-interval contour)

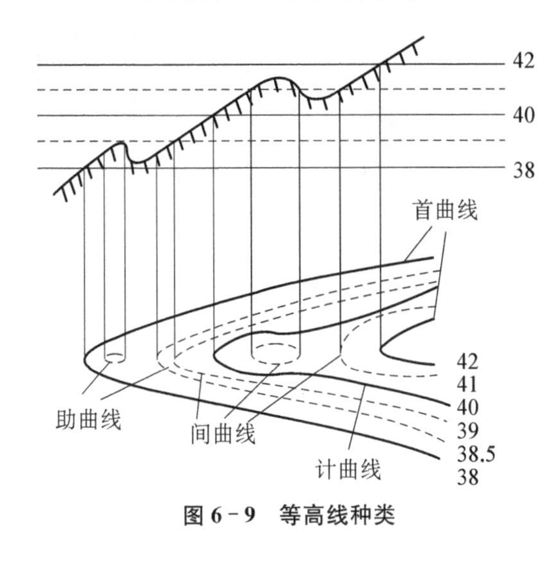

图 6－9　等高线种类

用首曲线不足以表示局部地貌特征时，按 1/2 基本等高距描绘的等高线称为间曲线，在图上用长虚线表示。间曲线可仅画出局部线段，可不闭合，如图 6－9 中的 39 m、41 m 等高线。

(4) 助曲线——1/4 等高线(extra contour)

有时为显示局部地貌的需要，可以按 1/4 基本等高距而绘制的等高线，称为助曲线，一般用短虚线表示，如图 6－9 中的 38.5 m 等高线。

首曲线与计曲线是图上表示地貌必须描绘的曲线，而间曲线与助曲线视需要而定，实际工作中应用较少，如图 6－9 所示。

任务二　碎部测量的方法

一、碎部点的选择

因为地形的特征点是反映地形的关键点，如果将这些点的位置测量准确，则地形的位置、形状、大小、方位等要素也随之确定了。选择地物和地貌的方向转折点和坡度变化点即为地物和地貌特征点。恰当地选择碎部点，将地物地貌正确地缩绘在图上。碎部点选择的越多，地形图就越准确，但工作量大，影响工作进度。选择的太少，地形图的精度得不到保证，所以学会选择碎部点非常重要。

1. 地物特征点的选择

地物主要是测定其平面位置。对于比例地物，特征点位地物轮廓线的方向变化处或者转折处。如房屋、田地、果园、池塘等。轮廓的转折点、弯曲点即为面状地物的特征点。连接这些特征点，可以得到与实地相似的地物形状。

点状地物是指不能在图上表示其轮廓或按常规无法测定其轮廓的地物，如水井、电线杆、独立树等。点状地物的中心位置即为其特征点。线状地物是指宽度很小，不能在图上表示，仅能用线条表示其长度和位置的地物，如小路、小溪等。对于那些不规则的地物形状，一般规定主要地物凸凹部分在图上大于 0.4 mm 均应表示出来，小于 0.4 mm 时，可以用直线去连接。

测绘地物时，既要注意显示和保持地物分布的特征，又要保证图面的清晰容易读取，对待不同的地物必然要有一定的取舍。在地物取舍时要做到测量内容的“难与易”、“主与次”的关系，做到既能真实准确地反映实际地物的情况又具有方便识图和便于使用的特点。

2. 地貌特征点的选择

地貌是地球表面的起伏形态，变化极为复杂。不管地形怎样复杂，都可以把实际地面看成是由许多不同坡度的棱线所组成的多面体。相邻面的相交棱线构成地貌的骨架线，测量上称为地性线，如山脊线、山谷线和山脚线就是最明显的例子。

因此地貌点要选在山顶、山脚、鞍部、山脊、谷底、谷口、地形坡度变化处。地性线的起止点及其转折点(方向和坡度变换点)即为地貌特征点。如果将这些特征点的平面位置和高程测定了,这些地性线就测绘出来了,由这些地性线所形成的面随之而定,从而地貌也就得到客观显示。

图 6-10 选择碎部点示意图

为了能真实地用等高线表示地貌形态,除对明显的地貌特征点必须观测外,还需在其间保持一定的立尺密度,使相邻立尺点间的最大间距不超过表 6-4 的规定。图 6-10 为所选碎部点示意图。

表 6-4 地貌点间距表

测图比例尺	1∶500	1∶1 000	1∶2 000	1∶5 000
立尺点最大间距/m	15	30	50	100

立尺要注意按照一定的线路,有序进行,这样可以节省立尺的线路长度,提高工作效率。一般平坦地区有"由近及远"和"由远及近"两种方法。

由此可见,测绘地形图的基本工作,是如何准确地测定地物特征点和地貌特征点的平面位置和高程,并根据这些特征点的位置描绘地物和地貌。

二、碎部点平面位置的测定方法

1. 极坐标法

极坐标法是在测站点上安置仪器,测定已知方向与所求点方向间的角度,量出测站点至所求点的距离,以确定碎部点位置的一种方法。如图 6-11 所示,A、B 为已知控制点,要测定 a 点,在 A 点安置仪器测定水平角 β,从 A 点量一距离 D 便是 a 点。

2. 方向交会法

方向交会法(又称角度交会法),是分别在两个已知测站点上对同一个碎部点进行方向交会以确定碎部点位置的一种方法。如图 6-12 所示,A、B 为已知控制点,要测定 m 点,分别在 A、B 点安置仪器测定角 α、β,两方向线相交便得 m 点的位置。此法适于测绘量距困难地区的地物点。注意交会角应在 30°～150°。

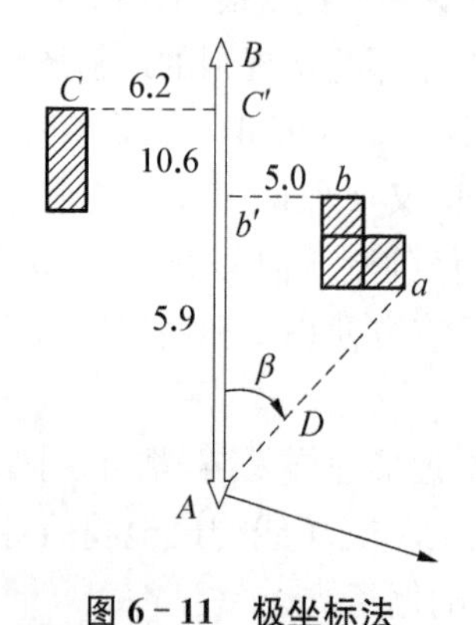

图 6-11 极坐标法

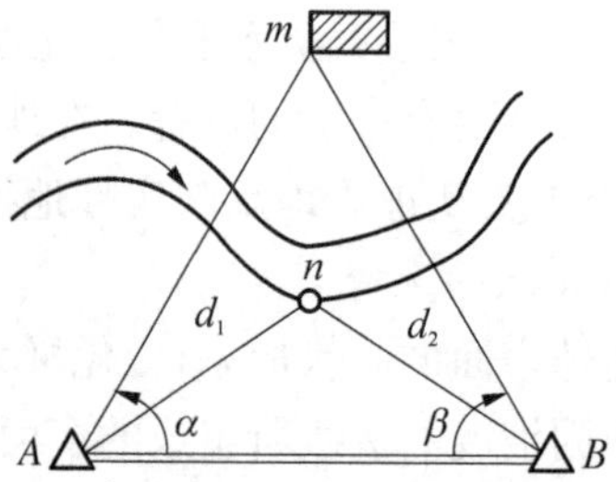

图 6-12 方向交会法和距离交会法

3. 距离交会法

距离交会法是测定两个测站点到同一碎部点的距离来确定待定点的平面位置的方法。如图 6－12 所示，A、B 为已知控制点，要测定 n 点，分别量测 A 到 n 和 B 到 n 的距离 d_1、d_2，即可交会出 n 点的位置。

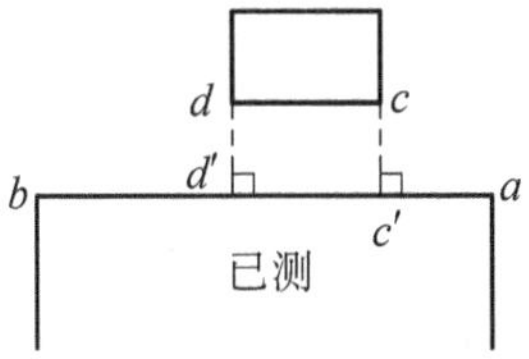

4. 直角坐标法

如图 6－13 所示，在测碎部点 d、c 时，可由 d、c 点向控制边 ab 作垂线得垂足 d'、c'，若量得 A 点至垂足的纵距 $bd'=5.9$ m，$bc'=10.6$ m，量得 d、c 点至垂足的垂距为 $dd'=5.0$ m，$cc'=6.2$ m，则根据两距离即可在图上定出点位。此法适于碎部点距导线较近的地区。

d c d′ b a c′ 已测

图 6－13　直角坐标法

三、经纬仪测绘法

测定碎部点的平面位置和高程，依所用仪器的不同，可分为经纬仪测绘法、光电测距仪测绘法、平板仪测绘法、经纬仪配合平板仪测绘法等几种。在此着重介绍经纬仪测绘法。

此法是将经纬仪安置在测站上，测定测站到碎部点的角度、距离和高差。绘图板安置在旁边，它是根据经纬仪所测数据进行碎部点转绘，并注明高程，然后对照实地描绘地物、地貌。具体操作方法如下：

1. 安置仪器

图 6－14 所示，安置经纬仪于测站 A 点上，量取仪器高 i，记入手簿。绘图员只将图板在 A 点旁边准备好。

图 6－14　经纬仪测绘法

2. 定向

瞄准另一控制点 B，使水平度盘读数为 0°00′00″，作为碎部点定位的起始方向。当定向边较短时，也可用坐标格网的纵线作为起始方向线，方法是将经纬仪照准 B 点，使水平度盘的读数为 AB 边的坐标方位角。

3. 立尺

跑尺员依次将视距尺立在地物或地貌特征点上。跑尺之前，跑尺员应先弄清施测范围和实地情况，选定跑尺点。跑尺应有次序、有计划，要使观测、绘图方便，使自己跑的路线最短，而又不至于漏测碎部点。

4. 观测

转动照准部，瞄准碎部点所立视距尺，调竖盘指标水准管微动螺旋使气泡居中，读取上、中、下三丝的读数及竖盘读数，最后读水平度盘读数，即得水平角 β。同法观测其他碎部点。

5. 记录

将每个碎部点测得的一切数据依次记人手簿中相应栏内，如表 6－5。如遇特殊的碎部点，还要在备注栏中加以说明，如房屋、道路等。

表 6－5　碎部测量记录手簿

仪器型号:＿＿＿＿　测站:＿1＿　起始点:＿2＿　观测者:＿＿＿＿　记录者:＿＿＿＿

观测日期:＿＿＿＿　仪器高＿i=1.42 m＿　测站高程＿H_1=56.32 m＿

碎部点	尺读数			尺间隔 (m)	竖盘读数 (° ′)	竖角 α (° ′)	水平距离 D (m)	高差 h (m)	水平角 β (° ′)	碎步点高程 H(m)	备注
	中丝 (m)	下丝 (m)	上丝 (m)								
1	1.420	1.800	1.040	0.760	93°28′	+3°28′	75.72	+4.59	275°25′	60.91	房角
2	2.400	2.775	2.025	0.750	93°00′	+3°00′	74.79	+2.94	305°30′	59.26	

6. 计算

根据观测数据，用计算器按视距公式可求得平距和高差，并根据测站的高程，算出碎部点的高程。

$$D = kl\cos\alpha^2$$
$$H_{测点} = H_{测站} + \frac{1}{2}kl\sin 2\alpha + i - v \qquad (6-4)$$

7. 展绘碎部点

用小针将量角器(其直径大于 20 cm)的圆心插在图上的测站处，转动量角器，将量角器上等于 β 角的刻划对准起始方向线，则量角器的零方向便是碎部点的方向，如图 6－15。在测图过程中，应随时检查起始方向，经纬仪测图归零差不应大于 4′。为了检查测图质量，仪器搬到下站时，应先观测前站所测的某些明显碎部点，以便检查由两站测得该点的平面位置和高程是否相等。如相差较大，则应查明原因，纠正错误。

此法操作简单、灵活，不受地形限制，边测边绘，工效较高，适用于各类地区的测图工作。此外，如遇雨天或测图任务紧时，可以在野外只进行经纬仪观测，然后以记录和草图在室内进行展绘。这时，由于不能在室外边测边绘，观测和绘图的差错不易及时发现，也容易出现漏测和重测现象。

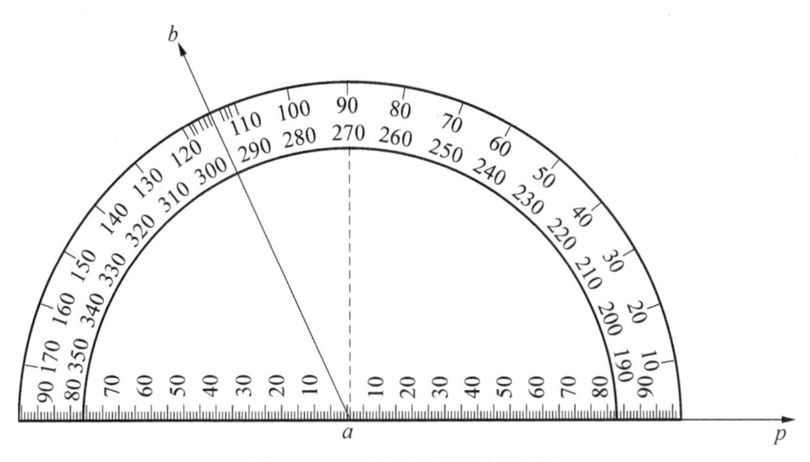

图 6－15 用量角器展绘碎部点

任务三 地形图的绘制

在外业工作中，当我们把碎部点展绘在图纸上以后，就可对按照实际地形的变化情况随时描绘地物和等高线。

在测绘地物、地貌时，要遵守“看不清不绘”的原则。地形图上的各种线划、符号和注记应在现场完成。

一、地物绘制

地物绘制按规范和图式的要求，经过合理的综合取舍，将各种地物表示在图上。绘制时，如能按比例大小表示的地物应边测边绘，房屋轮廓需用直线连接起来，即把相邻点用直线连接起来；而对道路、河流等弯曲部分，应对照实地情况逐点连成光滑的连续曲线；对不能按比例大小表示的地物，可在图上先绘出其中心位置，并注明地物名称，在整饰图面时，再用规定符号准确地描绘出来。

在绘制地物的过程中，要随时与现场情况相对比，若发现图形与实地情况不相符时，应查明原因，即时纠正。

二、地貌勾绘

勾绘等高线时，首先用铅笔轻轻描绘出山脊线、山谷线等地性线，再根据碎部点的高程勾绘等高线。特殊地貌如悬崖、峭壁、陡坎和冲沟等，应按图式规定的符号表示。

勾绘等高线时，要对照实地情况，先画计曲线，后画首曲线，并且注意等高线通过山脊线、山谷线的走向。

（一）等高线勾绘原理

当图上有足够数量的地貌特征点后，把同一地性点连接起来，然后根据地形点的高程勾绘等高线。

勾绘等高线时，首先把同一地性线的地貌特征点连接起来，以便得到地貌的基本轮廓，一般是随测随连，虚线表示山谷线，实线表示山脊线；然后在相邻两地貌点之间按基本等高距内插等高线的通过点;最后根据等高线的性质,对照实地地形勾绘出等高线。

内插等高线通过点有以下三种方法。

1. 解析法

内插等高线时,可按高差与平距成正比关系处理,可求出等高线在两地貌点间应通过的位置。如图 6-16 所示,A 和 B 两地形点的高程分别为 52.8 m 和 57.4 m,则当取等高距 $h=1$ m 时,就有 53、54、55、56 及 57 m 的 5 条等高线通过。

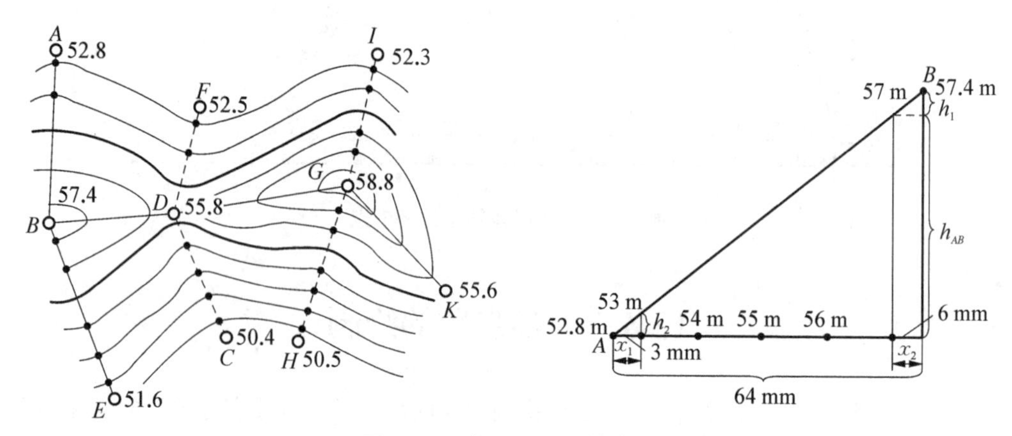

图 6-16　解析法绘制等高线

先求 A、B 两点的高差 h_1 为 4.6 m,量出 A、B 两点间的图上距离 d_{AB} 为 64 mm;然后计算出 A 点到 53 m 的图上距离 x_1 为 3 mm,B 点到 57 m 的图上距离 x_2 为 6 mm 那么,中间进行平分,然后用直尺量取这些长度,即得相应高程的等高线通过点。

等高线通过点的位置计算步骤如下:

$$h_{AB}=57.4\ \text{m}-52.8\ \text{m}=4.6\ \text{m}$$

$$d_{AB}=64\ \text{mm}\quad h_1=0.4\text{m}\quad h_2=0.2\text{m}$$

$$\frac{x_1}{0.2\ \text{m}}=\frac{64\ \text{mm}}{4.6\ \text{m}}$$

$$x_1=\frac{0.2\ \text{m}\times 64\ \text{mm}}{4.6\ \text{m}}\approx 3\ \text{mm}$$

$$\frac{x_2}{0.4\ \text{m}}=\frac{64\ \text{mm}}{4.6\ \text{m}}$$

$$x_2=\frac{0.4\ \text{m}\times 64\ \text{mm}}{4.6\ \text{m}}\approx 6\ \text{mm}$$

同法内插出其它地性线上的等高线通过点,最后,将相邻等高的点按实地情况连成圆滑的曲线即成等高线图。

2. 图解法

在透明纸上画等距平行线,平行线间距和数目视地形坡度和绘图比例尺而定,陡坡地区可增加根数和缩小间距。已知 A 点高程为 52.8 m,B 点高程为 57.4 m,现在要求 A、B 两点间的等高线通过点,将透明纸蒙在 A、B 上移动,使 A、B 两点分别位于 52.8 和 57.4 m 时,把 AB 连线,则直尺与 53、54、55、56、57 各平行线的交点,即为相应高程的等高线通过点，用小针透刺各交点于图上即可。此法操作方便，精度也高，是地形测量中的常用方法，如图 6-17 所示。

3. 目估法

根据解析法的原理用目估法在相邻的特征点间按其高程之差来确定等高线通过的点。同理可依次在相邻的高程点间确定出整米的高程点。最后根据实际地貌情况，把高程相同的相邻点用光滑曲线连接起来，勾绘成等高线图。

如图 6-18 中，A、B 两点高程分别为 52.5 m 和 57.8 m，设基本等高距为 1 m，则两点间有 53 m、54 m、55 m、56 m 和 57 m 等 5 条等高线通过。A 点与 53 m 等高线的高差为 0.5 m，从 AB 线上估计出 0.5 m 高差相应的图上位置，确定临近 A 点 53 m 线的通过点，这叫作"取头"。用同样办法把临近 B 点的 57 m 等高线通过点确定出来，叫作"定尾"。中间按等分法确定出其它等高线的通过点。

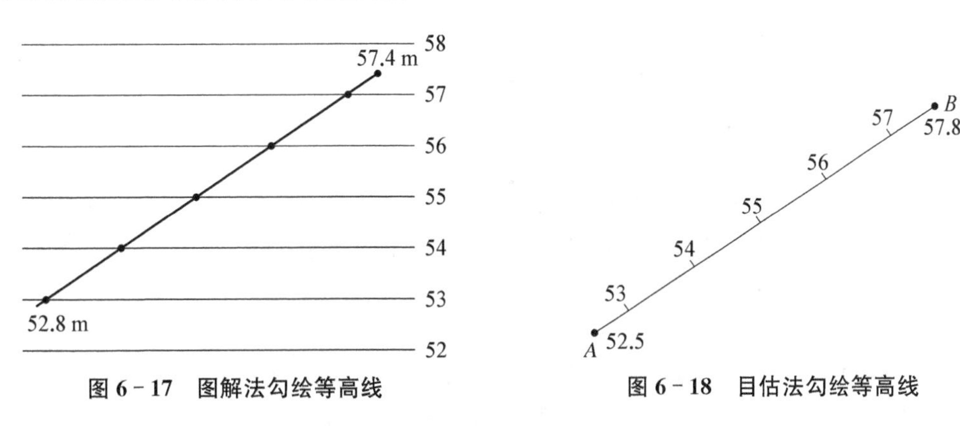

图 6-17　图解法勾绘等高线　　图 6-18　目估法勾绘等高线

具有一定的插绘经验的测量绘图人员才能采用目估法插绘等高线。初步"取头定尾"确定等高线通过点有明显的误差，在整理地形图的时候应进行第二次调整，直至达到等高线插绘要求的精度。

三、地形图的拼接与检查和整饰

(一) 地形图的拼接

在采用分幅测图时，在相邻图幅接边处，由于测量和绘图有误差，使地物轮廓线和等高线不能完全吻合，如图 6-19 所示，左、右相接两图衔接处的道路、房屋、等高线都有偏差，因此，有必要对它们进行改正。

为了图的拼接，测绘时每幅图的四周图边应测出图廓外 5 mm，使相邻图幅有一条重叠带，便于拼接检查。若有房屋等块状地物，应测完其主要角点；若有电杆、道路等线状地物，应多测一段距离以确定其走向；若是无拼接的自由图边，测绘时应加强检查，确保无误。

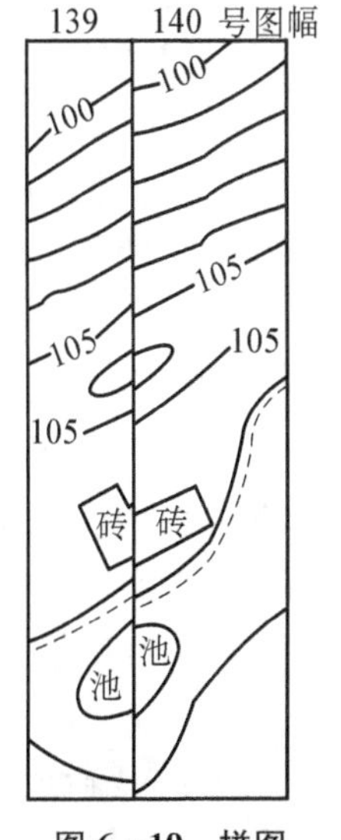

图 6-19　拼图

如测图用的是裱糊图纸，则需要用一条宽 4～5 cm，长度与图边相应的透明纸条，先蒙在左图幅的东拼接边上，用铅笔把图边处的坐标网线、地物、等高线描在透明纸条上，然后把透明纸按网格对准蒙在右图幅的西拼接边上，若接边两侧同一地物、同高程的等高线的位置偏差不超过表 6-6 和表 6-7 中规定的中误差的 $2\sqrt{2}$ 倍，可将其平均位置绘在透明纸带上（又称接图边），并以此作为相邻两图幅拼接修改的依据。如遇到图纸伸缩，应按比例改正，一般可按照图廓网格进行拼接。

表6-6 地物点点位中误差与间距中误差

地区类别	点位中误差（图上）/mm
城市建筑区、平地和丘陵地	±0.5
山地、旧街坊	±0.75

表6-7 等高线内插点的高程中误差

地形类别	平地	丘陵地	山地	高山地
高差中误差/等高距	1/3	1/2	2/3	1

（二）地形图的检查

为了确保地形图质量，除施测过程中加强检查外，当地形图测完以后，测量小组应再做一次全面检查，即自检。然后根据具体情况，由上级组织互检或专门检查。

1. 自查

每幅图的完成，先在图板上检查地物、地貌位置是否正确，符号是否按图式规定表示；等高线与地貌特征点的高程是否相符合，有无矛盾之处；图边拼接有无问题等。如果发现有错误或疑点，应该立即更正。

2. 验收检查

（1）仪器检查。通常仪器检查碎部点的数量为测图数量的10%。检查方法可用重测方法，即与测图的相同方法，也可以变换测量的方法。

（2）巡视检查。对于图面上未做仪器检查的部分，仍需手持图纸与实地进行对照，主要检查地物、地貌有无遗漏；用等高线表示的地貌是否符合实际情况；地物符号、注记是否正确等。

无论使用哪种方法检查，应将检查结果记录下来。最后计算出检查点的平面位置平均最大误差值及平均中误差值。并以此作为评估测图质量的主要依据。

（三）地形图的整饰

（1）擦掉一切不必要的线条，对地物和地貌按规定符号描绘；

（2）文字注记应该在适当的位置，能说明需要注记的地物和地貌情况，又不遮盖符号。字头一律朝北写，字体要端正清楚；

（3）画图幅边框，注出图名、图例、比例尺、测图单位和日期等图面辅助元素。

（四）图纸的清绘

清绘是在整饰的铅笔原图上，按照原来线划符号注记位置用绘图小钢笔上墨线，使底图成为完整、清洁的地形原图。

清绘次序为：

（1）内图廓线；

（2）注记；

（3）控制点、方位标及独立地物；

（4）居民地、墙、道路；

(5) 水系及其建筑物;
(6) 植被及地类界;
(7) 地貌;
(8) 图幅整饰。

任务四 数字化测图

随着科学技术的发展,计算机及各种先进的数据采集和输出设备得到广泛的应用,促进了测绘技术向自动化、数字化的方向发展,也促进了地形及地籍测量从白纸测图向数字化测图变革,测量的成果不再是绘制在纸上的地图,而是以数字形式存储在计算机中可以传输、处理、共享的数字地图。数字化测图作为一种先进的测量方法,其自动化程度和测量精度均是其它方法难以达到的。数字化测图是大比例尺测图理论与实践的进步。目前,数字测图正处在蓬勃发展的时期,还需不断深入地研究它的理论和方法,使之在广泛的实践中得到创新和完善。数字化测图已经逐步替代白纸测图成为地形测绘和地籍测量的主流,并最后形成新的学科体系。

一、数字测图概述

(一) 数字化测图系统的组成

数字化测图实质是一种全解析的方法。它是以计算机为核心,在外联输入输出设备的支持下,对地形和地物空间数据进行采集、输入、成图、绘图、输出、管理的测绘方法。

数据采集设备采集地形或地籍数据输入计算机,由计算机内的成图软件进行处理、编辑,生成我们所需要的地图,并控制绘图仪输出可视的图件。在实际工作中,大比例尺数字测图一般指地面数字测图,也称全野外数字测图。全野外数字化测图与白纸测图定点的基本原理是一样的,同样是要进行控制测量和碎部测量。全野外数字化测图是应用全站型电子速测仪等测量仪器在实地采集数据,然后用计算机处理,与绘图仪或打印机联机,自动绘图和打印测量成果,最后将图形数据和属性数据存盘。地图数字化是利用数字化仪对已有的图件进行数字化,将图件上的各种要素以一定的规则输入计算机编辑处理。数字化测图是一种先进的测量方法,与白纸测图相比具有明显的优势,是未来主要的成图方法。它具有自动化程度高,现势性强,整体性强,适用性强,精度高的特点。

(二) 数字化测图的特点

1. 测图与用图的自动化

① 测图的自动化。数字化测图能自动记录、自动解算、自动成图、自动绘图,向用图者提供可处理的数字化地图。

② 用图的自动化。计算机与绘图仪联机时,可以绘制各种比例尺的地形图和专题图;计算机与打印机连接,可以打印所需的各种数据或图形等资料信息。

2. 测图产品的数字化

① 便于成果的更新。数字化测图的成果是以点的定位信息和属性信息存入计算机的,当实地情况发生改变时,只需要输入变化信息的坐标和代码,经过编辑,即可得到更新后的图。

② 避免图纸伸缩带来的误差。数字化测图的成果以数字信息进行储存,不像图纸会随时间推移而发生变形,从而避免了对图纸的依赖。

③ 方便成果的深加工利用。数字化测图实行分图层管理,可将地面信息无限存放,不受图面负载量的限制,从而便于成果的深加工利用,拓宽了测绘工作的服务面。

3. 测图成果的精度高

数字化测图中,野外采集的数据经过自动记录、传输、处理、绘图,不但提高了工作效率,而且减少了测量错误的发生,使数据的精度毫无损失。

4. 便于建立地理信息系统(GIS)

地理信息系统具有方便的信息查询检索功能、空间分析功能和辅助决策功能,建立 GIS 的主要任务就是数据采集,而数字化测图能够提供现势性较强的基础地理信息,经过格式转换,可直接进入 GIS 的数据库。

(三) 数字化测图数据的采集与处理

利用全站仪进行野外实地测量,可将采集的数据直接传输到电子手簿或计算机,因电子记录无精度损失,加之测量精度很高,所以,全站仪地面数字化测图已成为大比例尺地形测图的主要方法。全站仪数字测图同样可采用"从整体到局部、先控制后碎部"的作业步骤,但为了充分发挥全站仪的特点,图根控制测量与碎部测量可同步进行,即在进行图根控制测量时,同步测量测站点周围的地形,并实时计算出各图根点和各碎部点的坐标。

1. 在测区内踏勘、选点

根据测区内地形复杂程度、隐蔽情况以及比例尺的大小,综合考虑图根点的个数,然后在测区内选点并打桩或埋石。一般在平坦而开阔地区,当测图比例尺为 1∶2 000 时,每平方千米图根点不应少于 4 个,1∶1 000 比例尺测图不少于 16 个,1∶500 比例尺测图不少于 64 个。

2. 利用全站仪采集数据

① 在通视条件良好的已知控制点 A 上安置全站仪,量取仪器高,启动仪器,进入数据采集状态。

② 选择保存数据的文件,设置测站点、定向点,然后照准定向点进行定向。

③首先测出下一个导线点 B 的坐标,然后再施测测站 A 周围碎部点的坐标,并边观测边绘制草图。

④ 每观测一个点,观测员都要核对测点的点号、属性、棱镜高,并存入全站仪的内存中。

⑤ 在野外采集碎部点数据时,测站与测点处的工作人员必须时时保持联络,每当测量完一个测点后,观测员都要将测点的点号告知绘制草图者,以便核对全站仪内存中存储的点号是否与草图上标注的点号一致。

⑥ 将仪器搬到测站 B,同法先观测第三个导线点 c 的坐标,然后再观测测站 B 周围碎部点的坐标,并绘制草图。

⑦ 以此类推,当仪器搬迁到最末一个测站上时,还应测出第一个测站点 A 的坐标,并与其已知坐标进行比较,两者之间的差值即为该导线的闭合差。

⑧ 当闭合差在限差范围内时,则可平差并计算各导线点的坐标,然后根据导线点平差后的坐标值,重新计算各碎部点的坐标;若闭合差超限,则要返工重测,直至闭合差符合要

求；最后再利用数字测图软件成图。

为了充分利用现有的测绘成果，纸质地形图、航空航天遥感像片、图形或影像资料等都可作为数字化测图的信息源，但必须将其转换成计算机能够识别和处理的数据。使用数字化仪可将纸质原图转换为数字化地图，然而转换后的地图精度低于原图，并且操作数字化仪时作业员容易疲劳、效率低，故目前多采用扫描仪进行转换；利用航空摄影测量在测区内所获得的立体像对，在解析测图仪上或经改装的立体量测仪上采集地形特征点，也可进行数字信息的转换。

3. 数据处理与图形输出

数据处理主要指数据采集后到图形输出前对各种图形数据的处理，包括数据传输、数据预处理、数据转换、数据计算、图形生成、图形编辑与整饰、图形信息的管理与应用等，它是数字化测图的关键。经过数据处理后，可产生平面图形数据文件和数字地面模型文件，然后将“原始图”修改、编辑和整理，加上文字和高程注记，并填充上各种地物符号，最后再经过图形拼接、分幅和整饰，就可得到一幅规范的地形图。

数字化地图是一个图形文件，它既可以永久地保存在磁盘上，也可以转换成地理信息系统所需的图形格式，用以建立或更新 GIS 图形数据库。图形输出是数字化测图的主要目的，通过对图层的控制，可编制和生成各种专题地图，从而满足不同用户的需要。

（四）数字化测图系统的硬件环境

1. 数字化测图系统硬件的功能

数字测图系统是以计算机为核心的，它的硬件由计算机主机、电子全站仪、数据记录器（电子手簿）、数字化仪、打印机、绘图仪及其输出输入设备组成。

电子全站仪采集野外数据通过数据记录器（电子手簿、PC 卡）输入计算机。功能较全的全站型电子速测仪可以直接与计算机进行数据传输。计算机包括台式、便携式 PC 机等。若用便携式机作电子平板，则可将其带到现场，直接与全站仪通信，记录数据，实时成图。

绘图仪和打印机是数字化成图系统不可缺少的输出设备。数字化仪通常用于现有地图的数字化工作。其他输入输出设备还有图像/文字扫描仪、磁带机等。计算机与外接输入输出设备的连接，可通过自身的串行接口、并行接口及计算机网络接口实现。

2. 数字化测图系统硬件组成

(1) 计算机硬件

计算机硬件是数字测图系统的核心。计算机的硬件由中央处理器（CPU）、存储器、输入输出设备组成。硬件性能指标是评价计算机性能的主要依据。

中央处理器是计算机硬件的核心，计算机的运算是由 CPU 完成的。CPU 还控制着存储器和输入输出设备，其运算速度和处理能力决定了计算机的运算速度和处理能力。

存储器是计算机主机内部存放指令和数据的部件，又称为内存。程序必须放在内存中才能被 CPU 读出和执行。存储器的主要性能指标是存储容量和存取速度。

输入设备包括键盘和鼠标等。输出设备包括显示器和打印机。显示器是计算机系统的标准输出设备，分为单色显示器和彩色显示器。打印机主要有激光打印机和喷墨打印机，这两种打印机可以输出质量较好的图形和图像。喷墨打印机的分辨率可以达到 300 点/英寸以上，还可以彩色输出，价格比较低，重量轻和体积小，便于携带，因此喷墨打印机非常适合数字测图外业工作。

(2) 电子全站仪

简称全站仪，是指在测站上一经观测，必要的观测数据如斜距、天顶距、水平角均能自动显示而且几乎是在同一瞬间内得到平距、高差和点的坐标。电子全站仪的优势在于它采集的全部数据能自动传输给记录卡、电子手簿到室内成图。或传输给电子平板，到现场自动成图，再经过一定室内的编辑，即可由电子平板(或台式计算机)控制绘图仪出图。

(3) 电子手簿

电子手簿实质上是一个电子数据记录器。袖珍机作为电子手簿得到广泛的应用，主要利用的机型有 PC－1500、PC－E500 和掌上电脑。各种类型的电子手簿能以各自设计的格式记录、存储观测数据以及其他信息。电子手簿通过标准接口可与电子全站仪、测距仪和电子经纬仪连接，也能与计算机连接进行数据传输。通常电子手簿分固有程序和可编程序两种类型。所谓固有程序型是指进行各种野外测量(如导线测量、后方交会、碎部测量、放样测量等)时，都按电子手簿先编制好的测量操作程序一步一步进行，并能同时得到点的坐标和高程。随着微处理器的发展，电子手簿的记录容量也在不断扩大。

(4) 数字化仪

数字化仪用于原有图件的数字化，在各种数字测图仪系统中，数字化仪也是一种重要的图形输入设备。数字化仪可分为手扶跟踪式、半自动式和自动扫描式。由于手扶跟踪式数字化仪操作简单、价格低，且其图形输入的精度能够满足地形图精度的要求，因此，这一类数字化仪在数字测图系统中被广泛使用，目前通常指的数字化仪即为手扶式数字化仪。数字化仪主要有两项技术指标：一是图面尺寸，可以从 A_0 到 A_6(841×1 189～105×148，单位为 mm)；二是精度指标，即其分辨率为 0.2～0.02 mm。

(5) 扫描仪

扫描仪可以快速地将原有图件数字化，其速度可比手工数字化快 5～10 倍，其缺点是扫描仪价格昂贵，扫描的数据量大，且对于噪声和中间色调像元的处理较难，以及难以提取文字信息等。扫描仪分为栅格扫描仪和矢量扫描仪，栅格扫描仪扫描得到的数据为栅格数据，再利用转换程序将其转换为矢量数据；矢量扫描仪可直接跟踪原图上的直线和曲线，并直接产生矢量数据。

(6) 数控绘图仪

绘图仪用于图的绘制，它是数字测图系统中的主要部件。它能把计算机中编辑好的图形信息绘制出各种图件。常用的绘图仪分为滚筒式和平台式两类。滚筒式绘图仪将绘图纸卷覆盖在滚筒上，当步进电动机通过传动机构带动滚筒转动时，就带动图纸来回移动，形成 X 方向(纵向)运动；Y 方向(横向)的运动是由笔架的移动来完成。依靠这两种运动，就可以绘制图形。平台式绘图仪有导轨和横梁，横梁沿号轨作 X 方向运动，笔架在横梁上作 Y 方向运动，这样，就可以绘制图形。

绘图仪的主要技术指标有绘图速度、绘图精度和绘图功能。绘图速度(包括加速度和最高速度)越快，工作效率就越高。绘图精度是指绘制点位和线条的实际位置与理论位置的误差，主要取决于步距。步距为绘图笔的最小移动量(0.1～0.01 mm)，步距越小，绘制的图形越精细，误差也越小。绘制功能包括能绘制图幅的大小、曲线拟合的能力和装笔数量等。对于大比例尺地形图的绘制，应选择至少能画 60 cm×60 cm 的图幅、步距在 0.05 mm 以下、绘制桌面为平台式绘图仪为宜。

二、全站仪数字测图作业过程

见项目四全站仪章节。

三、全站仪数据传输

(一) 数据通讯及转换标签

数据采集完后，进行传输，先要进行数据通讯设置，见图 6 - 20。

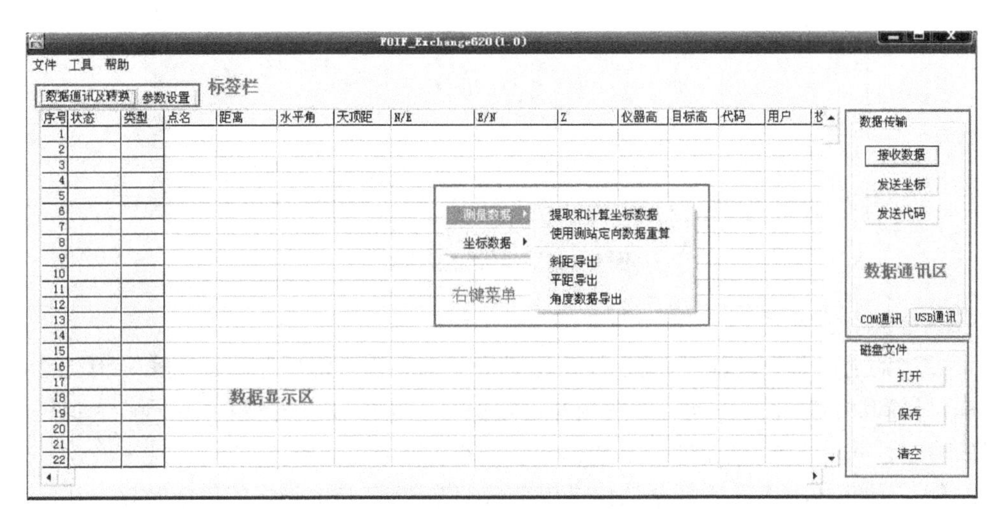

图 6 - 20　数据通讯及转换标签

(二) 参数设置标签

选择参数设置标签，里面有通讯参数设置，以及默认通讯方式，如图 6 - 21。

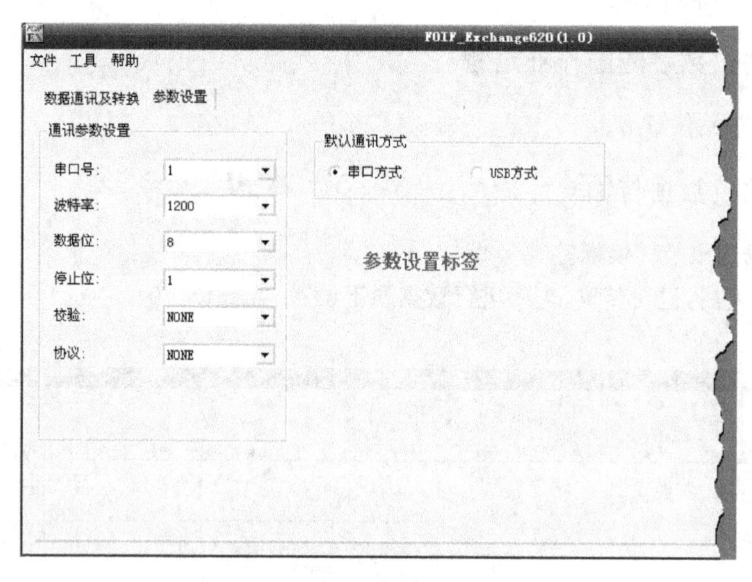

图 6-21 参数设置标签

(三) 参数设置标签页

1. 左边的通讯参数设置区,用于设置相应的串口参数。用户只要根据实际情况修改相应的串口号和波特率即可。波特率的选择必须保存与全站仪上的波特率一致,为保证数据通讯的稳定性和可靠性,建议使用不超过 9 600 的波特率。

2. 默认通讯方式,610 系列全站仪支持串口和 USB 口与电脑之间进行数据通讯。软件每次启动时会将默认通讯方式设置为用户最后选择的通讯方式,如图 6-22 所示。

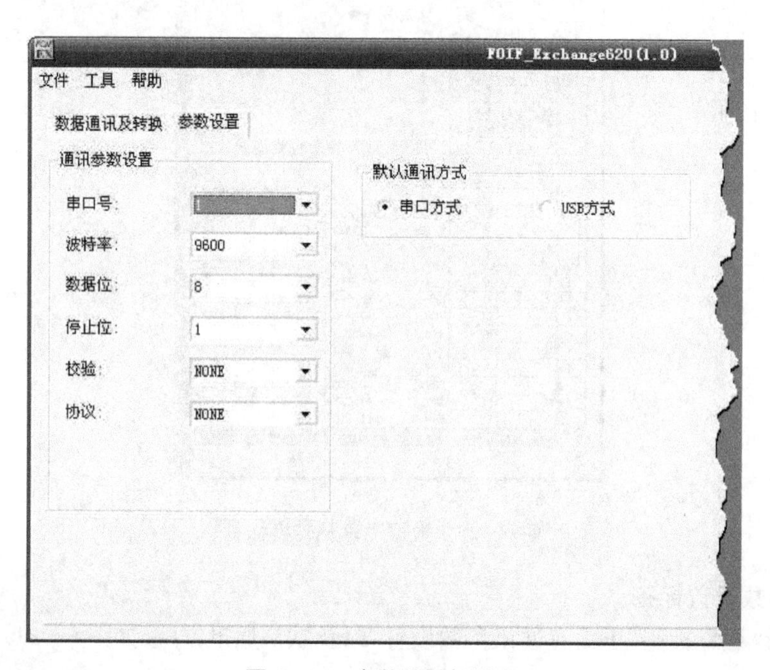

图 6-22 参数设置标签页

(四) 数据传输

下面以苏州光学仪器厂生产的610系列全站仪为例介绍从全站仪到电脑的数据传输过程。在传输之前应注意事项:(1) 开始通讯前必须保证已经用随机配备的串口数据线将电脑与全站仪正确连接;(2) 仪器开机。

1. 打开随机软件,选择仪器型号

打开电脑随机软件以后,要选择仪器的型号,进行操作如图6-23所示。

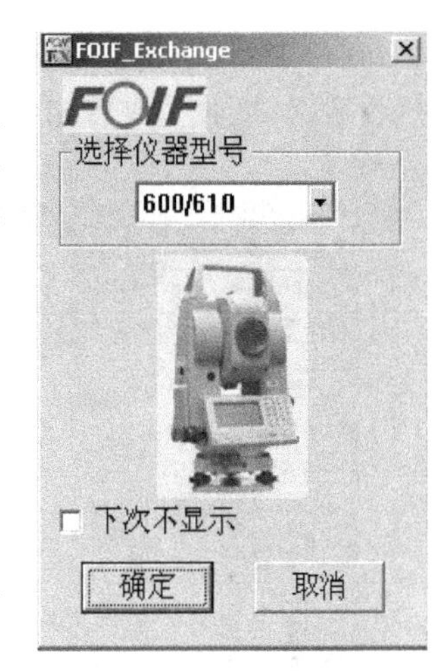

图6-23　选择仪器型号

2. 打开软件

(1) 参数设置,确认显示设置的通讯参数。如果需要修改通讯参数可点击右侧的"重设"按钮来重新设置通讯参数。

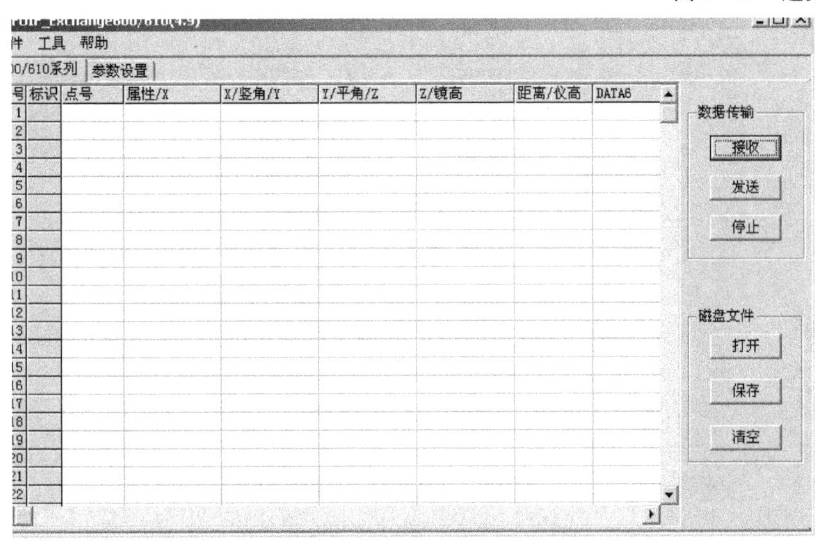

图6-24　软件界面

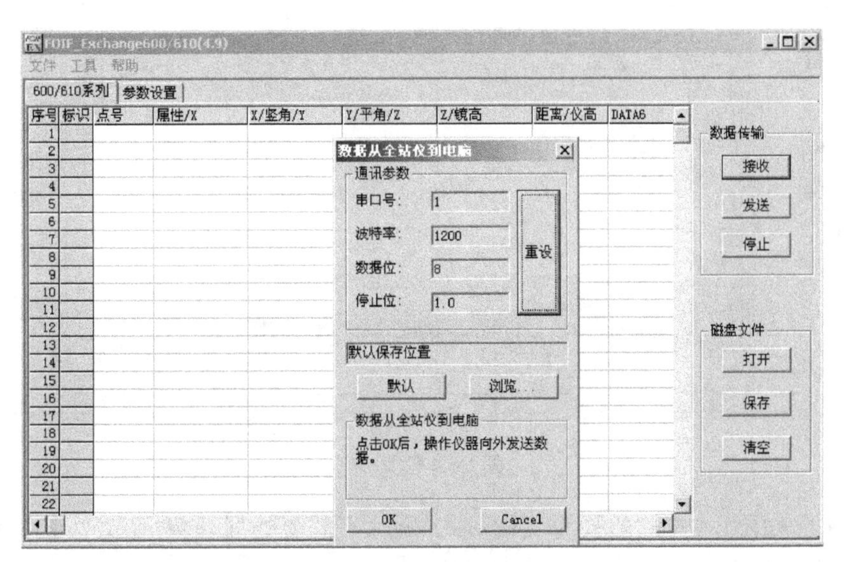

图6-25　参数设置

(2) 操作全站仪向外发送数据→点击“OK”按钮确认设置，电脑与全站仪连接成功后开接收数据，接收完成后如 6－26 图所示。

FOIF_Exchange600/610(4.9)

文件 工具 帮助

600/610系列 | 参数设置

序号	标识	点号	属性/X	X/竖角/Y	Y/平角/Z	Z/镜高	距离/仪高	DATA6
1	01NM	RTS602						
2	02NM	1.000000						
3	03NM	11111						
4	04NM	28						
5	05NM	1013						
6	B	H1	LB	519.803	602.409	-0.460		
7	B	H2	LB	516.397	601.387	-0.504	0.000	
8	B	H3	LB	513.527	596.335	-0.517	0.000	
9	B	J1	LB	530.262	582.976	-0.500	0.000	
10	B	J2	LB	527.522	574.268	1.565	0.000	
11	B	J3	LB	547.601	580.538	-1.302	0.000	
12	B	Z1	LB	560.130	598.660	-1.508	0.000	
13	B	J4	LB	566.678	568.618	-1.156	0.000	
14	B	J5	LB	567.469	577.780	-1.634	0.000	
15	B	Z2	LB	553.440	540.900	-1.597	0.000	
16	B	J6	LB	565.025	559.172	-2.254	0.000	
17	B	J7	LB	572.805	558.052	-1.683	0.000	
18	B	J8	LB	559.450	519.007	-2.225	0.000	
19	B	J9	LB	558.676	513.605	-2.888	0.000	
20	B	J10	LB	539.212	521.840	-2.365	0.000	
21	B	J11	LB	544.818	562.017	-0.572	0.000	
22	B	J12	LB	545.410	566.196	-1.157	0.000	

数据导出 ▸ | 坐标数据导入 ▸

提取和计算坐标数据
使用测站定向数据重算
斜距导出
平距导出
角度数据导出

数据传输：接收

磁盘文件：打开 保存 清空

图 6－26 数据传输

(3) 数据导出-提取和计算坐标数据，此时出现如下图 6－27 所示对话框，将数据文件保存为.txt 格式文件。

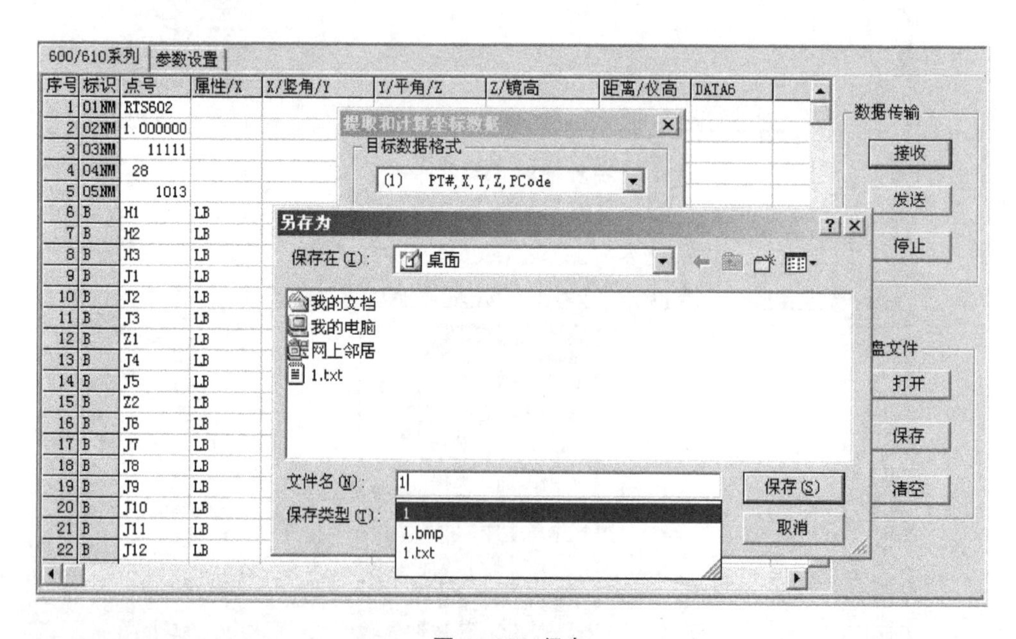

图 6－27 保存

(4) 将原来的文本格式转换为表格形式，删除不需要的列，同时在文件名右侧增加一列，如下图 6－28 所示。

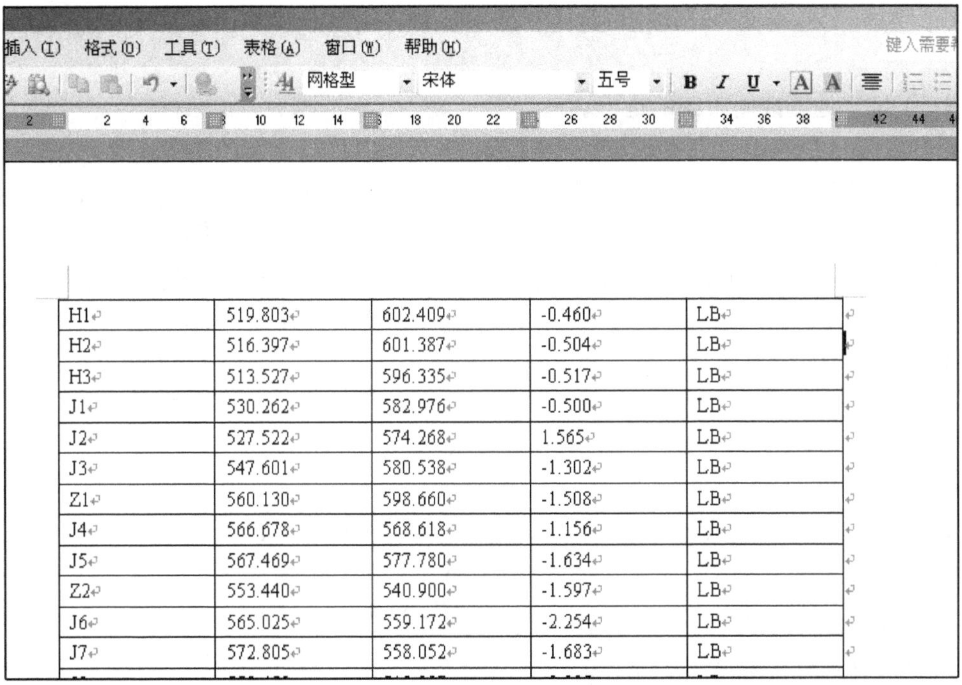

H1	519.803	602.409	-0.460	LB
H2	516.397	601.387	-0.504	LB
H3	513.527	596.335	-0.517	LB
J1	530.262	582.976	-0.500	LB
J2	527.522	574.268	1.565	LB
J3	547.601	580.538	-1.302	LB
Z1	560.130	598.660	-1.508	LB
J4	566.678	568.618	-1.156	LB
J5	567.469	577.780	-1.634	LB
Z2	553.440	540.900	-1.597	LB
J6	565.025	559.172	-2.254	LB
J7	572.805	558.052	-1.683	LB

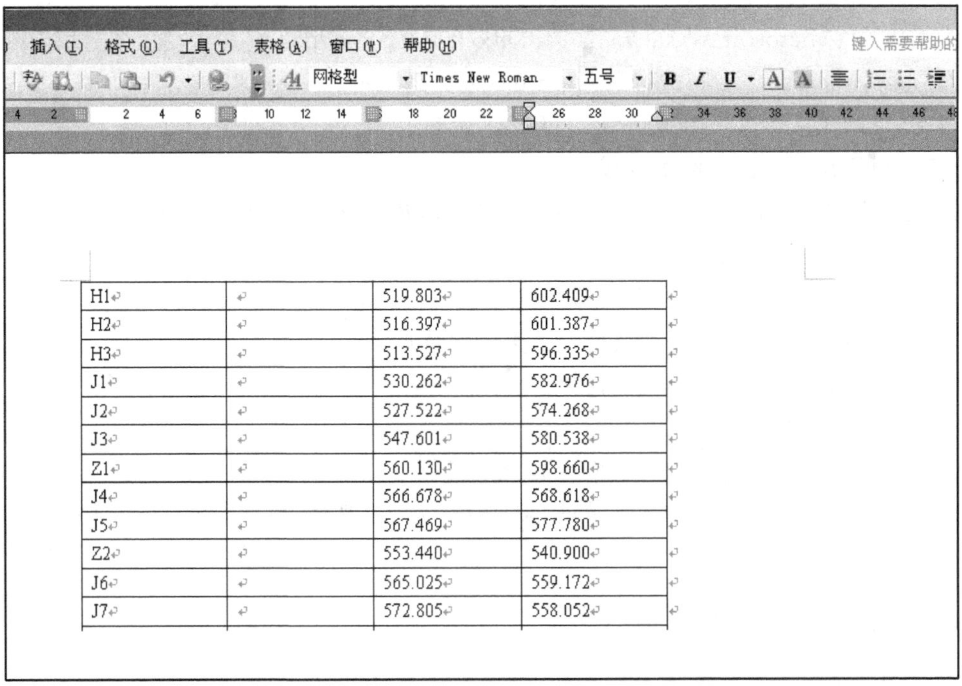

H1		519.803	602.409
H2		516.397	601.387
H3		513.527	596.335
J1		530.262	582.976
J2		527.522	574.268
J3		547.601	580.538
Z1		560.130	598.660
J4		566.678	568.618
J5		567.469	577.780
Z2		553.440	540.900
J6		565.025	559.172
J7		572.805	558.052

图 6－28　格式转换

（5）数据编辑完成后将表格转换为文本格式并保存为.txt 格式，同时将该文本的扩展名改为.dat 格式并保存。

四、数字化测图软件

南方 CASS 测图系统是当前常见的数字化测图软件，它具有完备的数据采集、数据处理、图形生成、图形编辑、图形输出等功能,可方便灵活地完成数字化地形图、地籍图的测绘工作。

(一) 地形地籍成图系统的运行环境

CASS 7.0 以 AutoCAD 2006 为技术平台,全面采用真彩色 XP 风格界面,重新编写和优化了底层程序代码,大大完善了等高线、电子平板、断面设计、图幅管理等技术,并使系统运行速度更快更稳定。同时,CASS 7.0 运用全新的 CELL 技术,使界面操作、数据浏览管理、系统设置更加直观和方便。在空间数据建库、前端数据质量检查和转换上,CASS 7.0 提供更灵活、更自动化的功能。特别是为适应当前 GIS 系统对基础空间数据的需要,该版本测图软件对于数据本身的结构也进行了相应的完善。

1. 硬件环境

处理器(CPU):Pentium (R) III 或更高版本。

内存 (RAM):256 MB (最少)。

视频:1 024×768 真彩色 (最低)。

硬盘安装:安装 300 MB。

定点设备:鼠标、数字化仪或其他设备。

CD-ROM:任意速度 (仅对于安装)。

2. 软件环境

操作系统:Microsoft Windows NT4.0/9x/2000/XP 或更高版本。

浏览器:Microsoft Internet Explorer 6.0 或更高版本。

平台:AutoCAD 2006/2005/2004/2002。

(二) 地形地籍成图系统的安装

首先安装 AutoCAD 2006,随即重新启动电脑,并运行一次,然后再安装 CASS 7.0。

1. AutoCAD 2006 的安装

① 将 AutoCAD 2006 软件光盘放入光驱,执行 setup 程序,启动安装向导。

② 按照提示进行安装,并在选择安装类型时选择 FULL(完全)安装。

③ 完成安装后,需要重新启动计算机。

2. CASS 7.0 的安装

① 在运行过一次 AutoCAD 2006 后,就可进行 CASS 7.0 安装。

② 将 CASS 7.0 软件光盘放入光驱,双击 setup.exe 文件,启动安装向导程序。

③ 按照提示进行安装。

五、用 CASS 7.0 绘制地形图

1. 数据传输

① 将采集完外业数据的全站仪通过专用的数据线与计算机相连接。

② 打开全站仪,将仪器调置到输出参数设置状态,对其进行设置;再调置金站仪到数据输出状态,直至最后一步的前一项时进行等待。

③ 点击南方 CASS 7.0 软件“数据”中的“读取全站仪数据”,对照仪器型号,使各个项目的配置选择与仪器的输出参数相一致。

④ 点击数据存放的文件夹,选择、编辑文件名并点击“转换”,随即点击一直处于等待状

态的全站仪的输出确认键；直至数据全部传输到计算机后，即可关闭全站仪。

2. 定显示区

定显示区就是通过坐标文件中的最大、最小坐标，定出屏幕窗口的显示范围，以保证所有碎部点都能显示在屏幕上。进入 CASS 7.0 主界面，用鼠标点击“绘图处理”项，选择下拉菜单“定显示区”项，通过输入坐标数据文件名，系统就会自动检索所有点的坐标，并在屏幕命令区显示坐标范围。

3. 选择测点点号定位成图法

选择屏幕右侧菜单区的“测点点号”项，通过点号坐标数据文件名的输入，即可完成所有点的读入。

4. 展点

选择屏幕顶端菜单的“绘图处理”项并点击，接着选择下拉菜单“展野外测点点号”项点击，再输入对应的坐标数据文件名，便可在屏幕上展出野外测点的点号。

5. 绘平面图

根据外业草图，使用屏幕右侧的菜单将所有地物分为 13 类，如文字注记、控制点、界址点、居民地等，按照分类即可绘制各种地物。

6. 绘等高线

① 展绘高程点。选择“绘图处理”菜单下的“展高程点”，通过输入数据文件的名称，即可展出所有高程点。

② 建立 DTM 模型。选择“等高线”菜单下的“用数据文件生成 DTM”，然后输入数据文件名称。

③ 绘等高线。选择“等高线”菜单下的“绘等高线”，即可完成等高线的绘制；最后还应选择“等高线”菜单下的“删三角网”，可将三角网除去。

④ 等高线的修剪。选择“等高线”菜单下的“等高线修剪”，面对多种可供选择的情况，即可进行相应的修剪。

7. 图形编辑

选择屏幕右侧菜单“文字注记”，即可完成文字和数字的注记；选择“绘图处理”菜单下的“标准图幅”，通过对图廓注记内容的输入，便可完成添加图框。

8. 图形输出

编辑好的图形文件即为数字化地形图，选择“文件”菜单下的“用绘图仪或打印机出图”，即可进行图形输出。

技能实训

实训一 经纬仪碎部测量

一、实训目标

初步掌握碎部测量的常用方法；熟悉地物、地貌在地形图上的表示方法。

二、实训场所

测量实训场。

三、实训形式

1. 合理选择碎部点；

2. 经纬仪测绘法测定碎部点；

3. 练习用地形图图式表示地物的方法，练习等高线的勾绘方法。

四、实训备品与材料

经纬仪 1 台，平板仪 1 套，视距尺 1 把，花杆 1 根，2 m 钢卷尺 1 把，皮尺 1 幅，《地形图图式》一本；自备量角器、比例尺、三角板、大头针、铅笔、图纸、分规、橡皮、计算器等。

五、实训内容与方法

（一）仪器的安置

1. 在图根控制点 A（如图 6－29 所示）上安置（对中、整平）经纬仪，量取仪器高 i，做好记录。

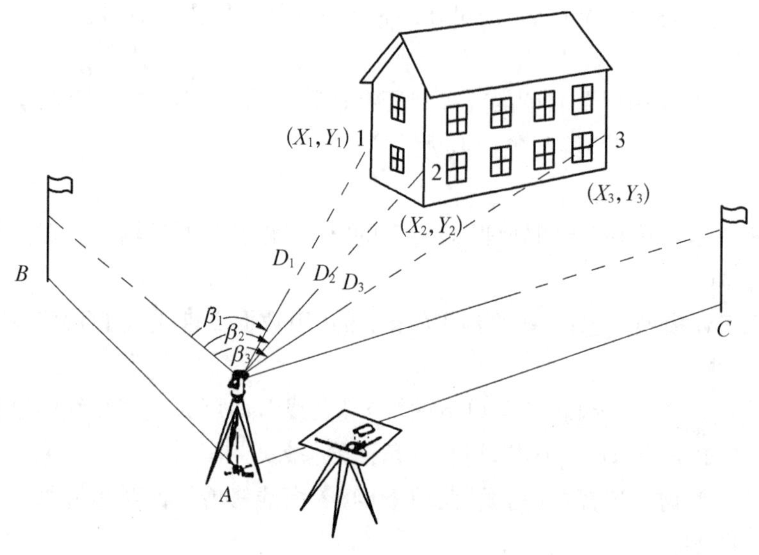

图 6－29 经纬仪测绘法

2. 盘左位置望远镜照准控制点 B 如图 6－29 所示，水平度盘读数配置为 $0°00'00''$，即以 AB 方向作为水平角的始方向(零方向)。

3. 将图板固定在三脚架上，架设在测站旁边，目估定向，以便对照实地绘图。在图上绘出 AB 方向线，将小针穿过半圆仪（大量角器）的圆心小孔，扎入图上已展出的 A 点。

4. 望远镜盘左位置瞄准控制点 C，读出水平读盘读数，该方向值即为 $\angle BAC$。用半圆仪在量取图上 $\angle BAC$，对两个角度进行对比，进行测站检查。

（二）跑尺和观测

1. 跑尺员按事先商定的跑尺路线依次在碎部点上立尺。注意尺身应竖直，零点朝下。

2. 经纬仪盘左位置瞄准各碎部点上的标尺，读取水平度盘读数 β；使中丝读数处在 i 值附近，读取下丝读数 b、上丝读数 a；再将中丝读数对准 i 值，转动竖盘指标水准管微倾螺旋，使竖盘指标水准管气泡居中，读取竖盘读数 L，做好记录。

3. 计算视距尺间隔 $l=b-a$，竖直角 $\alpha=90°-L$ 或 $\alpha=L-90°$，用计算器计算出碎部点的距离（$D=kl\cos^2\alpha$）及碎部点的高程 $\left(H=H_A+\frac{1}{2}kl\sin 2\alpha\right)$，将水平角度值 β、距离、碎

部点的高程报告给绘图员。

4. 绘图员按所测的水平角度值β，将半圆仪（大量角器）上与β值相应的分划线位置对齐图上的AB方向线，则半圆仪（大量角器）的直径边缘就指向碎部点方向，在该方向上根据所测距离按比例刺出碎部点，并在点的右侧标注高程。高程注记至分米，字头朝北。所有地物、地貌应在现场绘制完成。

5. 每观测20～30个碎部点后，应重新瞄准起始方向检查其变化情况，起始方向读数偏差不得超过$4'$。当一个测站的工作结束后，还应进行检查，在确认地物、地貌无测错或测漏时才可迁站。当仪器在下一站安置好后，还应对前一站所测的个别点进行观测，以检查前一站的观测是否有误。

六、注意事项

1. 测图比例尺用1∶500或1∶1 000，等高距为0.5 m或1 m。

2. 用经纬仪测绘碎部点，每测20点左右要重新瞄准零方向线，检查水平度盘是否为零度。

3. 测图过程中应保持图面整洁，碎部点高程的注记应在点位右侧，且字头朝北。

七、实训报告

每组上交碎部测量的观测记录表和所测图纸一份。

碎部测量记录表

仪器：　　　班组：　　　观测者：　　　记录者：　　　日期：　　　天气：

测站/仪器高	点号	中丝(m)	下丝(m)	上丝(m)	视距(m)	竖盘读数(° ′ ″)	水平角(° ′ ″)	平距(m)	高差(m)	高程(m)	备注

思考与练习

一、选择

1. 地形图的比例尺是1∶500，则地形图中的1 mm表示地面上的实际的距离为（　　）。

A. 0.05 m　　B. 0.5 m　　C. 5 m　　D. 50 m

2. 既反映地物的平面位置，又反映地面高低起伏形态的正射投影图称为地形图。地形图上的地貌符号为（　　）。

A. 不同深度的颜色　B. 晕消线　　C. 等高线　　D. 示坡线

3. 下列各种比例尺的地形图中，比例尺最大的是（　　）。

A. 1∶5 000　　B. 1∶2 000　　C. 1∶1 000　　D. 1∶500

4. 下列关于比例尺精度说法中，属于正确说法的是（　　）。

A. 比例尺精度指的是图上距离和实地水平距离之比
B. 1∶500 比例尺的比例尺精度为 5 cm
C. 比例尺精度与比例尺大小无关
D. 比例尺精度可以任意确定

5. 等高距是两相邻等高线之间的(　　)。
A. 高差　　B. 平距　　C. 间距　　D. 差距

6. 地形图的等高线是地面上高程相等的相邻点连成的(　　)。
A. 闭合曲线　　B. 曲线　　C. 闭合折线　　D. 折线

7. 下列关于等高线说法中,属于正确说法的是(　　)。
A. 等高线在任何地方都不会相交
B. 等高线指的是地面上高程相同的相邻点连接而成的闭合曲线
C. 等高线稀疏,说明地形平缓
D.等高线与山脊线、山谷线正交

8. 一组闭合的等高线是山丘还是盆地,可根据(　　)来判断。
A. 助曲线　　B. 首曲线　　C. 高程注记　　D. 计曲线

9. 地形图上用于表示各种地物的形状、大小以及它们位置的符号称为(　　)。
A. 地形符号　　B. 比例符号　　C. 地物符号　　D. 地貌符号

10. 根据地物的形状大小和描绘方法的不同,地物符号可分为(　　)。
A. 依比例符号　　B. 非比例符号　　C. 半比例符号　　D. 地物注记

11. 下列关于等高线的说法中,属于错误说法的是(　　)。
A. 所有高程相等的点在同一等高线上
B. 等高线在本幅图是闭合曲线,在相邻的图幅不一定闭合
C. 等高线不能分叉、相交或合并
D.等高线经过山脊与山脊线正交

12. 地形图详细、真实地反映了(　　)等内容。
A. 地物的分布　　B. 地形的起伏状态
C. 地物的平面位置　　D. 地物、地貌高程

13. 地形图上地物符号分别按(　　)表示。
A. 比例符号　　B. 非比例符号　　C. 特殊符号　　D. 线状符号

14. 等高线分为(　　)几种
A. 首曲线　　B. 示坡线　　C. 计曲线　　D. 间曲线

15. 下列地形图术语中,属于地貌特征线的是(　　)。
A. 等高线　　B. 山谷线　　C. 山脊线　　D. 示坡线

二、简答

1. 何谓比例尺?数字比例尺、图示比例尺各有什么特点?什么是比例尺精度?

2. 何谓等高线、等高距和等高线平距?等高距、等高线平距与地面坡度之间的关系如何?

3. 简述等高线的特性?

4. 试用等高线绘出山丘与洼地、山脊与山谷、鞍部等地貌,它们各有什么特点?

5. 简述经纬仪测绘法测图的主要步骤。

6. 图 6－30 为某测区局部地物分布示意图，请在图上用数字标注需要测定的地物特征点，并说明其测量方法，图中 A、B 为图根点。

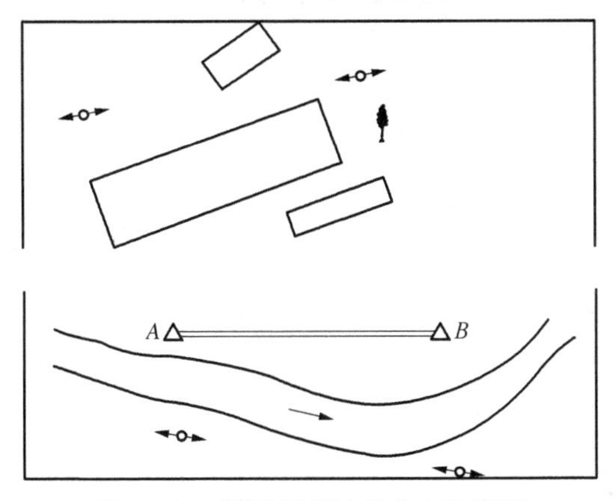

图 6－30　测区局部地物分布示意图

项目七

地形图的应用

知识目标

1. 掌握在图上计算点位坐标、高程；
2. 学会在地形图上求两点间的距离、方位角、坡度；
3. 了解矩形和梯形图幅的分幅与编号。

技能目标

1. 能够利用地形图计算图上某点的平面位置与高程、求算两点间的距离以及方向、并且能够求算地面的坡度、求算图形的面积、选择拟定最短路线、绘制指定方向的断面图；
2. 能够进行地物、地貌的判读。

任务一　地形图识读与应用的基本知识

为了便于测绘、查询、使用和保管地形图，不可能将广大区域缩绘在一张图纸上，需要进行分块测量，这样就必须要按照统一的规则对地形图进行分幅和编号。随着我们的地理信息系统的广泛使用，数字化地形图在园林生产和林业生产上应用的深度和广度将进一步提高。所以，我们能够正确使用地形图是作为园林工程技术人员和园林规划设计人员必须具备的基本技能。地形图分幅与编号的方法可分为两类，即国家基本比例尺地形图采用的梯形分幅与编号和大比例尺地形图的矩形分幅与编号。

一、地形图图廓及图廓外的注记

（一）地形图图廓和坐标格网

1. 国家基本比例尺地形图图廓和坐标格网

国家基本地形图的比例尺包括 1∶1 000 000、1∶500 000、1∶250 000、1∶1 00 000、1∶50 000、1∶25 000、1∶10 000 和 1∶5 000 八种，其中 1∶100 000、1∶50 000、1∶25 000 和 1∶10 000 地形图是大面积区域规划设计和各种资源调查的根据。

1∶100 000、1∶50 000、1∶25 000 地形图图廓包括外图廓（粗黑线外框）、内图廓（细线内框）和中图廓（也称经纬廓）。外图廓是仅为装饰美观用的；中图廓上绘有黑白相间（或短划线）并表示经、纬差分别为 1′的分度带，使用它可内插求出图幅内任意点的地理坐标；内图廓为图幅的边线，四角标注经度和纬度，表示地形图的范围。1∶10 000 地形图只有外图廓和内图廓。

内图廓以内的纵横交叉线是坐标格网或平面直角坐标网，因格网长一般以公里为单位，故也称公里网。公里数注记在内外图廓线之间，注记的字头朝北，并规定第一条和最末一条格网注全值，而中间各条公里线只注个位和十位公里数。使用坐标格网可求出图幅内任意点的平面直角坐标。某点的纵坐标 x 值表示该点离赤道的距离，横坐标 y 值为通用坐标。

2. 1∶2 000～1∶500 比例尺地形图图廓和坐标格网

1∶2 000～1∶500 比例尺地形图图廓只有外图廓和内图廓，内图廓是地形图分幅时的坐标格网线，也是图幅的边界线。外图廓是距内图廓之外一定距离绘制的加粗平行线，仅为装饰美观用的。

内图廓外四角处注有坐标值，并在内图廓线内侧每隔 10 cm 绘有 5 mm 的短线，表示坐标格网线的位置；图幅内绘有 10 mm 长的"＋"，表示坐标格网的交叉点。

（二）图名和图号

图名和图号一般位于地形图北图廓外面正中处。图名一般以图幅内最著名的地名、最大的村庄或突出的地物、地貌名称来命名。图号即地形图的编号。

地形图的编号是在地形图分幅的基础上按一定的规则而编的。对于大面积的地形图必须进行统一的分幅与编号，目的是为了便于测绘、保管、检索和使用地形图。

梯形分幅与编号是以国际 1∶100 万地形图的分幅与编号为基础，因而称为国际分幅。因它是按经纬线划分图幅的，一幅图的左、右图廓为经线，上、下图廓为纬线，因图廓为梯形，又称为梯形分幅。

1. 国际梯形分幅方法

(1) 1∶100 万比例尺地形图的编号："列—行"编号

列：从赤道算起，纬度每 4°为一列，至南北纬 88°各 22 列，用大写英文字母 $A,B,\cdots,V$ 表示；

行：从 180°经线算起，自西向东每 6°为一行，全球分为 60 行，用阿拉伯数字 1,2,…,60 表示。

一个列号和一个行号就组合成一幅 1∶100 万地图的编号。如图 7－1 所示，北京所在的 1∶100 万图幅位于东经 114°～120°，北纬 36°～40°，其编号为 J－50。

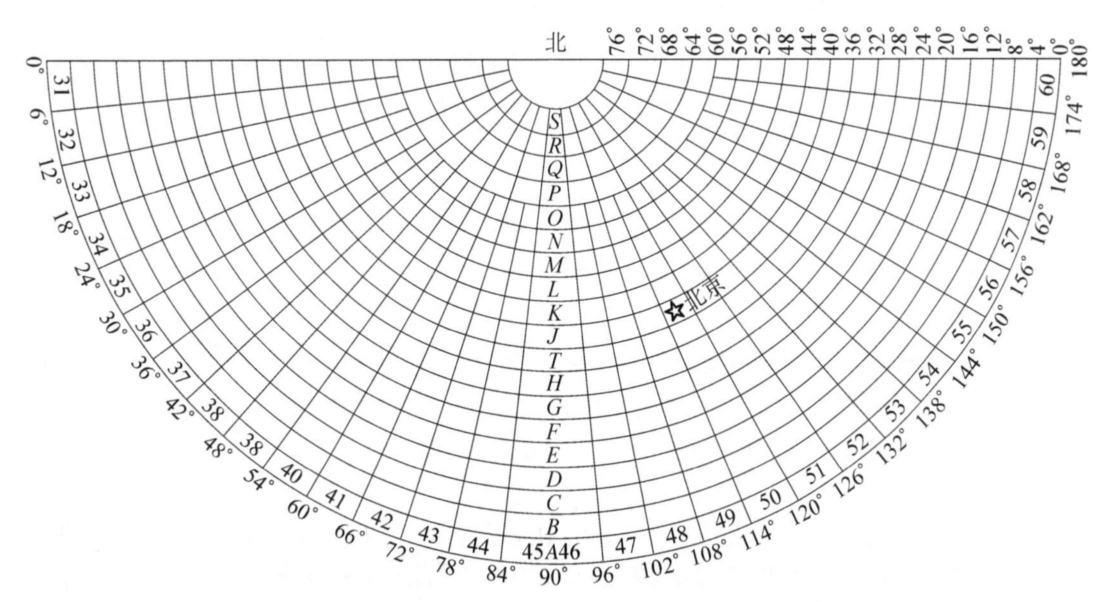

图 7－1　北半球东侧 1∶100 万地图的国际分幅与编号

求算 1∶100 万地形图图幅的编号,可以从图 7-1 直接查取,也可以利用公式(7-1)进行计算

$$横列号=\left[\frac{\varphi}{4^\circ}\right]+1 \qquad (7-1)$$

$$纵行号=\left[\frac{\lambda}{6^\circ}\right]+31$$

式中[ ]—表示取商的整数;

λ、φ—表示某地的经纬度。

如北京某地,北纬 39°54′30″,东经 116°28′25″,则 1∶100 万图幅编号为 J-50。

(2) 1∶50 万、1∶25 万、1∶10 万比例尺地图的编号

这几种比例尺地图的编号都是在 1∶100 万地图图号的后面加上本身的代号形成各自的编号如图 7-2。

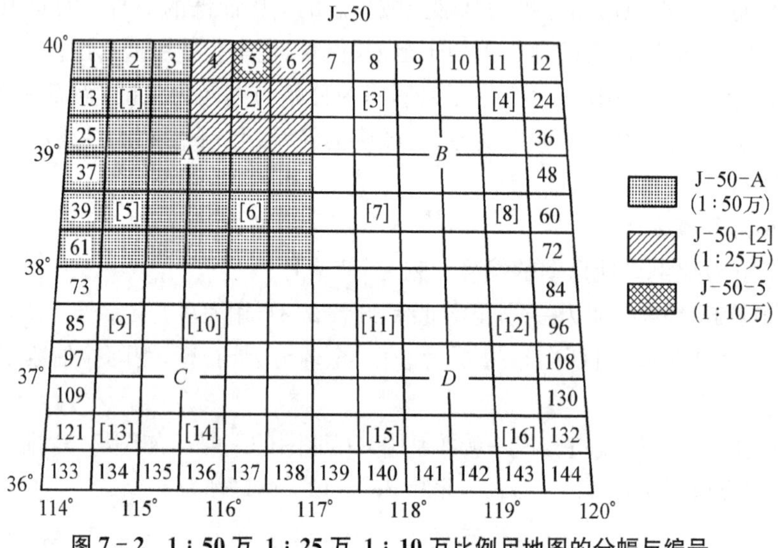

图 7-2 1∶50 万、1∶25 万、1∶10 万比例尺地图的分幅与编号

1∶50 万:1∶100 万地形图一分为四,用 A、B、C、D 表示,即经差 3°,纬差 2°。如北京某地:北纬 39°54′30″,东经 116°28′25″,则图幅编号:J-50-A,如图 7-3。

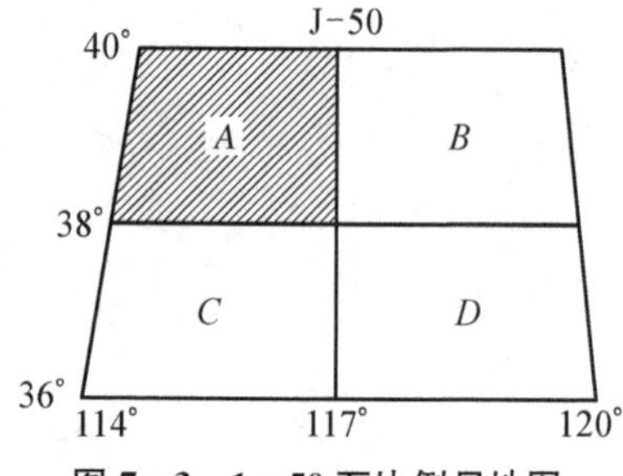

图 7-3 1∶50 万比例尺地图的分幅与编号

1∶25 万:将 1∶100 万地形图按经差 1°30′、纬差 1°分成 16 幅,用[1]、[2]、[3]…[16]表示,本例图幅号为 J-50-[2]。

1∶10 万:将 100 万地形图按经差 30′、纬差 20′分成 144 幅,用 1、2、3…144 表示。本例图幅号为 J-50-5。

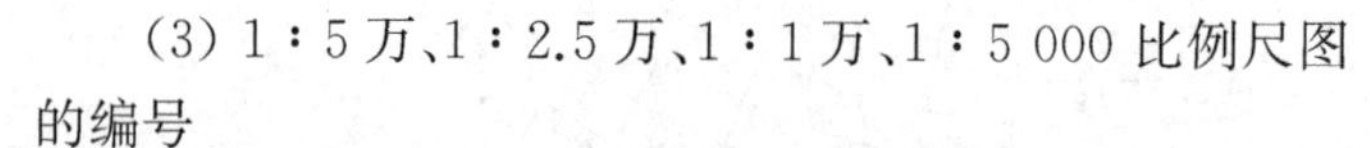

(3) 1∶5 万、1∶2.5 万、1∶1 万、1∶5 000 比例尺图的编号

1∶5 万是把一幅 1∶10 万地形图分为 4 幅,用 A,B,C,D 表示,即经差 15′,纬差 10′表示。如北京某地:北纬 39°54′30″,东经 116° 28′25″,图幅编号为 J-50-5-B,见图 7-4。

1∶2.5 万是把一幅 1∶5 万地形图分为 4 幅，用 1，2，3，4 表示，按经差 7′30″，纬差 5′分幅。图幅编号在 1∶5 万编号后加上自己的序号，如 J-50-5-B-4，见图 7-5。

1∶1 万是将一幅 1∶10 万地形图分为 8 行、8 列共 64 幅图，用(1)，……，(64)表示，经差 3′45″，纬差 2′30″，图幅编号是在 1∶10 万编号后加上各自的代号，如 J-50-5-(24)，见图 7-6。

1∶5 000 比例尺地形图是在 1∶1 万的基础上进行，将一幅 1∶1 万地形图分为 4 幅，用 *a*，*b*，*c*，*d* 表示，经差 1′52.5″，纬差 1′15″，图幅编号在 1∶1 万编号后加上各自的代号，如 J-50-5-(24)-b，见图 7-7。

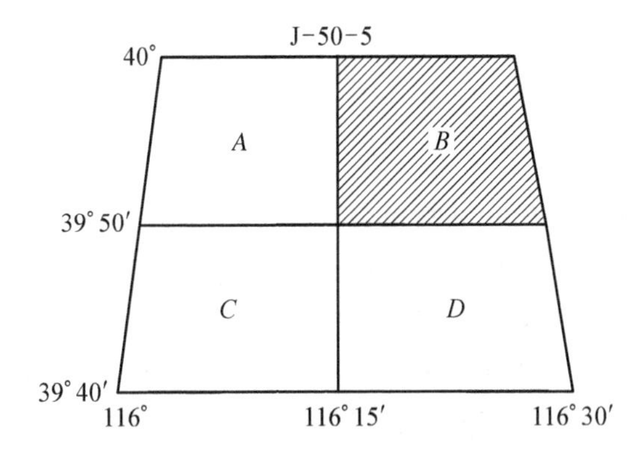

图 7-4　1∶5 万比例尺地图的分幅与编号

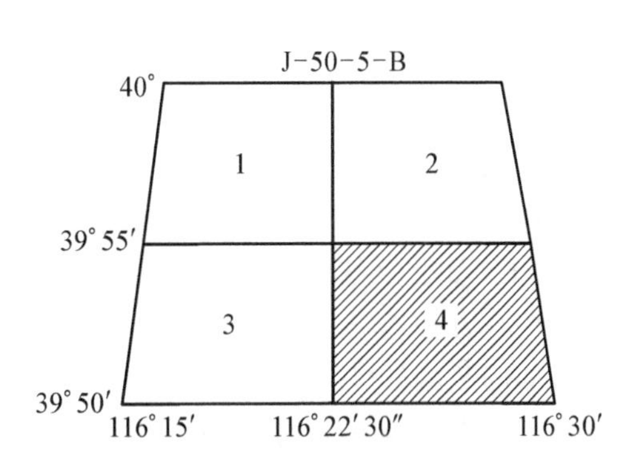

图 7-5　1∶2.5 万比例尺地图的分幅与编号

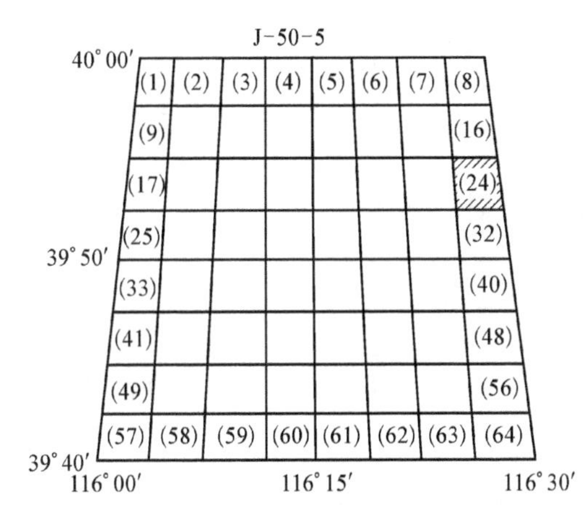

图 7-6　1∶1 万比例尺地图的分幅与编号

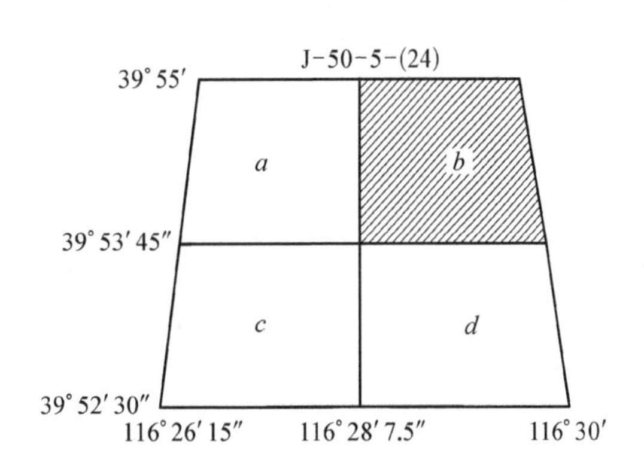

图 7-7　1∶5 000 比例尺地形图的分幅与编号

2. 新的分幅与编号方法

根据 1992 年国家标准局发布的《国家基本比例尺地形图分幅和编号》GB/T 13989—92 国家标准，自 1993 年 3 月起实施。新测的基本比例尺地形图，均须按照此标准进行分幅和编号。

(1) 分幅标准

1∶100 万的地形图的分幅按照国际 1∶100 万的地形图分幅的标准进行，其他比例尺以 1∶100 万为基础分幅，具体分幅情况如表 7-1 所示。

表 7-1 国家基本比例尺地形图分幅编号表

比例尺		1∶100 万	1∶50 万	1∶25 万	1∶10 万	1∶5 万	1∶2.5 万	1∶1 万	1∶5 千
分幅标准	经差	6°	3°	1°30′	30′	15′	7.5′	3′45″	1′52.5″
	纬差	4°	2°	1°	20′	10′	5′	2′30″	1′15″
行号范围		$A,B,\cdots,V$	001,002	001,002,003,004	001,002,…,012	001,002,…,024	001,002,…,048	001,002,…,096	001,002,…,192
列号范围		1,2,…,60							
比例尺代码			B	C	D	E	F	G	H
图幅数量关系		1	4	16	144	576	2 304	9 216	36 864

(2) 编号标准

1∶1 000 000 地形图的编号是由图幅所在的行号字母符和列号数字码组成，中间不再加连字符。如北京某地在 1∶1 000 000 图幅处在第 J 行、第 50 列，其编号为 J50。

1∶50 万～1∶5 000 比例尺地形图的编号均由五个元素(五节)10 位代码构成，即 1∶100 万地形图的行号(第一节字符码 1 位)，列号(第二节数字码 2 位)，比例尺代码(第三节字符 1 位)，该图幅的行号(第四节数字码 3 位)，列号(第五节数字码 3 位)，共 10 位。比例尺代码见表 7-1 所示。

(3) 编号查算

① 1∶1 000 000 比例尺地形图编号的查算

若已知某地的经度 λ 和纬度 φ，其所在 1∶1 000 000 图幅编号，可按图 7-1 查出，也可用下列(7-3)公式计算。

$$\text{行号}=\left[\frac{\varphi}{4^\circ}\right](\text{取商的整数})+1$$

$$\text{列号}=\left[\frac{\lambda}{6^\circ}\right](\text{取商的整数})+31 \tag{7-3}$$

【例 7-1】已知某地的地理坐标东经 117°40′38″、北纬 37°38′25″，求该地所在的 1∶100 万地形图编号。

解：

$$\text{行号}=\left[\frac{37^\circ38'25''}{4^\circ}\right]+1=9+1=10(\text{相应字母符为 J})$$

$$\text{列号}=\left[\frac{117^\circ40'38''}{6^\circ}\right]+31=50$$

故该地所在 1∶100 万地形图编号为 J50。

② 1∶500 000～1∶5 000 地形图的编号的计算

$$\text{图幅行号}=\left[\frac{\varphi_{\text{左上}}-\varphi}{\Delta\varphi}\right](\text{取商的整数})+1$$

$$\text{图幅列号}=\left[\frac{\lambda-\lambda_{\text{左上}}}{\Delta\lambda}\right](\text{取商的整数})+1 \tag{7-4}$$

式中 $\varphi_{左上}$、$\lambda_{左上}$ 为该地所在 1∶100 万地形图左上角图廓点的纬度和经度(如例 7-1 编号为 J50 地形图左上角图廓点的纬度为 40°、经度为 114°),$\Delta\varphi$、$\Delta\lambda$ 为地形图分幅的经差和纬差。

【例 7-2】根据例 7-1 的已知数据求该地所在的 1∶500 000～1∶5 000 地形图编号。

解:把已知数据带入公式计算得下表 7-2。

表 7-2　1∶50 万～1∶5 000 地形图编号

比例尺	1∶50 万	1∶25 万	1∶10 万	1∶5 万	1∶2.5 万	1∶1 万	1∶5 000
编号	J50B002002	J50C003003	J50D008008	J50E015015	J50F029030	J50G057059	J50H114118

3. 矩形分幅与编号

(1) 分幅方法

矩形分幅适用于 1∶500、1∶1 000、1∶2 000、1∶5 000 比例尺地形图,图幅一般为 50 cm×50 cm 或者 40 cm×50 cm,它是按直角坐标的纵、横坐标线划分图幅的,图幅大小如表 7-3。

表 7-3　1∶5 000～1∶500 地形图图幅大小

比例尺	图幅大小/ cm× cm	实地面积/km^2	每幅 1∶5 000 地形图所包含的幅数
1∶5 000	40×40	4	1
1∶2 000	50×50	1	4
1∶1 000	50×50	0.25	16
1∶500	50×50	0.062 5	64

(2) 编号方法

有些独立地区的测图,或者由于与国家或城市控制网没有关系,或者由于地图本身保密的需要,或者由于小面积测图,可以采用其他一些特殊的编号方法。矩形图幅的编号,一般可采用以下几种方法。

① 按西南角坐标编号。西南角坐标编号是用该图幅西南角的 x 坐标和 y 坐标的公里数来编号,x 坐标在前,y 坐标在后,中间用短线连接。如某幅 1∶1 000 比例尺地形图西南角坐标 x=10 500 m、y=15 500 m,则该图幅的编号为 10.5～15.5。编号时,1∶5 000 地形图,坐标取至 1 km;1∶2 000 和 1∶1 000 地形图,坐标取至 0.1 km;1∶500 地形图,坐标取至 0.01 km。

② 按数字顺序编号。小面积测区的图幅编号,可采用数字顺序或工程代号等方法进行编号。如图 7-8 所示,虚线表示测区范围,数字表示图幅编号,排列顺序一般从左到右、从上到下。矩形分幅的地形图编号应该以方便管理和使用为目的,可以不必强求统一。

③ 按行列编号。按行列编号一般以行代号(如 A、B、C、…)和列代号(如 1、2、3、…)组成,中间用短线连接,如图 7-9 所示。

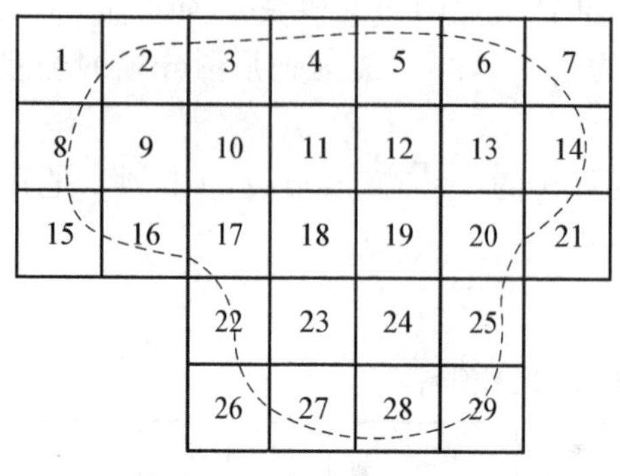

图 7-8　按数字顺序编号

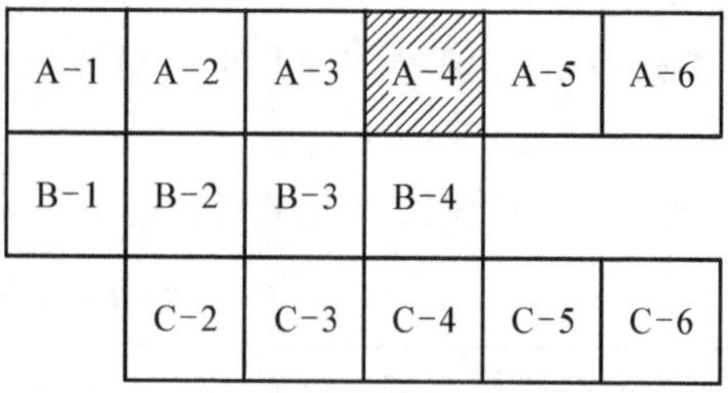

A-1	A-2	A-3	A-4	A-5	A-6
B-1	B-2	B-3	B-4		
	C-2	C-3	C-4	C-5	C-6

图 7-9　按行列编号

④ 以 1∶5 000 比例尺图为基础编号。如果整个测区测绘 1∶5 000～1∶500 等比例尺的地形图，为了地形图的测绘管理、图形拼接、存档管理和方便应用，则应以 1∶5 000 地形图为基础进行其它比例尺地形图的分幅与编号。如图 7-10 所示，1∶5 000 图幅的西南角坐标为 $x=20$ km，$y=30$ km，编号为 20-30；以编号 20-30 作为其它比例尺地形图的基础编号，编号方法如图 7-10 所示。

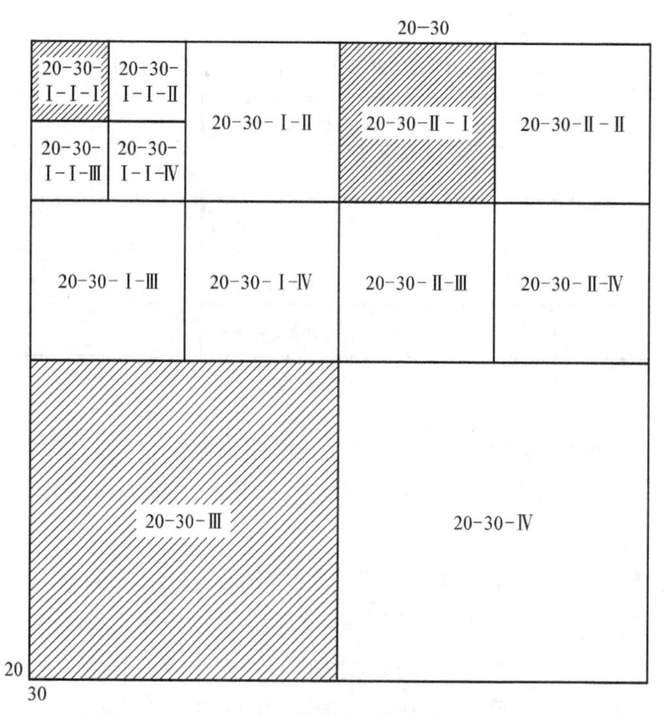

图 7-10　以 1∶5 000 比例尺图为基础编号

大比例尺地形图多数供小面积的园林规划、园林工程设计或施工使用，在分幅编号上也可以从实际出发，根据用图单位要求，结合作业方便，以方便测图、用图和管理为目的，灵活掌握。

此外还包括接图表、测图比例尺、坡度尺、测图说明注记等。

测图说明注记一般有以下内容。

(1) 平面坐标系。是独立(假定)坐标系还是 1954 年北京坐标系，1980 年大地坐标系或 2 000 国家大地坐标系。

(2) 高程系。是假定高程系还是“1956 年黄海高程系”或“1985 国家高程基准”。高程系之后注明图幅内所采用的等高距。

(3) 测绘单位、测图方法和测图时间。不同的测绘单位,其用途目的不同,地形图表现的重点内容会有所不同;测图方法不同,测图的精度也不同;测图时间(或调绘日期)可以判断地形图使用价值,离现在愈远,现状与地形图不相符的情况愈多,地形图的使用价值愈低。

(4) 图式和图例。注明图幅内采用的图式是什么年版的,便于用图者参阅,另外在东图廓线右侧,把一些不易识别的符号作为图例列出,便于用图者使用。

二、地形图的识读

地形图详尽、精确可以全面地反映了制图地区自然地理条件和社会经济状况。为人们认识、利用和改造客观环境提供了可靠的地理和社会经济方面的信息,要认识和使用地形图,我们就要了解相关的地形图的基本内容:数学要素、地理要素和辅助要素。

读图一般从了解地形图图历资料入手,首先要确定对象的位置、范围,了解基本情况,继而阅读自然要素,然后阅读社会经济要素,一般性读图的程序和内容如下:

1. 位置和范围

读图时要先要阅读图名、图号、图廓、比例尺和说明材料,了解区域的地理位置,根据纬度与自然地理位置等影响气候的因素,分析该地区的气候类型和特征。

2. 地貌和水系

根据等高线的形状、疏密、高程,并结合水系分布,判定地貌的宏观形态如平原、丘陵、高原、山地、盆地。

3. 植被和土地利用类型

读出植被的类型、分布、面积大小以及与其他要素的关系。读出土地利用现状类型、分布特点、面积大小,分析影响土地利用的因素,提出合理保护利用土地资源的建议。

4. 居民地

分析居民地的类型、行政意义、人口等级、密度差异和分布特征,了解居民地与水系、地貌、交通等的联系。

5. 道路网

研究道路的类型、等级、分布对地区交通的保证程度,了解道路与居民地的联系及其与水系、地貌等的关系。

对于彩色地图,一般来说,蓝色表示水系,棕色表示地貌,绿色表示植被,黑色表示地物。

任务二　地形图的应用

一、地形图的应用

(一) 求图上某点的平面直角坐标

应用地形图上坐标格网可求点的平面直角坐标。如求图 7－11 中的 P 点平面坐标,先用铅笔过 P 点作坐标网的平行线,在图上用比例尺量出 Pk 和 Pf 分别为 62.5 m 和 40.2 m,则 P 点坐标为:

$$x_p = x_a + Pk = (40\ 300 + 62.5)\text{m} = 40\ 362.5\ \text{m}$$
$$y_p = y_a + Pf = (28\ 200 + 40.2)\text{m} = 28\ 240.2\ \text{m}$$

为了校核量测结果，并考虑图纸伸缩的影响，应分别量出 af 和 fb 及 ak 和 kd，设图上的坐标方格长为 l，则

$$af + fb = ak + kd = l$$

如果不等，则按下式(7－5)计算 P 点坐标。

$$\begin{cases} x_P = x_a + \dfrac{l}{af + fb} \cdot af \\ y_P = y_a + \dfrac{l}{ak + kd} \cdot ak \end{cases} \tag{7-5}$$

【例 7－3】 如图 7－11 所示，如果地形图的平面直角坐标网原始边长 l 为 100 m，af 边长为 27 m，ak 边长为 29 m。现图纸受潮伸缩变形后，坐标格网的边长 ab、ad 为 99.9 m，为了消除误差，如何计算 P 点的直角坐标？

解：
$$x_P' = x_a + \frac{af}{ab} \times l = 40\ 300 + \frac{27\ \text{m}}{99.9\ \text{m}} \times 100\ \text{m} = 40\ 327.03\ \text{m}$$
$$y_P' = y_a + \frac{ak}{ad} \times l = 28\ 200 + \frac{29\ \text{m}}{99.9\ \text{m}} \times 100\ \text{m} = 28\ 229.03\ \text{m}$$

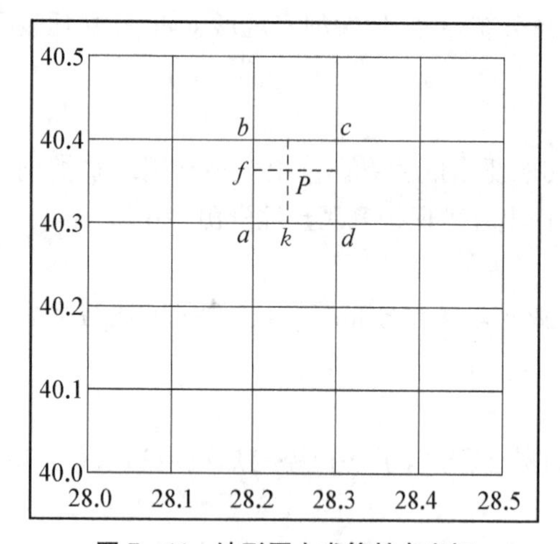

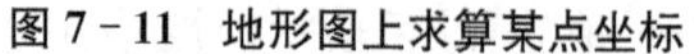
图 7－11　地形图上求算某点坐标

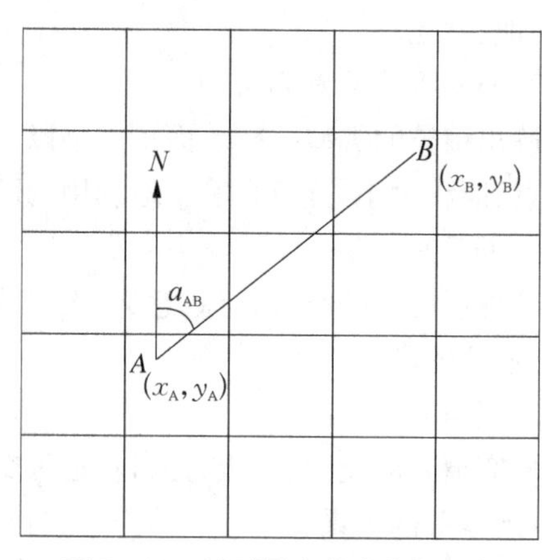

图 7－12　地形图上求直线方位角

(二) 求图上两点间的距离和方位角

1. 求图上某直线的方位角

如图 7－12 所示，设 A、B 两点的坐标分别为(x_A, y_A)和(x_B, y_B)，则直线 AB 的坐标方位角为

$$\alpha_{AB} = \arctan\frac{\Delta y_{AB}}{\Delta x_{AB}} = \arctan\frac{y_B - y_A}{x_B - x_A} \tag{7-6}$$

【例 7－4】 已知：$x_B = 500.000$ m，$y_B = 400.000$ m；$x_A = 550.123$ m，$y_A = 349.877$ m，$\beta_1 = 135°01'00''$，$\beta_2 = 190°10'20''$。求 α_{BP_1}，$\alpha_{P_1P_2}$。

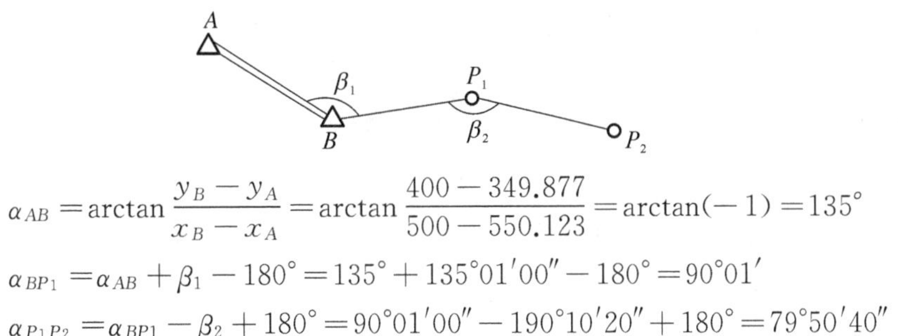

$$\alpha_{AB}=\arctan\frac{y_B-y_A}{x_B-x_A}=\arctan\frac{400-349.877}{500-550.123}=\arctan(-1)=135°$$

$$\alpha_{BP1}=\alpha_{AB}+\beta_1-180°=135°+135°01'00''-180°=90°01'$$

$$\alpha_{P1P2}=\alpha_{BP1}-\beta_2+180°=90°01'00''-190°10'20''+180°=79°50'40''$$

若精度要求不高,可过 A 点作 x 轴的平行线(或延长 BA 与坐标纵线交叉),用量角器直接量取直线 AB 的方位角。

2. 求图上两点间的距离

已知 A、B 两点的坐标,则 AB 两点的距离为

$$D_{AB}=\sqrt{\Delta x_{AB}^2+\Delta y_{AB}^2}=\sqrt{(x_B-x_A)^2+(y_B-y_A)^2} \tag{7-7}$$

【例 7-5】 已知: $x_B=500.000$ m, $y_B=400.000$ m; $x_A=550.123$ m, $y_A=349.877$ m,求 D_{AB}。

解: $D_{AB}=\sqrt{\Delta x_{AB}^2+\Delta y_{AB}^2}=\sqrt{(x_B-x_A)^2+(y_B-y_A)^2}$

$$=\sqrt{(400-349.877)^2+(500-550.123)^2}\approx 70.885 \text{ m}$$

若精度要求不高,则可根据比例尺在图上直接量取。

(三) 求图上某点高程

1. 点在等高线上

如果所求的点正好位于等高线上,如图 7-13 所示,则该点高程等于所在等高线高程。如 A 点高程为 49 m。

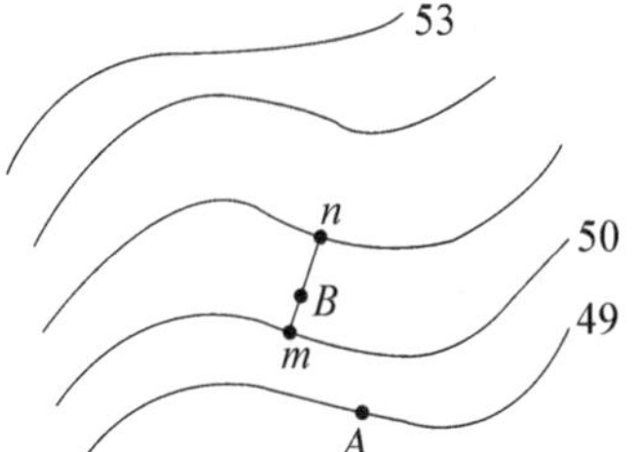

图 7-13　地形图上求点的高程

2. 点在等高线间

如所求点不在等高线上,位于两条等高线之间,则在相邻等高线的高程之间用比例内插法求得其高程。为求 B 点的高程,可由 B 点作大致与两等高线垂直的直线 mn,分别量取 mn、mB 之长,则 B 点高程可按下式计算:

$$H_B=H_m+\frac{mB}{mn}\cdot h \tag{7-8}$$

【例 7-6】 如图 7-13 所示,已知地形图的等高距 1 m,欲求 B 点高程。

解:过 B 点作大致与两等高线垂直的直线 mn,量得 $mn=14$ mm, $mB=9$ mm。设 B 点对高程较低的一条等高线的高差为 h,则 B 点高程为

$$H_B=50+\frac{9}{14}\times 1\approx 50.64 \text{ m}$$

考虑到地形图上等高线自身的高程精度,B 点的高程可根据内插法原理用目估法求得。

(四) 求直线的坡度

1. 按公式量算坡度

地面上两点的高差与其水平距离的比值称为坡度,用 i 表示。欲求图上直线的坡度,可

按前述的方法求出直线段的水平距离 D 与高差 h，再根据下式(7－9)计算其坡度。

$$i=\frac{h}{D}=\frac{h}{dM} \tag{7-9}$$

式中 d 为图上两点间的长度，M 为比例尺分母。

坡度常用百分率(%)或千分率(‰)表示。坡度也可用坡度角表示。

2. 用坡度尺量算坡度

方法是用圆规量取图上 2～6 条等高线间的宽度，然后到坡度尺上比量，在相应垂线下边就可读出它的坡度，要注意量几条在坡度尺上比几条。

(五) 地形图在园林工程上的应用

1. 按限制坡度在图上选线

从斜坡上一点出发，向不同的方向，地面坡度大小是不同的，其中有一个最大坡度。降雨时，水沿着最大坡度线流向下方。欲求斜坡上最大坡度线，就要在各等高线间找出连续的最短距离，将最大坡度线连接起来，就构成坡面上的最大坡度线。

【例 7－7】 如图 7－14A 所示，已知地形图的比例尺为 1∶1 000，等高距为 1 m。要从公路边 A 到山顶 B 修一条路线，其坡度不得超过 2%，请在图上定出该坡度的最短路线。

解：按所规定的坡度，路线通过两相邻等高线的最短图上距离为

$$d=h/Mi=1\ \text{m}\div(1\ 000\times2\%)=50\ \text{mm}$$

张开两脚规使其两脚宽度等于 50 mm，先以 A 点为圆心作圆弧，交 81 m 等高线于 1 及 1′ 点。再分别以 1 及 1′点为圆心，用同样的半径交 82 m 等高线于 2 及 2′点(也可交出其它两点，但应按路线平直，路程较短等条件选取一条)。依此类推，一直到 B。

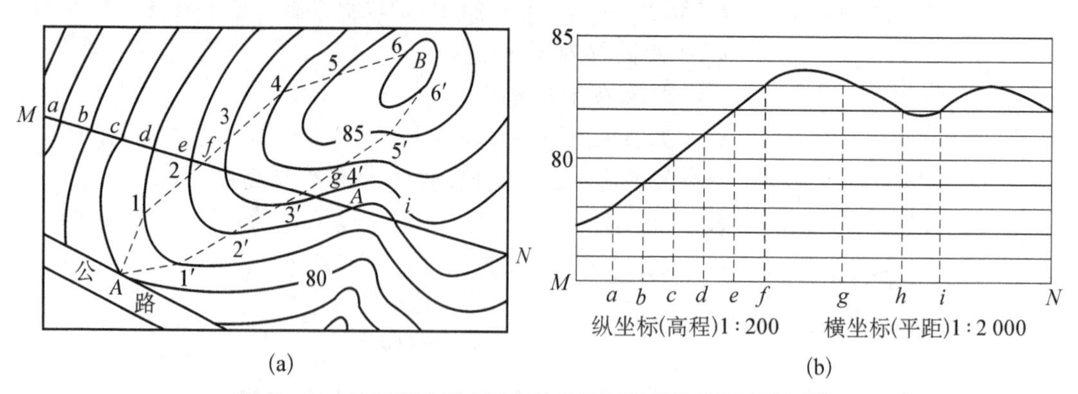

(a) (b)

图 7－14 按限制坡度在图上选线和根据地形图绘制断面图

图 7－14(a)中的两条路线都符合坡度要求的路线，并且路线均较短，至于最后确定哪一条路线，尚需参考工程上其他条件而定。

若相邻等高线间平距较大，按规定坡度所取的半径不能与等高线相交，则说明地面的坡度小于规定的坡度，线路方向可按地面的实际情况在图上任意确定，当然沿等高线的垂直方向其路线最短。

2. 按指定方向绘制地面断面图

如果需要了解某一方向地面起伏的情况，则可以根据地形图绘出该方向的断面图。

① 首先连接 M、N，要确定直线 MN 与等高线交点 a、b、…、N 的高程及各交点至起点 M 的水平距离。

② 绘制直角坐标系。用横坐标轴表示水平距离，其比例尺与地形图比例尺相同（也可以不相同）；纵坐标轴表示高程，为了更突出线路 MN 方向的地形起伏状态，其比例尺一般是水平距离比例尺的 10～20 倍。

③ 确定断面点。首先用两脚规（或直尺）在地形图上分别量取 Ma、Mb、…、MN 的距离；在横坐标轴上，以 M 为起点，量出长度 Ma、Mb、…、MN，以定出 M、a、b、…、N 点，通过这些点，作垂线与相应标高线的交点即为断面点。

④ 将所展绘的相邻各坐标点用平滑的曲线连接起来，即为方向线 MN 的断面图，如图 7－14(b)所示。

二、面积测定

在园林规划设计和工程建设中，常需要计算某一范围的面积。下面介绍几种图形面积测定的方法。

(一) 几何图形法

该方法适用于由折线连接成的闭合多边形。求面积时，把图形分解成若干个三角形、矩形、梯形等简单几何图形，如图 7－15 所示，分别量取计算面积所需的元素，计算其面积，将所有面积相加得整个图形的图上面积，再乘以比例尺分母的平方即得到其实地面积。

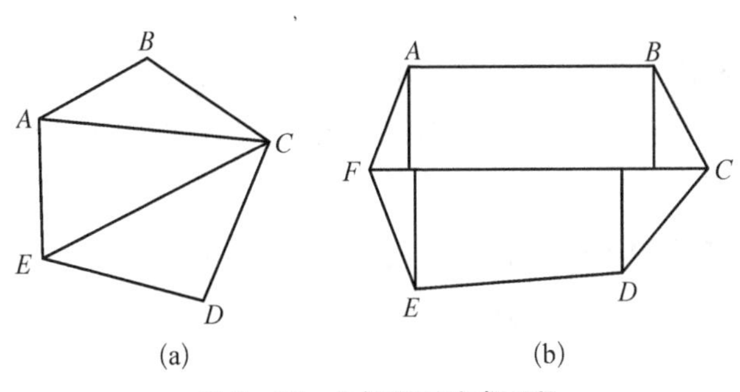

图 7－15　几何图形法求面积

$$A = A' \times M^2 \qquad (7-10)$$

【例 7－8】 在 1∶2 000 比例尺地形图中，某多边形图分成若干简单几何图形后，算得它们的面积总和 300 cm²，则该多边形相应的实地面积为多少平方米？

解：$A = 300\ \text{cm}^2 \times 2\,000^2 = 120\,000\ \text{m}^2$

(二) 透明方格纸法

地形图上所求的面积范围小，其边是不规则的曲线，可采用透明方格纸法。求面积时在透明方格纸或透明模片上做好边长 2 mm 或 4 mm 的正方形格网。测量面积时，将透明方格纸覆盖在图上并固定。分别统计出图形内不被图形分割的完整方格数和被图形分割的不完整方格数，完整方格数加上不完整方格数的一半，即为总方格数，则图形面积 A 为

$$A = \left(\frac{d \times M}{1\,000}\right)^2 \times n(\text{m}^2) \qquad (7-11)$$

式中 d 为方格的大小（单位为 mm），M 为比例尺分母，n 为总方格数。

【例 7－9】 图 7－16 中，位于图形内的完整分格数为 40，不完整分格数为 28，已知方格的规格为 2 mm，绘图比例尺为 1∶5 000，求该图形的面积。

解：
$$A=\left(\frac{2\times 5\ 000}{1\ 000}\right)^2\times(40+28/2)\mathrm{m}^2=5400\ \mathrm{m}^2$$

为了提高测量面积的精度，应任意移动方格网 2～3 次，并取各次方格总数的平均值作为最后结果。

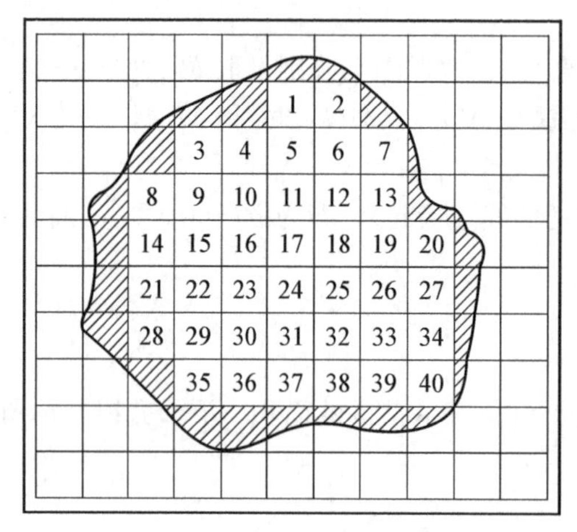

图 7－16　透明方格纸法求面积

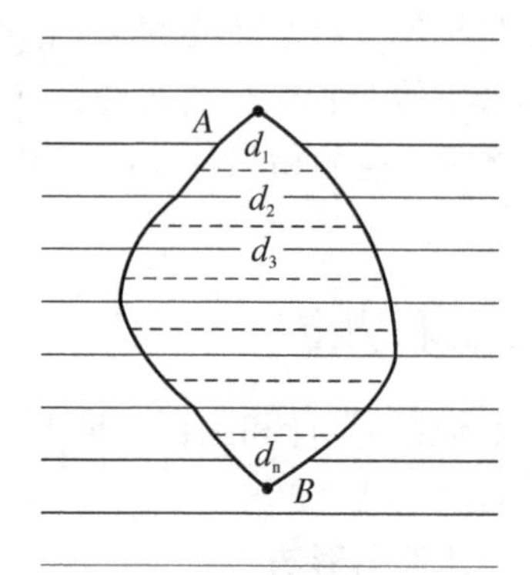

图 7－17　平行线法求面积

（三）平行线法（积距法）

平行线法是在透明模片上制作相等间隔的平行线，间隔可采用 2 mm。量测时把平行模板放在欲量测的图形上，整个图形被平行线分成许多等高的梯形，设图中梯形的中线分别为 d_1、d_2，…，d_n，量取其长度，则面积 A 为

$$A=d_1h+d_2h+\cdots+d_nh$$

$$A=(d_1+d_2+\cdots+d_n)h \tag{7-12}$$

（四）解析法（坐标法）

坐标解析法是根据房屋用地界址点或丘边界点的坐标计算房屋用地面积或丘的面积，也包括利用房角点的坐标计算房屋面积的方法。两者使用的方法、面积计算的公式、所测算面积的精度估算公式，都是完全相同的。

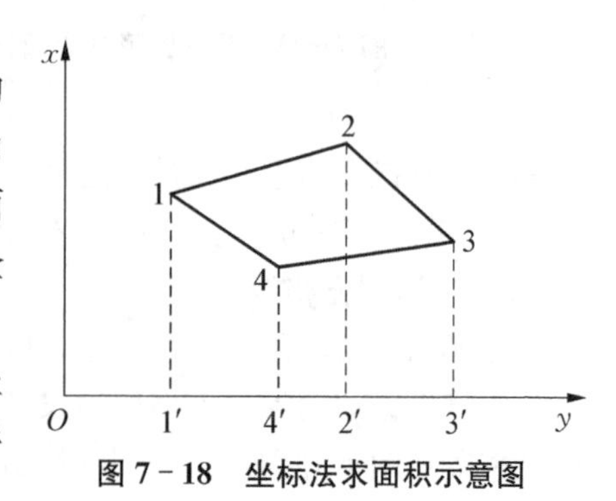

图 7－18　坐标法求面积示意图

如图 7－18 所示，图上土地边界 1、2、3、4 各点坐标已知，其面积为梯形 122′1′ 加梯形 233′2′ 减去梯形 144′1′ 与梯形 433′4′ 的面积，即

$$A=\frac{1}{2}\Big[(x_1+x_2)(y_2-y_1)+(x_2+x_3)(y_3-y_2)-(x_1+x_4)(y_4-y_1)-(x_3+x_4)(y_3-y_4)\Big]$$

解开括号，归并同类项，得

$$A=\frac{1}{2}[x_1(y_2-y_4)+x_2(y_3-y_1)+x_3(y_4-y_2)+x_4(y_1-y_3)]$$

或　$A=\frac{1}{2}[y_1(x_4-x_2)+y_2(x_1-x_3)+y_3(x_2-x_4)+y_4(x_3-x_1)]$

推广至 n 边形

$$A=\frac{1}{2}\sum_{i=1}^{n}x_i(y_{i+1}-y_{i-1})$$

或

$$A=\frac{1}{2}\sum_{i=1}^{n}y_i(x_{i-1}-x_{i+1}) \tag{7-13}$$

使用上两式,应注意首尾部两项括号内坐标的下标,当出现 0 或($n+1$)时,要分别以 n 和 1 代之。上面两式计算结果,可供比较检核。

【例 7-10】 有一个五边形的地块,数据见下表,请计算此地块的面积,单位为米。

表 7-4　面积计算

点　号	1	2	3	4	5
x 坐标	6	10	7	1	2
y 坐标	1	6	9	8	2

解:

$$S_1=\frac{1}{2}[6(6-2)+10(9-1)+7(8-6)+1(2-9)+2(1-8)]$$

$$=\frac{1}{2}[6\times4+10\times8+7\times2+1\times(-7)+2\times(-7)]$$

$$=\frac{1}{2}(24+80+14-7-14)=\frac{1}{2}\times97=48.5\ \text{m}^2$$

$$S_2=\frac{1}{2}[1(2-10)+6(6-7)+9(10-1)+8(7-2)+2(1-6)]$$

$$=\frac{1}{2}[1\times(-8)+6\times(-1)+9\times9+8\times5+2\times(-5)]$$

$$=\frac{1}{2}(-8-6+81+40-10)=\frac{1}{2}\times97=48.5\ \text{m}^2$$

用解析法计算面积,手工计算手续较繁,但其精度高(不受绘图误差和某些人为误差的影响),且通过编程在计算机上计算

也非常快,是当为今的主流方法。

思考与练习

一、选择

1. 高差与水平距离之(　　)称为坡度。

A. 和　　B. 差　　C. 比　　D. 积

2. 在地形图上,量得 A 点高程为 21.17 m,B 点高程为 16.84 m,AB 的平距为 279.50 m,则直线 AB 的坡度为(　　)。

A. 6.8%　　B. 1.5%　　C. −1.5%　　D. −6.8%

3. 已知 $A(10.00,20.00)$ 和 $B(40.00,50.00)$，则 α_{AB} =(　　)。

A. 0°　　B. 45°　　C. 90°　　D. 180°

4. 已知 $A(10.00,20.00)$ 和 $B(20.00,30.00)$，则 D_{AB} =(　　)。

A. 14.14　　B. 28.28　　C. 42.42　　D. 56.56

5. 某直线 AB 的坐标方位角为 230°，则其坐标增量的正负号为(　　)。

A. Δx 为正，Δy 为正　　B. Δx 为正，Δy 为负

C. Δx 为负，Δy 为正　　D. Δx 为负，Δy 为负

6. PQ 的距离 D_{PQ} 和方位角 α_{PQ} 为(　　)时，则 PQ 两点的坐标增量应为 $\Delta x_{PQ}=-74.894$ m，$\Delta y_{PQ}=+254.044$ m。

A. 179.150 m、163°34′27″　　B. 264.854 m、106°25′33″

C. 179.150 m、253°34′27″　　D. 264.854 m、286°25′33″

二、简答和计算

1. 设某点的地理坐标为：E121°22′35″，N28°45′24″，试求该点按国际分幅法所在 1∶100 万、1∶10 万、1∶1 万和 1∶5 000 地形图图幅号。

2. 如图 7-19，绘图比例尺为 1∶2 000，试完成以下项目：

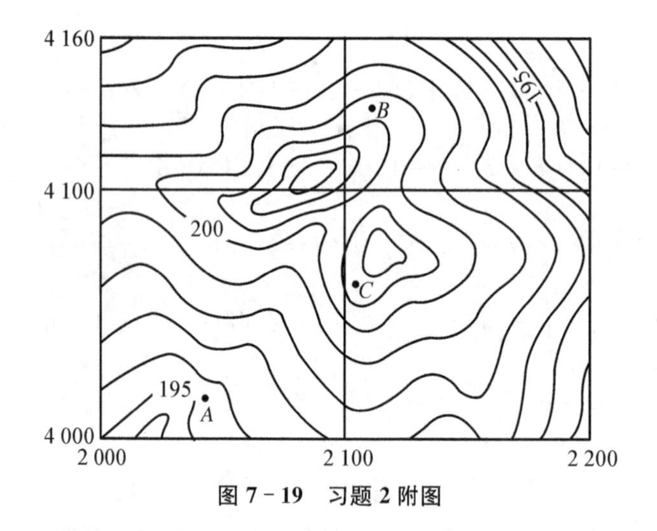

图 7-19　习题 2 附图

① 求 A、B、C 点的坐标；

② 计算 AB 的水平距离和方位角；

③ 求 A、C 两点的高程及其连线的坡度；

④ 由 A 到 C 定出一条坡度为 5%的路线；

⑤ 绘制 x=4 100 m 横坐标线方向的断面图；

3. 在 1∶1 000 的地形图上，量得某公园图上面积 458.2 cm^2，则该公园的实际面积为多少平方米？合多少公顷？

项目八
园林工程测量

知识目标

1. 掌握园林场地平整测量方格法和断面法;
2. 掌握点位测设的基本方法,包括极坐标法、角度交会法、支距法和距离交会法;
3. 掌握施工场地平面控制网和高程控制网的布设方法。

技能目标

1. 掌握拟建园林建筑主轴线定位的方法步骤;
2. 利用方格网法将园林场地平整成水平地面或平整成具有坡度的地面;
3. 能够对园林绿化工程中的花坛和园林绿地进行测设。

任务一　园林工程测量概述

在工程建设方面,如建筑、交通运输等各项工程的勘测、规划、设计、施工、竣工以及运营后的监测、维护都需要进行测量。

一、规划设计前的测量

该阶段的测量工作主要为园林规划设计服务。当某一园林用地要进行规划设计之前,必须充分掌握该用地的基本情况,如用地地面的高低起伏、坡向和坡度变化情况及道路、水系、房屋、管线、植被等地物的分布情况,而地形图恰恰可以体现这些内容。

二、规划设计测量

在勘测设计各个阶段,需要勘测区的地形信息和地形图,供工程规划、选址和设计使用。

在进行规划设计时,某些需要细部设计的工程项目还需进行详细的专项工程测量,如园林道路定线测量、纵横断面图的测绘和场地平整测量等。

三、施工测量

在施工阶段,要进行施工测量,把设计好的建筑物、构筑物的空间位置测设于实地,以便据此进行施工,采用一定的仪器和测量方法来进行。

(1) 施工前的测量:如施工控制网的建立,园林建筑物的定位,园林地物放样,建筑物放线,园路中线放样,植物定植点的测设等。

(2) 施工中的测量:随着工程施工的进展,在每道工序之前进行的测量工作。如基槽底部设计标高的测设，堆山设计高、挖湖等深线标志的测设，园路路面设计标高的测设等。

四、竣工测量

施工完成后，及时地进行竣工测量，编绘竣工图，为今后建筑物的扩建、改建、修建以及进一步发展提供依据。

竣工测量在园林工程上是将规划设计施工完毕后的绿地进行验收测量。主要检查各项工程是否达到设计目的，还有对验收测量所得的图纸资料进行存档，为今后的管理、维修、使用和扩建提供信息。

任务二　园林场地平整测量

在园林工程建设、居民点规划、村镇规划等工程建设特别是基本农田建设中，往往需要将原有高低不平的地面，平整为水平或者倾斜地面，为此先要在地形图上作平整场地的设计。

园林场地平整是将原来高低起伏不平的地形，按照设计要求改造为平坦或具有一定坡度的地面，以用于广场、停车场、运动场、苗圃地、草坪用地、建筑用地等。

一、平整成水平地面

方格网法适用于平整地貌起伏不大或地貌变化比较有规律的场地，其首要工作是在待平整的园林场地上布设方格网。方格的边长取决于地形的复杂程度和土石方量要求估算的精度，地面起伏程度越大，布设的方格越小；为了便于计算，方格的边长一般取 10 m、20 m 或 50 m。其步骤如下。

1. 布设方格网

在待平整的土地上布设方格网，方格的大小视地面起伏而定，一般为 10～50 m，地面起伏大，布设的方格小，反之方格大。

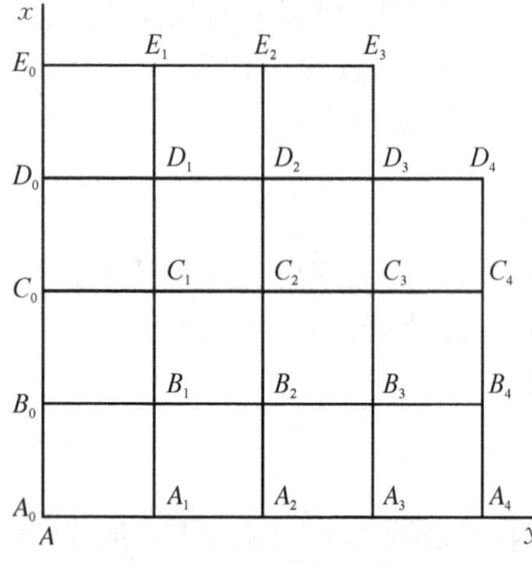

图 8－1　布设方格网

布设方格网时，通常在待平整的土地边缘（或中间）定一条基准线，如图 8－1 的 Ax，在基准线上从 A 点开始每隔一定距离（如 20 m）钉一木桩，编号依次为 A_0、B_0、C_0、…等。在 A_0点安置经纬仪，定出基准线的垂直方向 Ay，在其方向线上从 A_0点开始每隔 20 m 钉一木桩，编号依次为 A_1、A_2、A_3、…等；把仪器搬安置到 B_0点，定出基准线的垂直方向，每隔 20 m 钉一木桩，分别定出 B_1、B_2、B_3、…等桩位，同法定出其它各点，写上编号、钉下木桩，这样地面上就布好了方格网。最后，画一份草图，供下面的测量和计算使用。

2. 测量各方格点的高程

测量各方格点的高程，可采用国家高程系，也可采用独立高程系。若使用假定高程系，假定高程的起点应选在待平整土地之外且今后施工时不受破坏的地方，并做好标志。

测量时，应先进行高程控制测量，然后测各方格点的高程，具体方法同水准测量。若待平整地面面积不大且高差较小时，也可直接测出各方格点的高程。

测量时应注意水准仪视线水平，读数至厘米即可，水准尺应立在桩位傍且具有代表性的地面上(特别是桩位恰好落在局部的凹凸处)，记录时要注意立尺点的编号，不要张冠李戴，并现场计算各方格点高程，随时与实地情况校对，避免错误产生。

若有精度满足要求的大比例尺的地形图，上述1、2步骤可在地形图上完成。即在地形图上拟平整的场地内绘制方格网，再根据图上等高线分别求出各方格点的高程。

3. 计算设计高程

在方格网中，四周只有一个方格的点称为角点，如图8-1中E_0、E_3、D_4、A_4、A_0点；四周有两个方格的点称为边点，如图8-1中E_1、E_2、C_4、B_4等点；四周有三个方格的点称为拐点，如图8-1中D_3点；四周有四个方格的点称为中点，如图8-1中的D_1、D_2、C_1等点。

设计高程等于各方格平均高程的算术平均值(即各方格平均高程相加除以方格数)，每一方格的平均高程等于该方格四个点高程相加除以4。

从设计高程计算中可看出：角点的高程在计算中只用过一次，边点的高程在计算中用过两次，拐点的高程用过三次，中点的高程用过四次。所以，场地设计高程可写成下面的计算公式：

$$H_{设}=\frac{\sum H_{角}+2\sum H_{边}+3\sum H_{拐}+4\sum H_{中}}{4n} \tag{8-1}$$

式中$H_{设}$为场地的设计高程，$\sum H_{角}$、$\sum H_{边}$、$\sum H_{拐}$、$\sum H_{中}$分别为各角点、边点、拐点、中点的高程累和，n为总方格数。

4. 计算填挖高

各方格点的填挖高h是各方格点的设计高程与地面高程之差，即

$$h=H_{设}-H_{地} \tag{8-2}$$

若上式计算结果$h<0$，表示挖方；$h>0$，表示填方。把h值标注在相应的方格点上。

5. 估算土方量

先在方格网上绘出开挖线，即各方格边上不填不挖的点(零点)的连线。如图8-2中的虚线。零点位置可目估确定，也可按比例计算确定。设方格边长为a，某一方格边的零点离挖方点的距离为x，则

$$x=\frac{a\times|h_{挖}|}{|h_{挖}|+|h_{填}|} \tag{8-3}$$

填挖方工程量可按下式估算：

$$\begin{aligned}V_{挖}&=\frac{A}{4}\left(\sum h_{角挖}+2\sum h_{边挖}+3\sum h_{拐挖}+4\sum h_{中挖}\right)\\V_{填}&=\frac{A}{4}\left(\sum h_{角填}+2\sum h_{边填}+3\sum h_{拐填}+4\sum h_{中填}\right)\end{aligned} \tag{8-4}$$

式中A为一个方格的面积。

【例8-1】将图8-2整成水平地面。已知方格边长为20 m，各点高程见图示。

解:按公式计算设计高程

$$H_{设}=\frac{1}{44}[(2.60+2.40+3.20+2.60+3.60)+2(2.56+2.48+2.40+2.48+2.70+2.90+3.20+2.70)+3\times2.40+4(2.60+2.50+3.00+2.60+2.88)]$$
$$\approx2.70\ \mathrm{m}$$

按公式计算各点填挖高,并记在相应方格点上,如图 8-2 括号内的数据。按公式计算填挖方工程量

$$V_{挖}=\frac{400}{4}[(0.50+0.90)+2(0.50+0.20)+4(0.30+0.18)]\mathrm{m}^3=472\ \mathrm{m}^3$$

$$V_{填}=\frac{400}{4}[(0.10+0.30+0.10)+2(0.14+0.22+0.30+0.22)+3\times0.30+4(0.10+0.20+0.10)]\mathrm{m}^3=476\ \mathrm{m}^3$$

填挖基本平衡,说明计算无误。

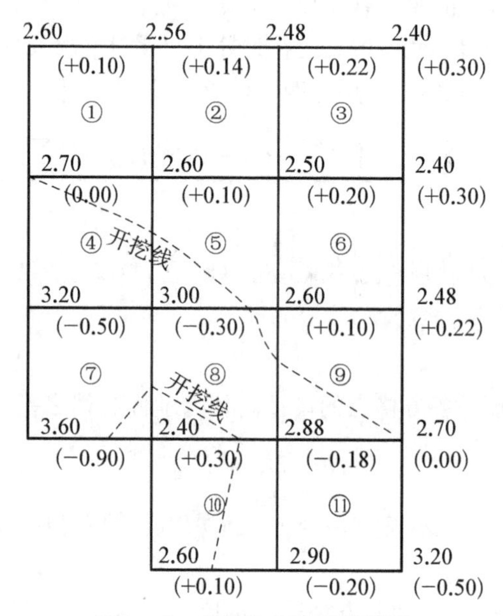

图 8-2　方格法场地平整举例

二、平整成具有坡度的地面

为了节省土方工程和满足场地排水等需要,在填、挖土方平衡的原则下,往往要将园林场地平整成具有坡度的地面。在平整工作中,坡度大小应视灌溉方式和土质情况而定,横向坡度一般为零,如有坡度,以不超过纵坡(水流方向)的一半为宜;另外,为防止水土流失,无论纵坡还是横坡,都不宜超过 0.5%。

(一) 计算各方格点的设计高程

若将场地平整成具有坡度的地面,首先应选择"零点",其位置一般选在场地中央的桩点上(如图 8-3 中的 C_1 点);然后以地面的平均高程作为"零点"的设计高程,并以该点为中心,沿纵、横方向并按照坡降值,逐一计算出各方格点的设计高程。

【例 8-2】如图 8-3 所示,纵向坡降为 0.2%、横向坡降为 0.1%,每个方格的边长均为

20 m；且经计算可知，“零点”C_1 的设计高程为 2.70 m，试根据图中所标注的地面高程等数据，求算 B_1、D_1、C、C_2 点以及其他各方格点的设计高程。

解：由题意，并根据图 8－3 中所标注的有关数据可得

纵向每 20 m 长的坡降值为 20 m×0.2%＝0.04 m

横向每 20 m 长的坡降值为 20 m×0.1%＝0.02 m。

因此，B_1 点的设计高程为 2.70 m＋0.04 m＝2.74 m

D_1 点的设计高程为 2.70 m－0.04 m＝2.66 m

C 点的设计高程为 2.70 m－0.02 m＝2.68 m

C_2 点的设计高程为 2.70 m＋0.02 m＝2.72 m

同理，可计算出其他各个方格点的设计高程，一并标注于图 8－3 中。

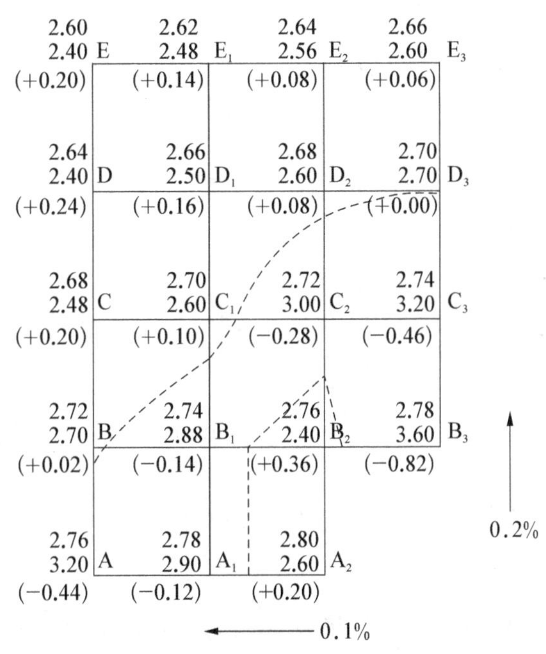

图 8－3　平整成具有坡度的地面(单位:m)

(二) 计算各方格点的填高或挖深

在图 8－3 中，根据公式(8－2)，“零点”C_1 的填高为 0.10 m(即 2.70 m－2.60 m＝＋0.10 m)；同理，可计算出其他各个方格点的填高或挖深数据。

(三) 计算土方量，标明开挖线

1. 计算填、挖土方量

在平整园林场地中，当总填方量与总挖方量相差较多，并超过填、挖方量绝对值平均数的 10%时，需要对设计高程进行修正，直至填、挖土方量基本平衡为止。如图 8－3 所示，各方格网点的填高或挖深数据已标注于括号内，又知各方格的边长均为 20 m，此时，根据公式(8－4)可计算出填土量为 426 m^3，挖土量为 410 m^3；经分析，填土量比挖土量多 16 m^3，该数值为填、挖方量绝对值平均数的 3.83%，因此无须调整设计高程。

2. 标明开挖线

在图 8－3 上找出开挖边界线位置，然后在待平整园林场地上进行标明，作为施工时的

填、挖边界。

三、断面法

在地形变化较大的地区，可以用断面法来估算土方量。

在图 8-4(a)中，$ABCD$ 是计划在山梁上拟平整场地的边线。设计要求：平整后场地的高程为 67 m；AB 边线以北的山梁要削成 1∶1 的斜坡；分别估算挖方和填方的工程量。

结合这个例子，把场地分为两部分来讨论。

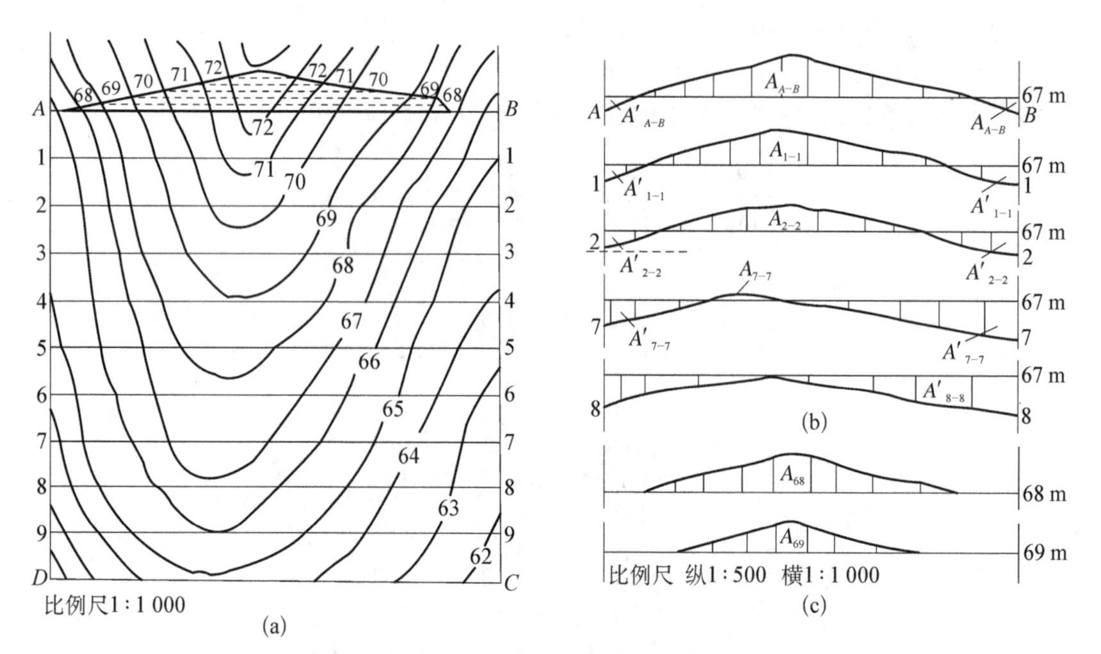

图 8-4 断面法场地平整距离

1. *ABCD* 场地部分

根据 $ABCD$ 场地边线内的地形图，每隔一定间距(本例采用的是 10 m)画一垂直于左、右边线的断面图，图 8-4(b)即为 $A-B$、1-1、2-2、7-7 和 8-8 的断面图(其它断面省略)。断面图的起算高程定为 67 m，这样，在每个断面图上，凡是高于 67 m 的地面和 67 m 高程起算线所围成的面积即为该断面处的挖方面积；凡是低于 67 m 的地面和 67 m 高程起算线所围成的面积即为该断面处的填方面积。

在求出每一断面处的挖方面积和填方面积后，可采用平均断面积法计算出相邻断面间的挖方和填方量。例如，$A-B$ 断面和 1-1 断面间的挖方和填方量分别为

$$V_{挖(AB-11)}=\frac{A_{A-B}+A_{1-1}}{2}\times l \tag{8-5}$$

$$V_{填(AB-11)}=\frac{A'_{A-B}+A''_{A-B}+A'_{1-1}+A''_{1-1}}{2}\times l \tag{8-6}$$

上式中 A 是断面处的挖方面积，A' 和 A'' 是断面处的填方面积，l 是两相邻横断面间的间距。同法可计算其它相邻断面间的土方量。最后求出 $ABCD$ 场地部分的总挖方量和总填方量。

2. AB 线以北的斜坡部分

首先按地形图的等高距和设计坡度，算出斜坡上设计等高线间的水平距离(间距)；然后按间距绘出设计等高线。在本例中，地形图等高距是 1 m，斜坡设计坡度给定为 1∶1，所以设计等高线间的水平距离是 1 m，按照地形图的比例尺，在边线 AB 以北画出这些彼此平行且等高距为 1 m 的设计等高线，如图 8－4(a)所示(AB 以北的虚线部分)。每一条斜坡设计等高线与同高程的地面等高线相交的点，称为零点，把这些零点用曲线连起来，即为一条不填不挖的零线。在零线范围内，就是需要挖土的地方。

为了计算土方，需要画出每一条设计等高线处的断面图，其起算高程要等于该设计等高线的高程，如图 8－4(c)中画出了 68－68 和 69－69 设计等高线的断面图。有了每一设计等高线处的断面图后，即可计算相邻两断面的挖方。

例如，$A-B$ 断面和 68－68 断面间、68－68 和 69－69 断面间的挖方分别为

$$V_{挖(AB-68)}=\frac{A_{A\text{-}B}+A_{68}}{2}\times l'、V_{挖(68-69)}=\frac{A_{68}+A_{69}}{2}\times l'$$

式中 l'为相邻断面间水平距离，本例 $l'=1$ m。

最后，第一部分和第二部分的挖方总和即为总挖方，填方总和即为总填方。

如果没有待平整区域的地形图，可以用仪器现场实测断面图。即先在待平整的土地边缘或中间设置一条基线，在基线上按一定的桩距测设桩号，并测定其地面高程；在每个桩位上安置仪器，测出横断面方向上每个坡度变化点与桩号之间的水平距和高差，最后绘出各个桩号的横断面图。其它计算方法同上。

任务三　测设的基本工作

根据设计图中园林建筑物、园林小品等工程与已知点位之间的距离、角度、高差关系，利用测量仪器和工具，可将各类园林工程的平面位置和高程测设到地面上，以作为施工的依据。

一、水平角的测设

水平角的测设，就是在角的顶点根据一已知边的方向，将设计水平角的另一边方向在地面上标定出来。

1. 正倒镜分中法

当水平角测设精度要求不高时，可采用正倒镜(盘左盘右)分中法。如图 8－5 所示若直线 OA 的方向已知，可在 O 点安置经纬仪，在 A 点上竖立一根标杆，用经纬仪盘左位置照准 A 点后，将水平度盘读数调为 0°00′00″，然后顺时针转动照准部，使水平度盘读数为设计角度 β，并在此方向线上标定出一个点 B'；为了检核盘左测设成果，再用经纬仪盘右位置重新瞄准 A 点，读取水平度盘读数为 x，随即顺时针转动照准部，使水平度盘读数为“$x+\beta$”，同法在该视线方向上标定出一个点 B''，并使 $OB'=OB''$；

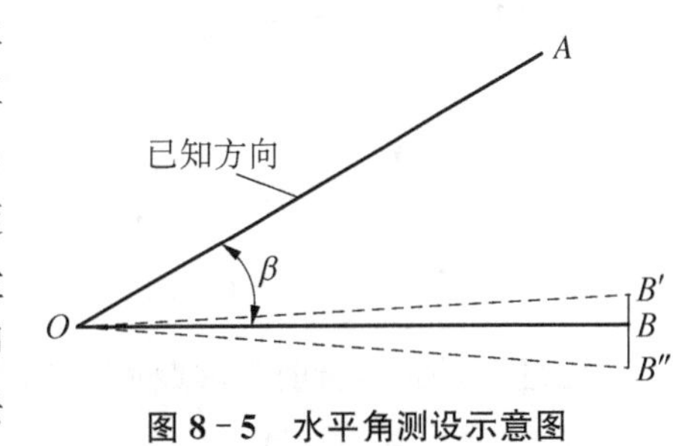

图 8－5　水平角测设示意图

因为有误差存在，一般 B' 点和 B'' 点不重合，此时将 B'、B'' 连接并取它的中点 B，那么 $\angle AOB$ 即为需要测设的 β 角。

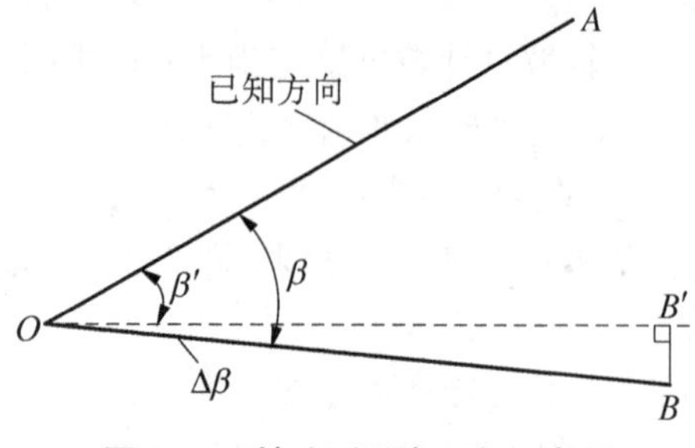

图 8-6 精确测设水平角示意图

2. 多测回修正法

当水平角测设的精度要求较高时，可采用多测回修正法。如图 8-6 所示，直线 OA 为已知方向，首先用正倒镜分中法测设已知水平角 β'，得到一个点 B'，然后再用测回法观测 $\angle AOB'$，一般进行 2～3 个测回，则可得出所测角度的平均值 β'；用钢尺量取 OB' 的水平距离，并从 B' 点起，在垂直于 OB' 的方向上量取 $B'B=OB'\times\tan\Delta\beta$，标定出 B 点，那么 $\angle AOB$ 就是需要测设的 β 角。当 $\Delta\beta>0$ 时，应由 B' 向角度外侧量距；若 $\Delta\beta<0$，则应由 B' 点向内侧量距。

二、水平距离测设

测设水平距离就是根据给定直线的起点和方向，将设计的长度（即直线的终点）标定出来。其方法如下：

一般情况下，可根据现场已定的起点 A 和方向线，如图 8-7 所示，将需要测设的直线长度 D 用钢尺量出，定出直线端点 B'。如测设的长度超过一个尺段长，应分段丈量。返测 $B'A$ 的距离，若较差（或相对误差）在容许范围内，取往返丈量结果的平均值作为 AB' 的距离 D'，并调整端点位置 B' 至 B，使 $B'B=D-D'$，当 $B'B>0$ 时，B' 往前移动；反之，往后移。

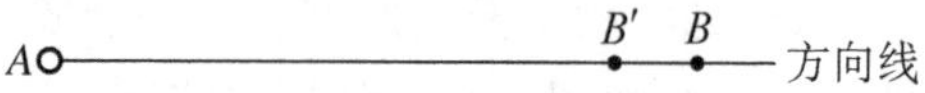

图 8-7 水平距离的测设

当精度要求较高时，必须用经纬仪进行直线定线，并进行尺长、温度和倾斜改正。

三、高程测设

根据某水准点（或已知高程的点）测设一个点，使其高程为已知值。其方法如下：

(1) 如图 8-8 所示，A 为水准点（或已知高程点），需在 B 点处测设一点，使其高程 H_B 为设计高程。测设时，安置水准仪于 A、B 的等距离处，整平仪器后，后视 A 点上的水准尺，得水准尺读数为 a。

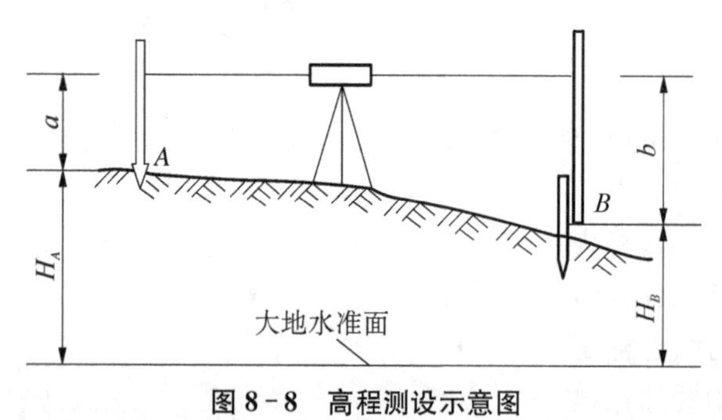

图 8-8 高程测设示意图

(2) 在 B 点处钉一大木桩（或利用 B 点处牢靠物体），转动水准仪的望远镜，前视 B 点上的水准尺，使尺缓缓上下移动，当尺读数恰为

$$b=H_A+a-H_B \qquad (8-7)$$

时，尺底的高程即为设计高程 H_B，用笔沿尺底划线标出。

注意：施测时，若前视读数大于 b，说明尺底高程低于欲测设的设计高程，应将水准尺慢慢升高；反之应降低尺底。

(3) 如果不用升降水准尺的方法，也可将水准尺直接立于桩顶，读出桩顶读数 $b_{读}$，进而求出桩顶高程改正数 $h_{改}$，并标于木桩侧面。即：

$$h_{改}=b_{读}-b \tag{8-8}$$

若 $h_{改}>0$，自桩顶上返 $h_{改}$ 为设计标高；若 $h_{改}<0$，自桩顶下返 $h_{改}$ 为设计标高。

【例 8-3】设计给定±0.000 的 B 点标高为 12.518 m，即 $H_B=12.518$ m；水准点 A 的高程为 12.106 m，即 $H_A=12.106$ m。将水准仪置于二者之间，在 A 点尺上的读数为1.402 m，问在 B 点木桩上的水准尺读数为多少时，尺底才位于设计高程位置？若 B 点水准尺是立在桩顶，且其读数为 0.962 m，那么 B 点桩顶应上返还是下返多少米才能达到设计高程的位置？

解：
$$b=H_A+a-H_B=12.106+1.402-12.518=0.990 \text{ m}$$

即 B 点水准尺读数为 0.990 m 时，尺底的标高即为 B 点设计标高。

$$h_{改}=b_{读}-b=0.962-0.990=-0.028 \text{ m}$$

说明从 B 点桩顶下返 0.028 m 即为设计标高。

在施工过程中，常需要同时测设多个同一高程的点（即抄平工作），为提高工作效率，应将水准仪精密整平，然后逐点测设。

四、点位测设的基本方法

地物平面位置的放样，就是在实地测设出地物各特征点的平面位置，作为施工的依据。测设点的平面位置方法通常有：极坐标法、角度交会法、直角坐标法、距离交会法等。

（一）极坐标法

极坐标法是根据已知水平角和水平距离测设地面点的平面位置，适合于量距方便，并且测设点距控制点较近的地方。原理是根据已知地面点的坐标和待放样点坐标，用坐标反算的方法分别计算直线的坐标方位角间的水平夹角，然后用距离公式计算两点间的距离，然后在地面测设放样。

(1) 计算放样元素 β 和 D_{PA}。如图 8-9 所示，根据现场控制点 P、Q 和待放样点 A 的坐标，用坐标方位角公式分别计算 PQ 和 PA 的坐标方位角 α_{PQ}、α_{PA}。

$$\alpha_{PA}=\arctan\frac{y_A-y_P}{x_A-x_P}$$

求 PA 与 PQ 的夹角 β

$$\beta=\alpha_{PQ}-\alpha_{PA}$$

计算 PA 的水平距离 D_{PA}

$$D_{PA}=\sqrt{(x_A-x_P)^2+(y_A-y_P)^2}$$

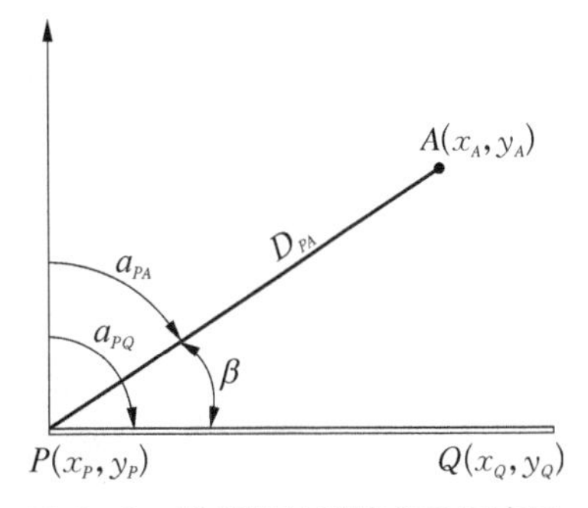

图 8-9 极坐标法测设点位示意图

(2) 置经纬仪于 P 点，用测设水平角方法使 $\angle APQ=\beta$，定出 PA 方向线。

(3) 以 P 为起点，沿着 PA 方向线上，测设距离 $PA=D_{PA}$，则 A 点即为欲测设的点。

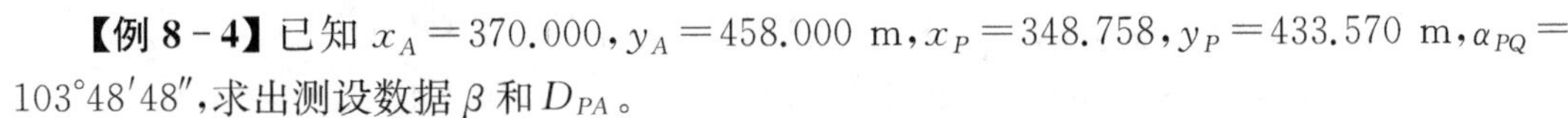
【例 8-4】已知 $x_A=370.000$，$y_A=458.000$ m，$x_P=348.758$，$y_P=433.570$ m，$\alpha_{PQ}=103°48'48''$，求出测设数据 β 和 D_{PA}。

$$\alpha_{PA}=\arctan\frac{y_A-y_P}{x_A-x_P}=\arctan\frac{458.000-433.570}{370.000-348.758}\approx 48°59'34''$$

$$\beta=\alpha_{PQ}-\alpha_{PA}=103°48'48''-48°59'34''=54°49'14''$$

$$D_{PA}=\sqrt{(x_A-x_P)^2+(y_A-y_P)^2}$$

$$=\sqrt{(370.000-348.758)^2+(458.000-433.570)^2}$$

$$\approx 32.374\ \text{m}$$

（二）角度交会法

角度交会法是根据前方交会的原理，分别在两个控制点上用经纬仪测设两条方向线，两条方向线相交得到待测设点的平面位置。它的放样元素是两个已知角，其角值根据两个已知点和待测点的坐标计算得到。

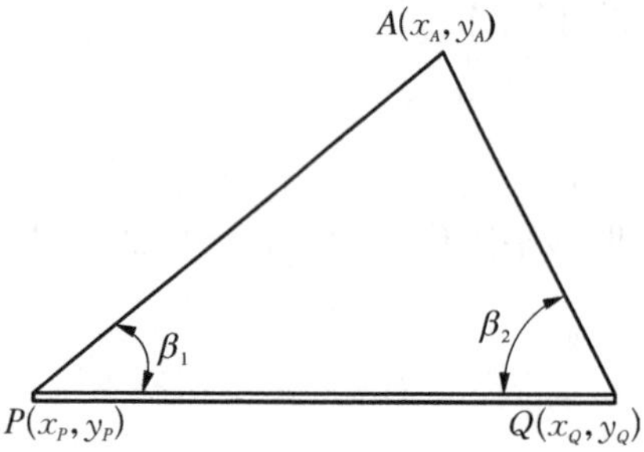

当现场量距不便或待测点远离控制点时，可采用此法。其步骤如下：

（1）如图 8-10 所示，欲测设 A 点，P、Q 为现场控制点，根据 A、P、Q 点的坐标值可计算 PA、QA 与 PQ 的方位角及 PA 与 PQ、QA 与 QP 夹角 β_1 和 β_2。

（2）两架经纬仪分别置于 P、Q 两点，各测设 $\angle APQ=\beta_1$、$\angle AQP=\beta_2$。

图 8-10　角度交会法测设点位示意图

（3）指挥一人持一测钎，在两方向线交会处移动，当两经纬仪同时看到测钎尖端，且均位于两经纬仪十字丝纵丝上时，A 点即为欲测设的点。

【例 8-5】如图 8-10 所示，控制点 P、Q 和需求点 A 的坐标如下表，计算用 P、Q 两个点进行前方交会，测设 A 点的放样元素的角值，如表 8-1，并画出放样草图。

表 8-1　各点坐标值

点名	坐标	
	X(m)	Y(m)
P	502.367	1 011.488
Q	504.489	1 212.699
A	600.000	1 100.000

解：（1）根据各点的坐标，按照坐标方位角公式计算各点的坐标方位角为：

$$\alpha_{PQ}=\arctan\frac{y_Q-y_P}{x_Q-x_P}=\arctan\frac{1\,212.699-1\,011.488}{504.489-502.367}\approx 89°23'45''$$

$$\alpha_{PA}=\arctan\frac{y_A-y_P}{x_A-x_P}=\arctan\frac{1\,100.00-1\,011.488}{600.000-502.367}\approx 42°11'41''$$

$$\alpha_{QA}=\arctan\frac{y_A-y_Q}{x_A-x_Q}=\arctan\frac{1\,100.00-1\,212.699}{600.000-504.489}\approx 310°16'51''$$

（2）求放样元素 β_1 和 β_2 的角值。由图 8-10 可知：

$$\beta_1=\alpha_{PQ}-\alpha_{PA}=89°23'45''-42°11'41''=47°12'04''$$

$$\beta_2=\alpha_{QA}-\alpha_{QP}=310°16'51''-(89°23'45''+180°)=40°53'06''$$

(3) 求各边的边长

经过坐标反算,求得各边的边长为:

$$S_{PQ}=201.222\ \text{m}$$
$$S_{PA}=131.782\ \text{m}$$
$$S_{QA}=147.728\ \text{m}$$

(4) 绘制放样略图。根据已知数据和计算出的放样角度 β_1 和 β_2 以及各边的边长绘制放样略图(省略)。

(三) 直角坐标法

直角坐标法是根据已知点与待测设点的纵、横坐标之差,在地面上标定出点的平面位置,适用于相邻两控制点的连线平行于坐标轴线的矩形控制网。如图 8－11 所示,OA、OB 分别为两条相互垂直的主轴线或两条已有的相互垂直的道路线,拟建园林建筑物的两条轴线 MQ、PQ 分别与 OA、OB 平行,并已知 O 点坐标为(x_O, y_O),M 点的坐标为(x, y)。测设平面点位时,首先在 O 点上安置经纬仪,用盘左位置瞄准 A 点后,沿 OA 方向从 O 点向 A 测设 $y-y_O$ 的长度得点 C;然后将经纬仪搬至 C 点,仍瞄准 A 点,逆时针旋转照准部,测设出 90°的水平角,随后沿此视线方向从 C 点测设 $x-x_O$ 的长度,即得到 M 点位置。同法可测设出拟建园林建筑物的角点 N、P 和 Q。

(四) 距离交会法

距离交会法是利用两线段距离进行交会,其交点就是所要测设位置。该法适合于测设点离两个控制点较近,并且地面平坦,便于量距的场合。其步骤如下:

(1) 如图 8－12 所示,欲测设一点 A,现场控制点为 P、Q,根据 A、P、Q 点坐标值分别求出 PA 及 QA 的水平距离 D_{PA} 和 D_{QA}。

(2) 以 P、Q 两点为圆心,D_{PA} 及 D_{QA} 为半径,分别在地面上画弧,并在两弧交点处打木桩,然后再在桩顶交会所得的点,即为欲测设的 A 点。

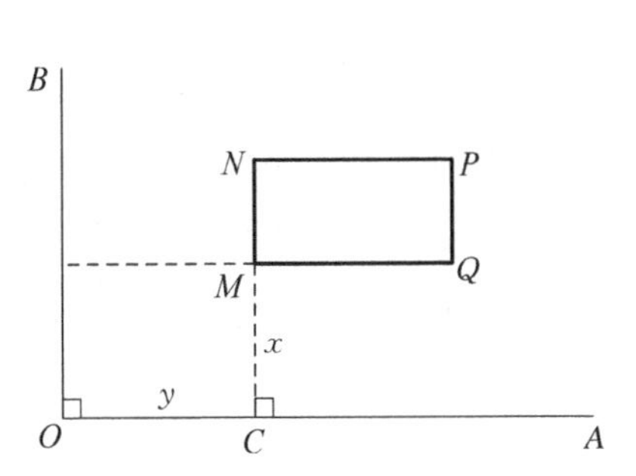

图 8－11　直角坐标法测设点位

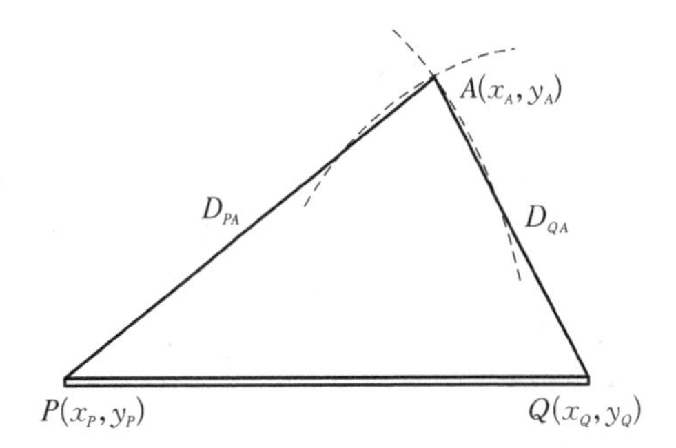

图 8－12　距离交会法测设点位示意图

任务四　园林建筑工程施工测量

一、施工控制测量

施工控制测量与测图控制测量相比,具有控制范围小、控制点密度大、测量精度要求高以及使用频繁等特点。施工控制网亦分为平面控制网和高程控制网两种。

(一) 施工场地平面控制网的布设

根据施工场地地形情况，平面控制网可以布设为建筑方格网和建筑基线等形式。

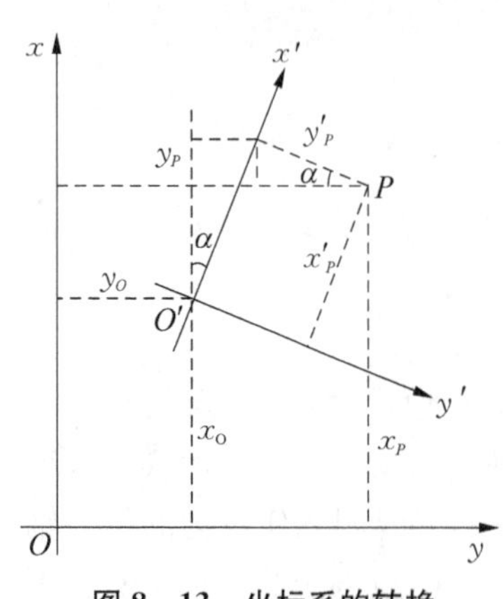

图 8-13 坐标系的转换

1. 布设建筑方格网

(1) 施工坐标与测量坐标的转换　在设计和施工中，常采用施工坐标系(也称建筑坐标系)，它往往与测量坐标系不一致，在建筑方格网测设之前，需要进行坐标系的转换，以便求算测设数据。如图 8-13 所示，测量坐标系为 xoy，施工坐标系为 $x'o'y'$，施工坐标系的原点 O' 在测量坐标系中的纵横坐标值为 x_o、y_o，α 为施工坐标系的纵轴 X' 在测量坐标系中的坐标方位角，那么，当 P 点的施工坐标为 (x'_p, y'_p) 时，则其测量坐标 (x_p, y_p) 为

$$\left.\begin{aligned} x_p &= x_o + x_p'\cos\alpha - y_p'\sin\alpha \\ y_p &= y_o + x_p'\sin\alpha + y_p'\cos\alpha \end{aligned}\right\} \tag{8-9}$$

施工坐标系的 x' 轴和 y' 轴应与园林场地内的主要建筑物、主要道路以及管线方向平行，施工坐标系的原点 O' 应设在总平面图的西南角，以使所有建筑物的设计坐标均为正值。

(2) 建筑方格网的布设　由正方形或矩形组成的施工平面控制网，称为建筑方格网，如图 8-14 所示。建筑方格网适用于按矩形布置的建筑群或大型建筑场地，可根据设计总平面图上的建筑物分布、管线布设以及现场地形等情况进行拟定。当园林建筑场地较大时，方格网通常分为二级，首级可采用十字形、口字形或田字形，然后再对格网进行加密；当建筑场地较小时，应尽量布置成全面方格网。布设方格网时，要求格网的各边通视条件良好，边长大小一般为 100～200 m，格网的主轴线位于整个场地的中部，并与拟建建筑物的主轴线平行；方格网的网线间夹角应为 90°，方格网点的点位还应埋设标石。如图 8-14 中，A、O、B 为所布设方格网的主轴线点，可用极坐标法进行测设。

2.布设建筑基线

对于地势平坦的小型施工场地，且园林建筑工程较简单时，可采用建筑基线。建筑基线应尽可能靠近建筑物，并使其与建筑物的主要轴线平行，以便使用直角坐标法进行定位。为便于相互检核，建筑基线上的基线点应不少于三个，其点位应选在通视条件良好和不易被破坏的地方，且要埋设永久性的混凝土桩。建筑基线常用的布设形式有四种，即“三点直线”形、“三点直角”形、“四点丁字”形和“五点十字”形，如图 8-15 所示。

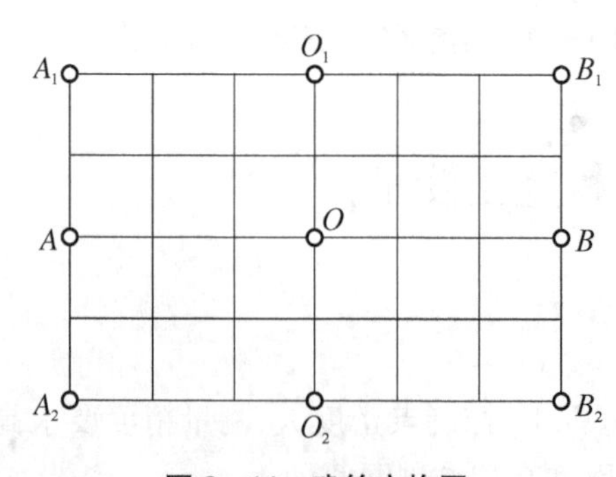

图 8-14　建筑方格网

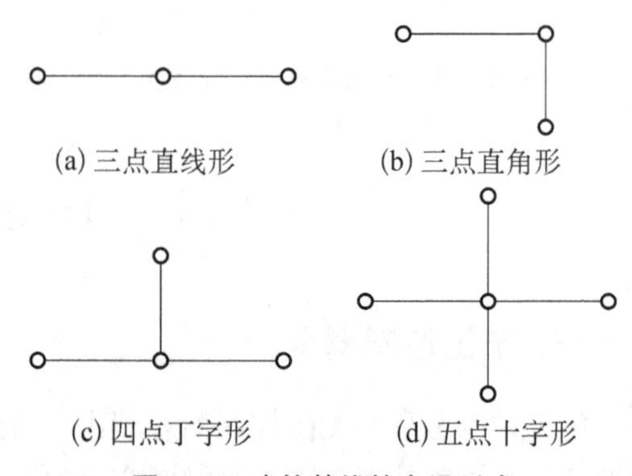

图 8-15 建筑基线的布设形式

建筑基线点测设时，应首先根据建筑物的设计坐标和附近已有的测量控制点，在图上选定建筑基线的位置，并求算出测设数据，然后采用极坐标法在实地进行测设。测设后，要求基线的转折角为 90°，容许误差为±40″，基线的边长与设计长度相比，其不符值应小于 1/5 000；否则，应进行点位的调整。

(二) 施工场地高程控制网的布设

高程控制网分为首级网和加密网两级，即布满整个工程测区的基本控制网和直接用于高程测设的加密控制网，相应的水准点分别称为基本水准点和施工水准点。基本水准点应布设在土质坚实、不受施工影响、无震动和便于实测的地点，并埋设永久性标志；而加密的施工水准点，一般选在已经浇筑的混凝土上。水准点的数量应满足施工测量的要求，当布设的水准点密度不足时，建筑基线点、建筑方格网点也可兼作高程控制点。

建筑施工场地的高程控制测量一般采用三、四等水准测量法，并根据场地附近的国家或城市已知水准点，测定施工场地基本水准点和施工水准点的高程，以便纳入国家高程系统。为了便于检核和提高测量精度，施工场地高程控制网应布设成闭合或附合路线。

二、园林建筑物的定位

在园林规划设计过程中，若规划范围内已有建筑物或道路，一般应在设计图上予以反映，并给出其与拟建建筑的位置关系，因此，测设新建筑物的主轴线可依此关系进行。主轴线测设完成后，均应作检验校核，当精度符合要求时，可根据现场情况加以调整，并用白石灰撒出拟建建筑的平面轮廓线，同时用木桩或石桩标定出定位点；若定位误差超限，则应重新进行测设。

(一) 利用原有建筑物定位

1. 延长线法

如图 8-16 所示，首先等距离延长原有建筑物的山墙 CA、DB，在地面上确定 A_1、B_1 点，并使 $AA_1=BB_1$，由此定出 AB 的平行线 A_1B_1；然后安置经纬仪于 A_1点，照准 B_1点，然后沿该视线方向作 A_1B_1的延长线，在此延长线上依据设计给定的距离关系测设出 M_1、N_1。分别在 M_1、N_1点上安置经纬仪，并分别以 M_1N_1、N_1M_1为零方向，测设出 90°角，定出两条垂线，并按设计给定尺寸测设出 M、P 和 N、Q，从而得到了新建筑的主轴线 MN 和 PQ。此法适用于新旧建筑物短边平行的情况。

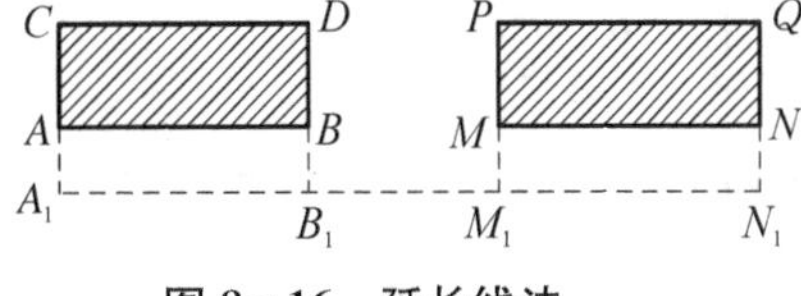

图 8-16 延长线法

2. 平行线法

如图 8-17 所示，首先等距离延长原有建筑物的山墙 CA、DB 两直线，定出 AB 的平行线 A_1B_1；然后分别在 A_1、B_1点上安置经纬仪，以 A_1B_1、B_1A_1为起始方向，测设出 90°角，并按设计图给定尺寸在 AA_1方向上测设出 M、P 两点，在 BB_1方向上定出 N、Q 点，从而得到了拟建园林建筑的主轴线。此法适用于新旧建筑物长边平行的情况。

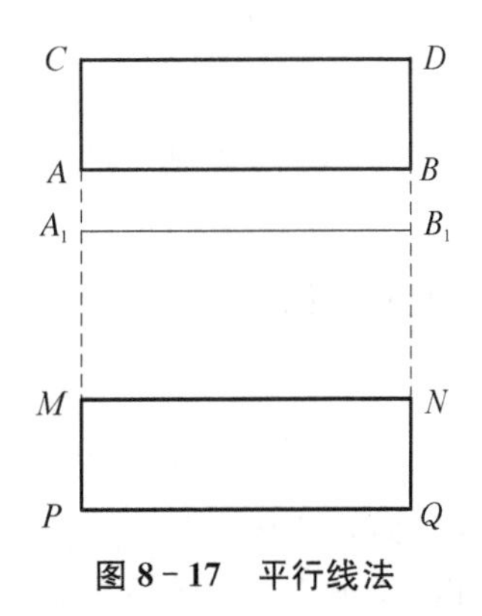

图 8-17 平行线法

3. 垂直线法

如图 8－18 所示，等距离延长原有建筑物的山墙 CA、DB 两直线，定出 AB 的平行线 A_1B_1；安置经纬仪于 A_1 点，作 A_1B_1 的延长线，丈量出 y 值，定出 P' 点。将经纬仪搬迁至 P' 点安置，以 B_1A_1 为零方向，沿逆时针方向测设出 90°角，并按设计的尺寸测设出 P、Q 点。分别在 P、Q 点上安置经纬仪，测设出 M、N 点，即得到主轴线 PQ 和 MN。此法适用于新旧建筑物长边平行于短边的情况。

（二）利用原有道路中线定位

如图 8－19 所示，拟建园林建筑物的主轴线与原有道路中心线 BC 平行，此时，首先拉钢尺找出道路中心线，然后在道路中线的 B、C 两点上安置经纬仪，根据设计图上各项尺寸关系，测设出拟建建筑的主轴线 MN、PQ。

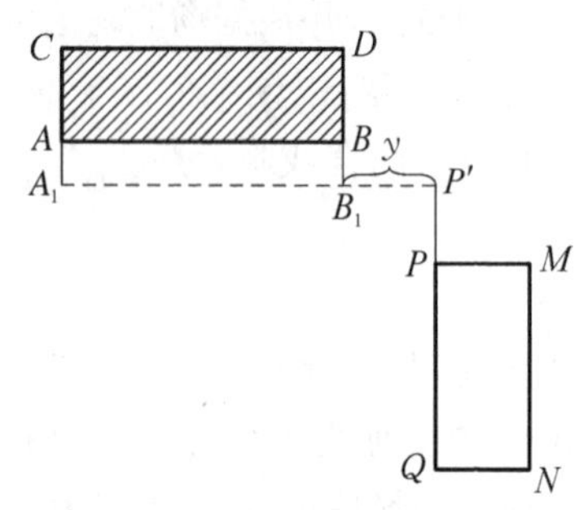

图 8－18　垂直线法

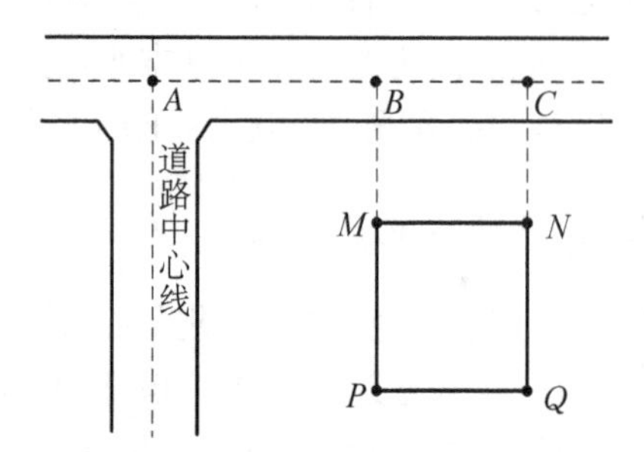

图 8－19　利用原有道路中线定位

（三）利用建筑方格网定位

在建筑场地上，若已建立建筑方格网，且拟建园林建筑物的主轴线与方格网边线平行或垂直，则可根据设计的建筑物拐角点和附近方格网点的坐标，用直角坐标法在现场测设。如图 8－20 所示，由 A、B、C、D 点的坐标值可算出建筑物的长度 $AB=a$、宽度 $AD=b$，并可算出 MA'、$B'N$、AA' 和 BB' 的长度。测设建筑物定位点 A、B、C、D 时，首先将经纬仪安置在方格网点 M 上，照准 N 点，沿视线方向自 M 点用钢尺量取 MA'，得到 A' 点，量取 $A'B'=a$ 得 B' 点，然后由 B' 点继续沿视线方向量取 $B'N$ 的长度以作校核。再安置经纬仪于 A' 点，照准 N 点，按逆时针方向测设 90°角，并在该视线上量取 $A'A$ 得 A 点，再由 A 点继续沿视线方向量取设计建筑物的宽度 b 得 D 点。同理，安置经纬仪于 B' 点，可定出 B、C 点。为了检验校核，测设后应丈量 AB、CD 及 BC、AD 的长度与建筑物的设计长度进行比较。

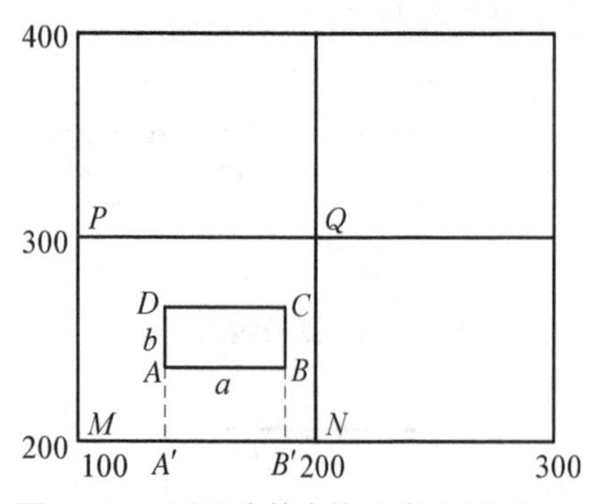

图 8－20　利用建筑方格网定位(单位：m)

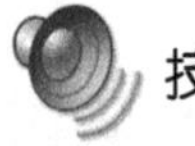

技能实训

实训一　土地平整测量

一、实训目标

掌握土地平整测量的基本方法：即各桩点地面高程的测量、水平地面高程的设计和填、挖土石方量的计算等。

二、实训场所

测量实训室、校内实训场所。

三、实训形式：

1. 以组为单位，进行测量；

2. 每人完成一份完整的实习报告；

3. 要能将课堂上所讲的内容与实际进行比较，能够做到理论与实践相结合。

四、实训备品与材料

每组 DS_3 型水准仪 1 台，水准仪脚架 1 付，水准尺 1 对，电子经纬仪 1 台，记录板，皮尺，花杆，木桩、铅笔、小刀等。

五、实训内容与方法

1. 方格网的测设

(1) 在待平整的地面上布设边长为 10～50 m 的方格网，每隔一定距离打一木桩。如右图 8-21 所示；

(2) 在各木桩上作垂直基准线的垂线(可用经纬仪测设或用卷尺根据勾股定律、用距离交会的办法来作垂线)；

(3) 延长各垂线，在各垂线上按与基准线同样的间距打入木桩；

(4) 为了方便计算，各方格点应对照现场绘出草图，并按行列编号。

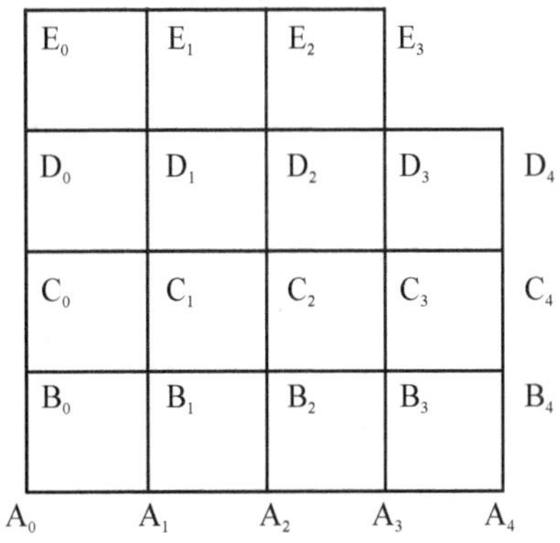

图 8-21　方格网的布设

2. 测量各地面桩点的高程

可将一起大约安置在地块的中央，整平仪器，依次测出各方格点的高程。水准尺应立在桩位旁具有代表性的地面上(特别是桩位恰好落在局部的凸凹处)，读数至厘米即可，记录时要注意立尺点的编号，可将标尺读数直接记在方格网草图上，并现场计算各方格点高程，随时与实际情况校对。

3. 计算设计高程

设计高程等于各方格平均高程的算术平均值(即各方格平均高程相加除以方格数)，每一方格的平均高程等于该方格四个点高程相加除以 4。

场地设计高程可写成下面的计算公式：

$$H_{设}=\frac{\sum H_{角}+2\sum H_{边}+3\sum H_{拐}+4\sum H_{中}}{4n}$$

式中 $H_{设}$ 为场地的设计高程，$\sum H_{角}$、$\sum H_{边}$、$\sum H_{拐}$、$\sum H_{中}$ 分别为各角点、边点、拐点、中点的高程累和，n 为总方格数。

4. 计算填挖高

各方格点的填挖高 h 是各方格点的设计高程与地面高程之差，即

$$h=H_{设}-H_{地}$$

若上式计算结果 $h<0$，表示挖方；$h>0$，表示填方。把 h 值标注在相应的方格点上。

5. 估算土方量

先在方格网上绘出开挖线，即各方格边上不填不挖的点(零点)的连线。如图 8-2 中的虚线。零点位置可目估确定，也可按比例计算确定。设方格边长为 a，某一方格边的零点离挖方点的距离为 x，则

$$x=\frac{a\times|h_{挖}|}{|h_{挖}|+|h_{填}|}$$

挖方工程量计算：$V_{挖}=\frac{A}{4}(\sum h_{角挖}+2\sum h_{边挖}+3\sum h_{拐挖}+4\sum h_{中挖})$

填挖方工程量计算 $V_{填}=\frac{A}{4}(\sum h_{角填}+2\sum h_{边填}+3\sum h_{拐填}+4\sum h_{中填})$

六、注意事项

(1) 测定方格网高程时，若使用假定高程，则起点应选在待平整地面之外的地方，并做好标记；

(2) 当待平整地面面积不大且高差较小时，可将仪器大约安置在地块中央，整平仪器，依次测出各方格的高程；

(3) 水准尺应立在桩位旁具有代表性的地面上。

七、实训报告

每组每人实习报告一份，并上交测量原始数据表。

实训二　水平角、水平距和高程的测设

一、实训目标

通过实习让操作者掌握水平角、高程测设和水平距的基本方法。

二、实训场所

测量实验室、校内测量实训场所。

三、实训形式

1. 在地面上测设水平角

2. 每个学生在地面上测设两点之间的水平距离

3. 每个学生在地面上测设两点之间的高程

四、实训备品与材料

电子经纬仪 1 台，自动安平水准仪 1 台，钢尺 1 副，水准尺 1 把，测钎 1 束，木桩、记录板；自备铅笔、小刀、小钉、笔擦、计算器等。

五、实训内容与方法

每个实习小组由指导教师在现场布置 O、A 两点(距离 40～60 m)，O 点的高程假定为 50.500 m。现想想测设 B 点，我们要使$\angle AOB=45°$(具体大小由根据场地由指导教师而定)，现场 OB 的长度设置为 50 m，B 点高程为 51.000 m。

1. 首先进行水平角的测设

(1) 我们将电子经纬仪安置于 O 点，首先用盘左瞄准后视 A 点，把水平度盘读数设置为 $0°00'00''$。

(2) 转动照准部按照顺时针，让学生把水平度盘读数准确定在45°，标定一点B'在望远镜视准轴方向上(长度约50 m)。

(3) 倒转望远镜，用盘右后视A点，马上读取水平度盘读数为a，转动照准部按照顺时针，让水平度盘读数确定在$(a+45°)$，同法在地面上标定B''点，并使$OB''=OB'$。

(4) 最后取$B'B''$连线的中点B，这个时候$\angle AOB$就为我们想要测设的45°角，如图8-22所示。

2. 其次进行水平距离的测设

(1) 我们根据已定的现场起点O和方向线，直线定线开始进行，分两段丈量距离，使两段距离之和为50 m，定出直线端点B'。

(2) 返测$B'O$的距离，若往返测距离的相对误差≤1/2 000，取往返丈量结果的平均值作为OB'的距离D'。

(3) 求$B'B=50-D'$，调整端点位置B'至B，当$B'B>0$时，B'往前移动；反之，往后移，如图8-23所示。

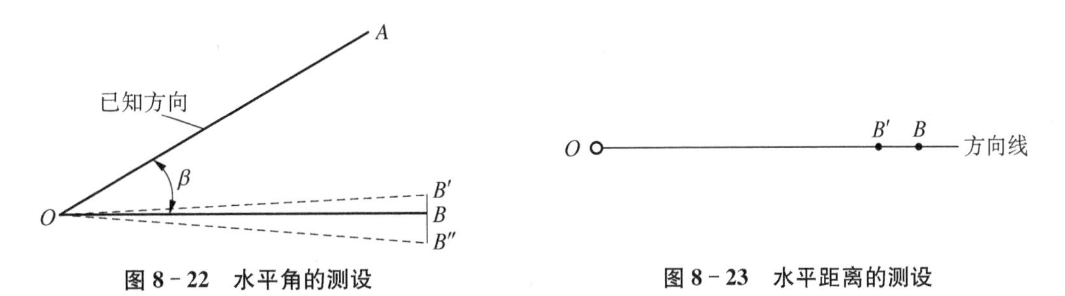

图8-22　水平角的测设　　图8-23　水平距离的测设

3. 高程的测设

(1) 在有一定起伏状况的地面上选择A、B两个点，他们之间的间距为40～60 m，并且在B位处钉下木桩，同时，我们假设A点的高程为$H_A=50.000$ m。

(2) 在距离A、B两个点大约等距离处安置水准仪，并且在B点安置水准尺，后视A点，得到水准尺读数为a。

(3) 紧贴A点的木桩竖立水准尺，并且使其上下移动，当水准仪的前视读数恰好为$b=50.000+a-50.500$时，则水准尺尺底的高程即为50.500米。

施测时，若前视读数大于b，说明尺底高程低于欲测设的设计高程，应将水准尺慢慢提高；反之应降低尺底。

六、注意事项

1. 检核时，角度测设的限差不大于±40″，距离测设的相对误差不大于1/2 000，高程测设的限差不大于±10 mm。

2. 在坡度大于3°的地面测设水平距离时，需要将设计的水平距离改成倾斜长度。

七、实训报告要求

每组上交水平距离测设、水平角的测设、高程的测设的操作过程记录一份，每人写一份实习报告。

思考与练习

一、选择

1. 下列关于建筑坐标系的说法中，属于正确说法的是(　　)

A. 建筑坐标系的坐标轴通常与建筑物主轴线方向一致

B. 建筑坐标系的坐标原点设置在总平面图的东南角上

C. 建筑坐标系的纵坐标轴通常用 A 表示，横坐标轴通常用 B 表示

D. 测设前需进行建筑坐标系统与测量坐标系统的变换

2. 下列关于建筑工程测量的说法中，属于正确说法的是(　　)。

A. 工程勘测阶段，不需要进行测量工作

B. 工程设计阶段，需要在地形图上进行总体规划及技术设计

C. 工程施工阶段，需要进行施工放样

D. 施工结束后，测量工作也随之结束

3. 下列选项中，属于施工测量的内容有(　　)。

A. 建立施工控制网　　B. 建筑物定位和基础放线

C. 建筑物的测绘　　D. 竣工图的编绘

4. 测设的三项基本工作是(　　)。

A. 已知水平距离的测设　　B. 已知坐标的测设

C. 已知水平角的测设　　D. 已知设计高程的测设

5. 用角度交会法测设点的平面位置所需的数据是(　　)。

A. 一个角度和一段距离　　B. 纵横坐标差

C. 两个角度　　D. 两段距离

6. 在一地面平坦、无经纬仪的建筑场地，放样点位应选用(　　)方法。

A. 直角坐标　　B. 极坐标　　C. 角度交会　　D. 距离交会

7. (　　)适用于建筑设计总平面图布置比较简单的小型建筑场地。

A. 建筑方格网　　B. 建筑基线　　C. 导线网　　D. 水准网

8. 建筑方格网布网时，方格网的主轴线与主要建筑物的基本轴线平行，方格网之间应长期通视，方格网的折角应呈(　　)。

A. 45°　　B. 60°　　C. 90°　　D. 180°

9. 建筑基线布设的常用形式有(　　)。

A. 矩形、十字形、丁字形、L 形　　B. 山字形、十字形、丁字形、交叉形

C. 一字形、十字形、丁字形、L 形　　D. X 形、Y 形、O 形、L 形

10. 在施工控制网中，高程控制网一般采用(　　)。

A. 水准网　　B. GPS 网　　C. 导线网　　D. 建筑方格网

11. 建筑物的定位是指(　　)。

A. 进行细部定位

B. 将地面上点的平面位置确定在图纸上

C. 将建筑物外廓的轴线交点测设在地面上

D. 在设计图上找到建筑物的位置

12. 当测设的精度要求一般时,测设的具体步骤是(　　)。

A. 设在地面上已有 AB 方向,要在 A 点以 AB 为起始方向,向右测出给出的水平角 β

B. 将经纬仪安置在 A 点,用盘左测设 β

C. 固定照准部,倒转望远镜成盘右,测设 β 角

D. 取盘左、盘右测设的中点,为所测设的 β 角

13. 测量放线工作许遵循测量工作的一般程序是(　　)这几项。

A. 从整体控制到局部放线或施测

B. 选用合适的仪器、工具和方法

C. 研究制定满足工程精度的措施

D. 严格遵守技术规范和操作规程,认真进行校核

14. 平面点位的测设方法有(　　)等

A. 直角坐标法　　B. 极坐标法

C. 角度交会法　　D. 距离交会法

二、简答和计算

1. 简述园林工程测量在各阶段的主要工作。

2. 设水准点 A 的高程 $H_A=24.397$ 米,今欲测设 B 桩,使其高程 $H_B=25.000$ 米,仪器安放在 AB 两点之间,读得 A 尺上后视读数为 1.445 米,B 桩上的前视读数应该是多少?

3. 如图 8-24 方格边长为 20 m,欲将 A、B、C、D 范围内的地面平整为一平地(暂不设计边坡),求出设计高程,填挖高度和填挖方总量。

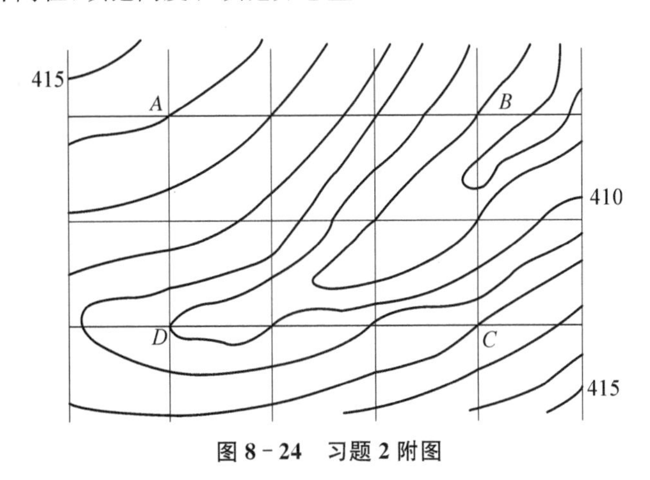

图 8-24　习题 2 附图

4. 绘图说明水平角测设的一般方法。

5. 放样出某设计直角$\angle AOB$后,用经纬仪测回法测得其角值为 $90°00'30''$,已知 OB 长度为 120 m,问应该怎样移动 B 点才能使$\angle AOB$为 $90°$? 请绘示意图说明。

6. 已知 BM_A 的高程为 34.288 m,今拟放样设计高程为 33.500 m 的 B 点,安置水准仪于 A、B 点之间,读得 A 点尺上读数为 1.345 m,问在 B 点木桩上的水准尺读数为多少时,尺底才位于设计高程位置? 若 B 点水准尺是立在桩顶,且其读数为 1.833 m,那么 B 点桩顶应上返还是下返多少米才能达到设计高程的位置?

7. 已知水准点高程为 7.531 m,欲测设高程为 7.831 m 的室内±0.000 标高,将一木杆

立在水准点上时，按水准仪横丝所指在杆上划一线，问测设±0.000 时应该在该木杆的什么地方再划一线，才能使水准仪横丝对准此线时木杆底部就是±0.000 的标高位置。

8. 已知 A、B 为建筑场地上已有的测量控制点，它们的坐标分别为 A(1 050.00，1 050.00)和 B(1 110.00，1 150.00)，M 为待测设点，其设计坐标为(1 020.00，1 130.00)，试计算出用极坐标法(以 A 为测站点)和角度交会法测设 M 点的必要数据(角度计算至秒，距离至 0.01 m)，并绘出示意图说明测设步骤。

项目九 园林道路测量

知识目标

1. 熟悉园林道路的种类及其功能，掌握园林道路选线的原则和步骤；

2. 了解转角的概念，掌握测算转角和确定角分线方向的方法；

3. 了解圆曲线的半径大小与园林道路类型之间的关系，掌握圆曲线测设数据和里程桩桩号的计算方法。

技能目标

能够熟练进行园路中线测量和平曲线三主点测设。

任务一　踏勘选线

一、选线考虑事项

在实际工作中，由于受到地形、经济和其他因素的影响与限制，难以在选线的时候做到十分完美。因此要结合实际，最后选出一条适宜的路线。园路的选线定点，要充分考虑环境与地形因素及各方面的技术经济条件，本着美观、舒适、方便、节约和安全的基本原则，认真选择其路线。

二、图上选线

在调查前，需要搜集线路的相关资料，如各种比例尺地形图、地质资料、土地利用现状图、土地总体规划设计方案等，对上述资料要进行全面分析和研究，可根据道路的方向、坡度和地形的情况，在图上初步选线，在图上确定道路的起止点和转折点，然后再到实地进行现场勘测和修定选线。

三、踏勘选线

踏勘选线就是在图上初步选线的基础上，到现场进行实地考察，看初步选定的路线是否合理，最后加以肯定和修改。

1. 园路实地定线的原则

(1) 选择路线要做到因景制宜，因势造景。园路的走向要以景区(或景点)的分布为依据，发挥园路对游人游园的引导作用，使游人不漏掉游览的内容；同时要充分利用各种地形的有利条件，挖掘地形要素的实用功能和造景潜力。

(2) 选择路线应顺从自然地形，一般不进行大填大挖，以减少土石方工程量；不破坏附近的天然水体、山丘、植被(除需改造的之外)和古树(或大树)名木，保持园林绿地的自然景观。

(3) 选择路线要满足游人的游园需要。

(4) 选择路线要与其它园林组成要素综合考虑。

(5) 尽量避开滑坡、泥石流、软土、地形陡峭和泥沼等不良地质地段，以减少人工构造物节约工程投资，并确保游人的游览安全。

(6) 选择路线要与管线布置综合考虑。

(7) 尽量不占或少占景观用地。

2. 选线的步骤

(1) 收集规划设计区域各种比例尺地形图、平面图和断面图资料，并收集沿线水文、地质以及控制点等有关资料。

(2) 根据工程要求，利用已有地形图，结合现场勘察，在中、小比例尺图上确定规划路线走向，编制比较方案，进行初步设计。

(3) 根据设计方案，在实地标出线路的基本走向并进行控制测量，包括平面控制测量和高程控制测量；结合线路工程的需要，测绘带状地形图或平面图。

(4) 将园路设计中心线上的各种点位测设到实地，即测量线路起止点、转折点、曲线主点和线路中心里程桩、加桩等内容。

四、园林道路的种类

园林道路简称园路，是园林景观的重要组成部分，也是联络各景区、景点以及活动中心的纽带，具有引导浏览、分散人流的功能，同时也可供游人散步和休息之用。园林道路按照使用功能，一般可分为主干道、次干道等。

1. 主干道

主干道是园林道路系统的骨干，与园林绿地的主要入口、各功能分区以及景点相联系，也是各区的分界线。其宽度视园林绿地性质、规模和游人数量而定。

2. 次干道

为主干道的分支，是直接联系各区及景点的道路，可引导人流到各景点，具有一定的导游性。

任务二　中线测量

一、中线测量的任务

经过园林导线选线，路线的起点、转折点、终点在地面上确定之后可通过测角、量距把路线中心线的平面位置用一系列木桩在实地标出来，这一工作称作路线的中线测量。

中线测量的主要任务是要测出线路的长度和转角的大小，并在线路转折处设置曲线。

二、测量转向角

1. 转角的概念

相邻两导线的后一导线边的延长线与前一导线边的水平夹角，称为转角，用 α 表示。它有左转角和右转角之分，前一导线在后一导线的延长线左侧的，为左转角；在延长线右侧的，为右转角。如图 9－1 中，α_n 为右转角，α_{n+1} 为左转角。

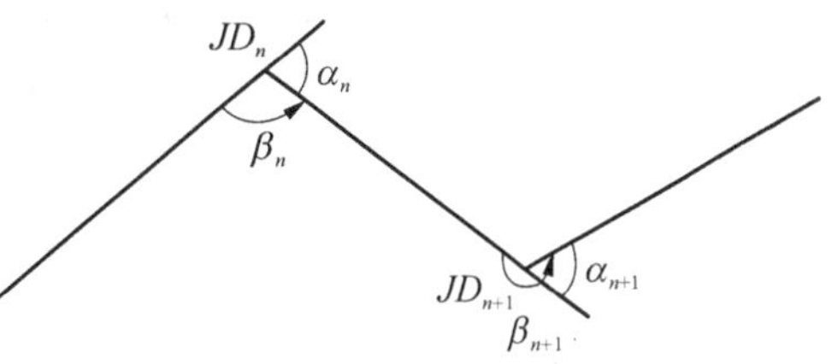

图 9－1　左右转角示意图

2. 转角测量的方法

在测量转角时，为了测算方便，一般是先测出路线交点的右角，再根据右角计算转角。

观测右角的方法通常是用 J_6 经纬仪以测回法观测一个测回，当两个半测回的差值不超过 1′时，取平均值作为右角值。从图 9－1 可以看出，转角和右角的关系是：

$$\begin{aligned}&\text{当右角 }\beta<180^\circ\text{时是右转角，且 }\alpha_{右}=180^\circ-\beta\\&\text{当右角 }\beta>180^\circ\text{时是左转角，且 }\alpha_{左}=\beta-180^\circ\end{aligned}\tag{9-1}$$

【例 9－1】 在某交点安置经纬仪，盘左测得后视方向读数 292°03′00″，前视方向读数为 152°16′30″；盘右测得后视方向读数为 112°03′30″，前视方向读数 332°16′00″，求该弯道的转角是多少？是左转角还是右转角？

解：
$$\beta_{左}=292^\circ03'00''-152^\circ16'30''=139^\circ46'30''$$
$$\beta_{右}=112^\circ03'30''-332^\circ16'00''+360^\circ=139^\circ47'30''$$

因 $|\beta_{左}-\beta_{右}|\leqslant 1'$，故　$\beta=(139^\circ46'30''+139^\circ47'30'')/2=139^\circ47''$

因 $\beta<180^\circ$，故　$\alpha_{右}=180^\circ-139^\circ47'=40^\circ13'$

在观测计算转角的同时，用视距测量的方法测定相邻两交点间的距离，供中线丈量距离校核之用，以防止量距错误。

3. 分角线方向的标定

为了便于下一步测设圆曲线，在测量导线右角之后，应标出相邻两导线边夹角小于 180°的分角线方向。设经纬仪测右角时盘右（或盘左）的后视读数为 a，前视读数为 b，则分角线方向的读数为

$$c=(a+b)/2 \tag{9-2}$$

转动经纬仪照准部，使水平度盘读数为 c，这时望远镜视线方向即为分角线的方向；如果望远镜视线方向不是所需的方向，则倒转望远镜即可得到所求的分角线方向。在分角线方向上钉一木桩，供圆曲线测设时使用。

【例 9－2】 接例 9－1，若仪器盘右度盘不动，则分角线方向的水平度盘读数是多少？

解：分角线方向读数

$$c=(112^\circ03'30''+332^\circ16'00'')\div 2=222^\circ09'45''$$

三、里程桩的设置

里程桩是指用桩号的形式表示中线上某个桩沿路线中线（包括直线和曲线）离路线起点

的距离。书写时以 km＋m 的形式表示，如线路起点的桩号为 0＋000，某桩距线路起点 1 385.7 m，则它的桩号写成 1＋385.7。

里程桩一般采用 2 cm×4 cm×30 cm 的木桩制成，并把宽的一侧面刨平，以便写上桩号。

1. 里程桩的设置方法

里程桩的设置要从线路起点(0＋000)开始，先根据相邻交点桩位置进行直线定线，然后用钢尺(或皮尺)按桩距丈量距离，逐桩设置，如图 9－2 所示。当某桩号(如 0＋060)接近交点桩(如 JD_1)时，应丈量该桩号与交点桩之间的距离(如为 18.85 m)，并算出该交点桩的桩号(如该例 JD_1桩号为 0＋078.85)。把相邻两交点桩间的距离与测角时用视距测量测出的距离相比较，若相对误差 $K \leqslant 1/200$，可接着进行下一步的圆曲线测设；否则，应查明原因重新测设。当圆曲线测设结束后，按上述方法继续丈量下去。在相邻整桩之间，若地面坡度变化较大或遇圆曲线，要增设加桩或曲线桩，如图 9－2(c)所示；在地面上标定交点位置的木桩称交点桩，当相邻两个交点相距较远或互不通视时，还应在其间适当位置增设转点，表示为 ZD，并钉设转点桩，如图 9－2(d)所示。

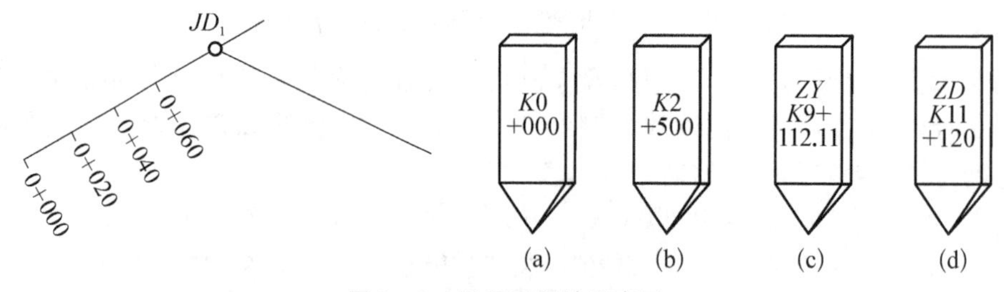

图 9－2　设置里程桩示意图

2. 加桩的设置

两里程桩之间如果有重要地物(道路、桥梁等)或地面坡度突变的地方，或者道路交叉处，也要打木桩，这些木桩称为加桩。

需要钉设加桩的位置包括：纵向地形突变处、横向地形变化处、土石成分变化处、人工构造物处、与其它道路交叉处、占用农田或建筑物拆迁处和整百米、整公里处等。

里程桩和加桩的编号都要用红漆写在木桩上，便于识别和寻找，在钉桩时，写桩号的面都要朝向起点方向。

3. 断链的处理

在距离测量中，如线路改线或测错，都会使里程桩号与实际距离不相符，此种里程桩不连续的情况称为"断链"。当出现断链，应进行断链处理，为了避免影响全局，允许中间出现断链，桩号不连续，仅在改动部分用新桩号，其他部分不变，仍用老桩号，并就近选取一老桩号作为断链桩，分别标明新老里程。断链有长链和短链之分，当原线路桩号小于实际里程时叫长链，反之，则叫短链。

如果没有断链，路线总长度就等于未桩里程；若出现断链，路线总长度应等于未桩里程加上长链总和减去短链总和。

4. 注意事项

设置里程桩时应注意：桩的书写形式要全线统一，避免有的横写，有的竖写；为了野外找桩方便，可在桩的背面用数字 1～10 进行循环编号；为了查看方便，写有里程的一面要朝线路起点；桩要打深打稳，但字迹应露出地面；圆曲线的主点桩应加注 ZY、QZ 和 YZ 字样。

四、测设圆曲线

为了行车顺适，在路线交点处，路线从一直线方向转至另一直线方向时，都是用适当半径的曲线连接起来，这种曲线称为圆曲线。由于圆曲线是设在平面上，故也称为平曲线。

圆曲线的测设工作一般分两步进行，即先定出圆曲线上起控制的点，如图 9－3 中的曲线起点 ZY（直圆点）、曲线中点 QZ（曲中点）、曲线终点 YZ（圆直点），称为曲线的主点测设；然后在曲线主点的基础上进行中桩加密，定出曲线上的其他点位，准确标定圆曲线的位置，称为圆曲线的详细测设。圆曲线的起点、中点和终点，称为圆曲线的三主点。

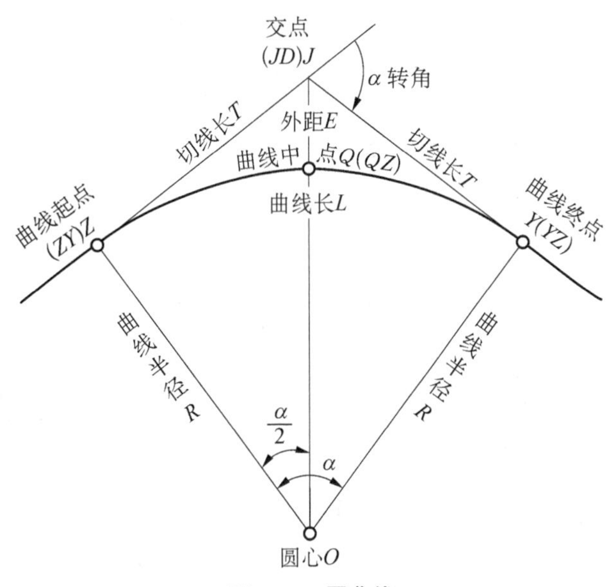

图 9－3 圆曲线

（一）圆曲线主点测设

（1）圆曲线元素及其计算

如图 9－3 所示，圆曲线各部分名称及符号：路线交点桩 JD，转角 α，圆曲线半径 R，圆曲线起点（直圆点）ZY，中点（曲中）QZ，终点（圆直点）YZ，切线长 T，曲线长（弧长）L，外距（JD 至 QZ 的距离）E。从图 9－3 中可得下列公式：

$$\left.\begin{aligned} T &= R\tan(\alpha/2) \\ L &= \pi R\alpha/180^\circ \\ E &= R(\sec(\alpha/2)-1) \\ D &= 2T-L \end{aligned}\right\} \tag{9-3}$$

公式中，D 为切曲差或超距，作为校核计算之用。

通常，把 T、L、E、D 及 R、α 称为圆曲线元素，其中 α 是实测的，R 是根据技术指标要求和圆曲线所处的地形情况来确定的。

除了风景名胜区的旅游主干道之外，园林道路上的汽车行车速度都较慢，且多数园内道路是禁止汽车通行的，所以，一般园路的圆曲线半径可以设计得比较小，只供游人的游览小路，其圆曲线的半径还可以更小。表 9-1 所列的是设计园路时圆曲线半径的参考值。

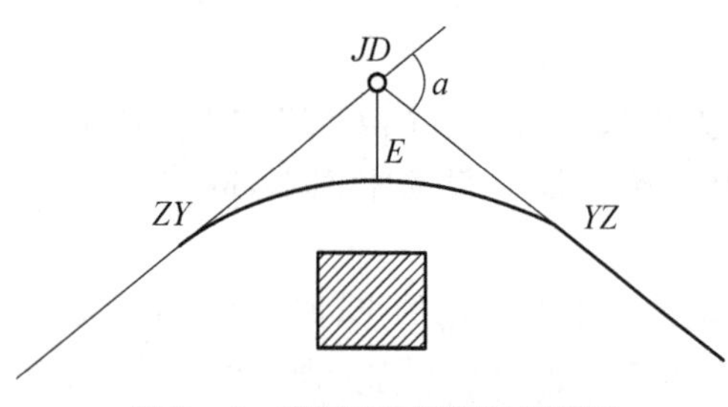

图 9-4　外距受地形限制示意图

选择圆曲线半径时，受地形条件的限制主要是切线长 T 和外距 E。如相邻两圆曲线的半径太大，它们的切线长也大，可能会造成两个圆曲线的交叉或重叠；又如图曲线的内侧或外侧有建筑物（或古树），就会限制圆曲线的位置，即外距的大小受到限制，如图 9-4 所示：半径太大，路基的内侧会落在建筑物上。

表 9-1　圆曲线内侧半径参考值

园路类型	圆曲线内侧半径/m		
	一般情况	最小值	备　　注
主 园 路	≥10.0	8.0	路宽大于 4 m，可通行机动车
次 园 路	6.0～30.0	5.0	
游览小道	3.5～20.0	2.0	

备注：表中的半径值是园路内侧的圆曲线半径，园路中线圆曲线半径应是表中的半径值加上一半的路宽。

α、R 确定后，我们可以查《公路曲线测设用表》或用计算器计算出 T、L、E、D。

【例 9-3】已知某主园路的交点 JD_3 转角为 $40°13'$，$R=55$ m，试计算曲线各元素。

解：用计算器计算或查《公路曲线测设用表》得

$$T=20.14\text{ m}\quad L=38.61\text{ m}\quad E=3.57\text{ m}\quad D=1.67\text{ m}。$$

(2) 圆曲线主点的测设

① 主点里程的计算

在实地测量时，线路交点的里程是根据实际丈量得来的，主点里程是根据交点的里程推算出来的，由图 9-3 可知

$$\begin{aligned} ZY\text{ 里程}&=JD\text{ 里程}-T\\ YZ\text{ 里程}&=ZY\text{ 里程}+L\\ QZ\text{ 里程}&=YZ\text{ 里程}-L/2 \end{aligned}\qquad(9-4)$$

主点里程计算后，以 JD 里程 $=QZ$ 里程 $+D/2$ 作校核，检查计算过程是否有错。

【例 9-4】若例 9-3 中 JD_3 里程为 0+571.53，求各主点桩的里程。

解：根据公式，各主点桩的里程计算见表 9-2 中的桩号计算栏。

表 9-2　中线测量记录表

<table>
<tr><td colspan="7">交点桩号 JD_3　里程 0+571.53</td></tr>
<tr><td colspan="3">角 度 观 测</td><td>点号</td><td>里程桩号</td><td>桩号计算</td><td>附 图</td></tr>
<tr><td rowspan="3">盘左</td><td>后 视</td><td>292°03′00″</td><td>ZY_3</td><td>0+551.39</td><td rowspan="2">JD 0+571.53
$-T$ 20.14</td><td rowspan="10">JD_2 JD_3 JD_4</td></tr>
<tr><td>前 视</td><td>152°16′30″</td><td></td><td></td></tr>
<tr><td>右角 β</td><td>139°46′30″</td><td>QZ_3</td><td>0+570.70</td><td rowspan="2">ZY 0+551.39
$+L$ 38.61</td></tr>
<tr><td rowspan="3">盘右</td><td>后视</td><td>112°03′30″</td><td></td><td></td></tr>
<tr><td>前视</td><td>332°16′00″</td><td>YZ_3</td><td>0+590.00</td><td rowspan="2">YZ 0+590.00
$-L/2$ 19.30</td></tr>
<tr><td>右角 α</td><td>139°47′30″</td><td></td><td></td></tr>
<tr><td colspan="2">β 平均值</td><td>139°47′00″</td><td></td><td></td><td rowspan="2">QZ 0+570.70
$+D/2$ 0.83</td></tr>
<tr><td rowspan="2">转角 α</td><td>左</td><td></td><td></td><td></td></tr>
<tr><td>右</td><td>40°13′00″</td><td></td><td></td><td>0+571.53</td></tr>
<tr><td colspan="3">$R=55$ m　$L/2=19.30$ m
$T=20.14$ m　$D=1.67$ m
$L=38.61$ m　$E=3.57$ m</td><td></td><td></td><td>(校核无误)</td></tr>
</table>

【例 9-5】已知某交点的里程为 K3+182.76,测得转角 $\alpha_{右}=25°48'$,拟定圆曲线半径 $R=300$ m,求该圆曲线测设元素及桩点里程。

解:(1) 计算圆曲线测设元素。由公式(9-3)可得

$$T=R\tan\frac{\alpha}{2}=300\ \text{m}\times\tan\frac{25°48'}{2}=68.71\ \text{m}$$

$$L=R\alpha\times\frac{\pi}{180°}=300\ \text{m}\times25°48'\times\frac{\pi}{180°}=135.09\ \text{m}$$

$$E=R\left(\sec\frac{\alpha}{2}-1\right)=300\ \text{m}\times\left(\sec\frac{25°48'}{2}-1\right)=7.77\ \text{m}$$

$$D=2T-L=2\times68.71\ \text{m}-135.09\ \text{m}=2.33\ \text{m}$$

(2) 计算主点桩里程。由公式(9-4)可得

JD	K3+182.76
−)T	68.71
ZY	K3+114.05
+)L	135.09
YZ	K3+249.14
−)L/2	67.54
QZ	K3+181.60
+)D/2	1.16
JD	K3+182.76

② 主点的测设

测量人员一边计算主点的里程，一边可进行主点的测设。主点的测设方法为：由 JD 桩沿后视方向量切线长 T，得到曲线起点 ZY 的位置；由 JD 桩沿前视方向量 T，得到曲线终点 YZ 的位置；由 JD 桩沿分角线方向量外距 E，得到曲线中点 QZ 的位置，分别把写好其桩号的木桩打在相应的位置上。

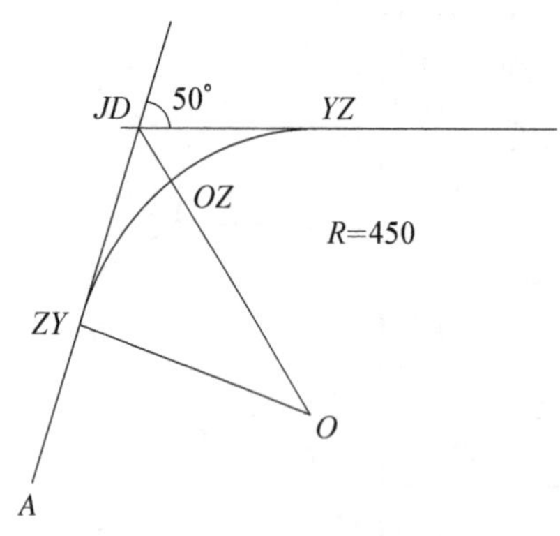

图 9-5 圆曲线计算

【例 9-6】已知某公路中线起点 A 点的坐标 X_A = 3 400 550.123m，Y_A = 39 543 356.002m，A 点的里程桩号为 K0＋000，JD 点的坐标 X_{JD} = 3 401 780.553m，Y_{JD} = 39 543 569.402m，其它的数据见下图。请进行以下圆曲线的有关计算：

(1) $K1+140$ 里程桩点的坐标；

(2) ZY、QZ、YZ 主要点的里程桩号。

解：首先简化点坐标，以便计算：

$$X_A = 550.123\ \text{m}, Y_A = 356.002\ \text{m}$$

$$X_{JD} = 1780.553\ \text{m}, Y_{JD} = 569.402\ \text{m}$$

解：$JD-A$ 线段的水平距离 $D_{JD\text{-}A}$

$$\begin{aligned} D_{JD\text{-}A} &= \sqrt{\Delta X^2_{JD\text{-}A} + \Delta Y^2_{JD\text{-}A}} \\ &= \sqrt{(X_A - X_{JD})^2 + (Y_A - Y_{JD})^2} \\ &= \sqrt{(550.123 - 1\,780.553)^2 + (356.002 - 569.402)^2} = 1\,248.798\ \text{m} \end{aligned}$$

$JD-A$ 线段的方位角：$\alpha_{JD\text{-}A} = 180° + R_{JD\text{-}A} = 189°\,50'\,21''$

$JD-ZY$ 线段的水平距离，即切线 $T = R \cdot \tan\dfrac{50°}{2} = 450 \times \tan 25° = 209.838\ \text{m}$

$ZY-YZ$ 圆曲线长度 $L = R \cdot 50° \cdot \dfrac{\pi}{180°} = 392.699\ \text{m}$

ZY 点的里程桩号：$K1+38.960$　　$D_{JD\text{-}A} - T = 1\,248.798 - 209.838 = 1\,038.960\ \text{m}$

QZ 点的里程桩号：$K1+235.310$　　ZY 点里程 $+\dfrac{L}{2} = 1\,038.960 + 196.350 = 1\,235.310\ \text{m}$

YZ 点的里程桩号：$K1+431.659$　　ZY 点里程 $+L = 1\,038.960 + 392.699 = 1\,431.659\ \text{m}$

QZ 点至里程桩 $K1+140$ 间的曲线长 $l = 1\,235.310 - 1\,140 = 95.310\ \text{m}$

曲线 l 对应的圆心角 $\beta = \dfrac{l}{R} \cdot \dfrac{180°}{\pi} = 12°\,08'\,07''$

$JD-O$ 线段的方位角 $\alpha_{JD\text{-}O} = \alpha_{JD\text{-}A} - \dfrac{180° - 50°}{2} = 189°\,50'\,21'' - 65° = 124°\,50'\,21''$

$JD-QZ$ 线段的水平距离，即外距 $E = R\left(\dfrac{1}{\cos\dfrac{50°}{2}} - 1\right) = 46.520\ \text{m}$

$JD-O$ 线段的水平距离 $D_{JD\text{-}O} = E + R = 496.520\ \text{m}$

圆心点 O 的坐标

$X_O = X_{JD} + D_{JD\text{-}O} \cdot \cos\alpha_{JD\text{-}O} = 1\,780.553 + (-283.649) = 1\,496.904$ m

$Y_O = Y_{JD} + D_{JD\text{-}O} \cdot \sin\alpha_{JD\text{-}O} = 569.402 + 407.523 = 976.925$ m

O 点至 $K1+140$ 里程桩线段的方位角

$\alpha_{O\text{-}l} = \alpha_{JD\text{-}O} + 180° - \beta = 124°\,50'\,21'' + 180° - 12°\,08'\,07'' = 292°\,42'\,14''$

$K1+140$ 里程桩的坐标

$X_l = X_O + R \cdot \cos\alpha_{O\text{-}l} = 1496.904 + 173.686 = 1670.590$ m

$Y_l = Y_O + R \cdot \sin\alpha_{O\text{-}l} = 976.925 + (-415.130) = 561.795$ m

最后将简化坐标还原成复杂坐标：$K1+140$ 里程桩坐标为(3 401 670.590,39 543 561.795)

(二) 圆曲线的详细测设

圆曲线三主点测设完成后，为了准确地把圆曲线标定在实地上，还必须根据有关技术要求按一定的桩距在曲线主点间加桩，进行详细测设。当曲线长 $L \leqslant 40$ m 且地形起伏不大时，可不进行详细测设；当曲线较长或地形起伏较大时，应按下列桩距 l 进行详细测设。

$$R > 60\ \text{m}, l = 20\ \text{m}$$

$$30\ \text{m} < R < 60\ \text{m}, l = 10\ \text{m}$$

$$R < 30\ \text{m}, l = 5\ \text{m}$$

圆曲线详细测设的方法很多，现介绍常用的两种方法。

(1) 偏角法

偏角法也称极坐标法，是以曲线的起点或终点至曲线上任意一点的弦线与切线之间的偏角(即弦切角)和弦长来确定点的位置。

① 计算曲线测设元素。如图 9－6 所示，要测设 P_1、P_2、P_3等点，我们以 l_i表示弧长，c_i表示弦长，Δ_i表示偏角，φ_i表示圆心角，δ_i表示弧弦差，则有关数据可按下列公式计算。

$$\Delta_i = \frac{1}{2}\varphi_i = \frac{1}{2}l_i\,\frac{180°}{\pi R} = \frac{90°}{\pi R}l_i \tag{9-5}$$

$$c_i = 2R\sin(\varphi_i/2) = 2R\sin\Delta_i \tag{9-6}$$

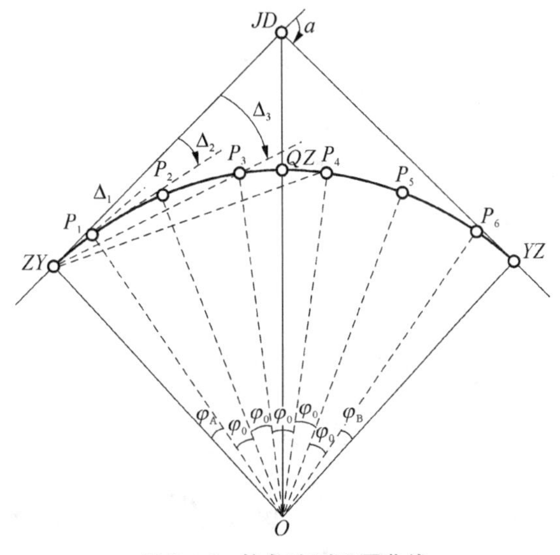

图 9－6 偏角法测设圆曲线

$$\delta_i = l_i - c_i \approx \frac{l_i^{\ 3}}{24R^2} \tag{9-7}$$

【例 9-7】根据例 9-3 和例 9-4 的已知数据，按桩距 10 m 进行加桩，求用偏角法测设圆曲线的数据。

解：已知半径和三主点桩号，按桩距 10 m 曲线内应加桩 0+560 和 0+580，根据公式计算，结果见表 9-3。

表 9-3 偏角法测设圆曲线计算表

点号	曲线段桩号	相邻点弧长/m	至起点弧长/m	偏角值	弧弦差/m	弦长/m
ZY_3	0+551.39		0.00			
加桩 1	0+560	8.61	8.61	4°29′05″	0.01	8.60
QZ_3	0+570.70	10.70	19.31	10°03′29″	0.02	10.68
加桩 2	0+580	9.30	28.61	14°54′08″	0.01	9.29
YZ_3	0+590.00	10.00	38.61	20°06′30″	0.01	9.99

② 测设步骤

a. 将经纬仪安置于曲线起点 ZY，以水平度盘 0°00′00″ 瞄准交点 JD；

b. 松开照准部，置水平度盘为 P_1点的偏角值 Δ_1，在此方向上用钢尺从 ZY 量取弦长 c_1，把写好的桩号钉下得 P_1点；再松开照准部，置水平度盘为 P_2点的偏角值 Δ_2，在此方向上用钢尺从 P_1量取弦长 c_2，把写好的桩号钉下得 P_2点。同法测设其余各点。

c. 最后应闭合于曲线终点 YZ，作为校核。若曲线较长，可分别在起点 ZY、终点 YZ 安置仪器各测设一半至中点，并与曲线中点 QZ 来校核。校核时，若两者不重合，其误差不超过 $L/500$。

(2) 直角坐标法(切线支距法)

切线支距法也称直角坐标法，它是以曲线起点 ZY 或终点 YZ 为坐标原点，以过原点的切线方向为 X 轴，过原点的半径为 Y 轴，根据坐标 x_i、y_i 来设置曲线上各点，如图 9-7 所示。

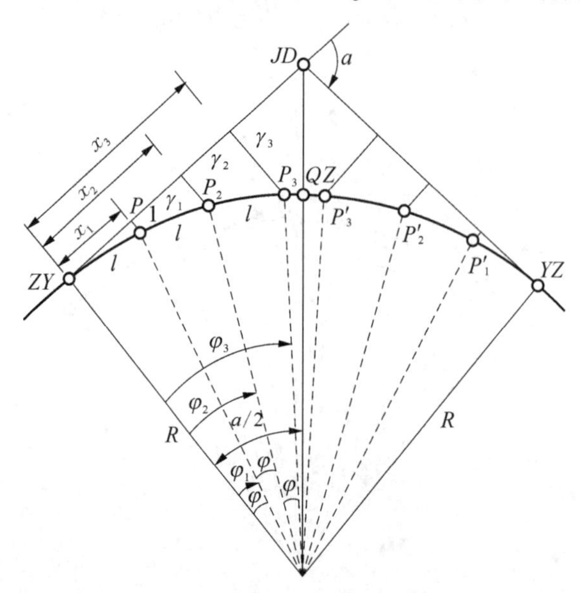

图 9-7 切线支距法测设圆曲线

① 计算曲线测设元素。如图 9－7 所示，P_i 为待测设点，以 l_i 表示 P_i 至原点的弧长，φ_i 表示 l_i 所对的圆心角，则的 P_i 坐标为

$$\begin{cases} x_i = R\sin\varphi_i \\ y_i = R(1-\cos\varphi_i) \end{cases} \tag{9-8}$$

式中 $\varphi_i = 180° l_i / \pi R$。

【例 9－8】根据例 9－3 和例 9－4 的已知数据，按桩距 10 m 进行加桩，求用切线支距法测设圆曲线的数据。

解：已知半径和三主点桩号，按桩距 10 m 曲线内应加桩 0＋560 和 0＋580，根据公式计算，结果见表 9－4。

表 9－4　切线支距法测设圆曲线计算表

以曲线起点 ZY 为坐标原点				以曲线终点 YZ 为坐标原点			
桩号	弧长/m	x/m	y/m	桩号	弧长/m	x/m	y/m
ZY 0＋551.39				YZ 0＋590.00			
0＋560.00	8.61	8.57	0.67	0＋580.00	10.00	9.94	0.91
QZ 0＋570.70	19.31	18.92	3.36	QZ 0＋570.70	19.30	18.91	3.35

② 测设步骤

a. 用钢尺或皮尺自起点 ZY 开始，沿切线方向量取 x_1、x_2、x_3 等点，并作标记；

b. 在 x_1、x_2、x_3 等点用十字方向架作垂线，并沿垂线方向量取 y_1、y_2、y_3 即得 P_1、P_2、P_3 等点。

为减少量距，可从终点 YZ 开始同法测设圆曲线另一半其余各点。

c. 量取曲线中点 QZ 至最近一个曲线桩的距离，与它们的桩号差相比较作为校核，其误差应小于 $L/1\,000$。

中线测量体现在实地上的成果是钉在实地上的表示中线具体位置和路线里程的桩号，把它们整理编成“曲线、直线、断链、转点表”，如表 9－5，供纵、横断面测量时使用。

表 9－5　曲线、直线、断链、转点表

交点编号	交点桩号	偏角		曲线要素			曲线位置		夹直线长度/m	断链/m			转点	
		左	右	半径/m	切线长/m	曲线长/m	起点	终点		桩号	增长	缩短	编号	桩号
0	0＋000													
									120.03					
1	0＋131.06		40°22′	30	11.03	21.14	0＋120.03	0＋141.17						
									75.64					
2	0＋229.68	65°32′		20	12.87	22.88	0＋216.81	0＋239.68						
									53.88				1	0＋270
3	0＋305.46		50°55′	25	11.90	22.22	0＋293.56	0＋315.77						

任务三　纵横断面测量

纵横断面测量目的是测定线路中桩处的高程，绘制纵断面图，为线路设计提供基础资料。它的工作步骤是“先基平后中平”。进行纵、横断面测量，主要是为了渠道设计、施工以及土石方工程预算等服务。

一、纵断面测量

（一）基平测量

基平测量即路线高程控制测量。在沿着路线设置的高程控制点的密度和精度，要根据地形和工程的要求来确定，具体要求如下：

（1）水准点应该选择离路线中心线以外，便于保存，引测方便，不受施工影响。

（2）根据地形条件和工程需要，每隔 0.5～1.0 km 设置一个临时水准点，在重要工程地段适当增设水准点数量。

（3）水准点高程有条件可以从国家水准点引测，也可以采取假定高程系统。

（4）水准点采用往返观测，其精度不低于五等水准测量的要求，可用水准测量，或三角高程的方法进行施测。

【例 9－9】基平水准测量的观测数据见下图 9－8，试：

（1）按高程误差配赋表格要求进行计算；

（2）进行质量检核。$f_{h允}=\pm 40\sqrt{L}$。

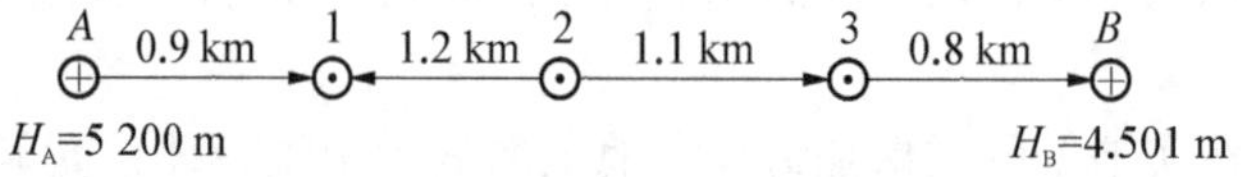

A　0.9 km　1　1.2 km　2　1.1 km　3　0.8 km　B

H_A=5 200 m　　H_B=4.501 m

图 9－8　基平测量

解：把图 9－8 中的数据填在下表中，并计算：

序号	点号	距离 km	高差 m	改正数 mm	高程 m
	A				5.200
1		0.9	−1.301	−10	
	N_1				3.889
2		1.2	−2.524	−14	
	N_2				1.351
3		1.1	−0.678	−13	
	N_3				0.660
4		0.8	+3.850	−9	
	B				4.501
$\sum$		4.0	−0.653	−46	

A、B 两点理论高差＝4.501－5.200＝－0.699 m

该附合水准路线的高差闭合差：f_h＝－0.653－(4.501－5.200)＝＋46 mm

$f_{h允}=\pm 40\sqrt{4.0}=\pm 80$ mm，$f_h < f_{h允}$，精度合格。

$A-N_1$ 测段高差改正数＝－46×(0.9÷4.0)≈－10 mm

N_1-N_2 测段高差改正数＝－46×(1.2÷4.0)≈－14 mm

N_2-N_3 测段高差改正数＝－46×(1.1÷4.0)≈－13 mm

N_3-B 测段高差改正数＝－46×(0.8÷4.0)≈－9 mm

各测站改正后高差：		改正后高程：	
$A-N_1$	－1.301 m＋(－10)mm＝－1.311 m	N_1：	5.200＋(－1.311)＝3.889 m
N_1-N_2	－2.524 m＋(－14)mm＝－2.538 m	N_2：	3.889＋(－2.538)＝1.351 m
N_2-N_3	－0.678 m＋(－13)mm＝－0.691 m	N_3：	1.351＋(－0.691)＝0.660 m
N_3-B	＋3.850 m＋(－9)mm＝＋3.841 m	B：	0.660＋3.841＝4.501 m

注意 N_1—N_2 测段的方向及其高差

(二) 中平测量

中平测量是根据基平测量布设的水准点，测定路线中桩的地面高程，即从某一水准点开始逐点测定各中桩的地面高程，然后附合到另一水准点，也叫中桩抄平。

传统的中平测量是用水准测量的方法逐点测量中桩的地面高程。由于中桩数量多，间距较短，为了保证精度的前提下提高测量观测的速度，里程桩一般可作为转点，读数和高程均计算至 mm。在每个测站上还需把不作为转点的一些加桩的高程一并计算，测读这些加桩上立尺的读数至 cm，称为间视。纵断面水准计算高程时，采用视线高程的计算方法。

技能实训

实训一　线测量和平曲线三主点测设

一、实训目标

学会转角测量、里程桩设置、平曲线三主点的测设和桩号计算的方法。

二、实训场所

测量校内实训场、测量实验室。

三、实训形式

1. 里程桩的测设；
2. 经纬仪测量路线的转角，分角线方向的标定；
3. 圆曲线元素的计算；
4. 圆曲线主点的测设和里程的计算。

四、实训备品与材料

经纬仪 1 台，花杆 3 根，皮尺 1 副，铁锤 1 把；自备铅笔、小刀、计算器、木桩若干、记录表等。

五、实训内容与方法

1. 在指导教师的指导下，选定路线的起点 JD_0（桩号 0＋000）和路线的交点 JD_1 和 JD_2，用木桩标定于实地；

2. 在起点与交点 JD_1 间目估定线，自起点开始，用皮尺丈量每 20 m 打一桩号，依次为 0＋020、0＋040、…，丈量该段最后一个桩号至 JD_1 的距离，推算出 JD_1 的桩号；

3. 将经纬仪安置于 JD_1，花杆分别竖立于 JD_0 和 JD_2 点，用测回法观测 JD_1 的右角（半测回角值差不超过 $1'$），并推算其转角，同时在实地上标定出分角线的方向；

4. 根据转角和现场选定的圆曲线半径，计算圆曲线元素 T、L、E、D；

5. 计算三主点的里程，将三主点桩号分别标注在三个木桩侧面，同时根据前、后交点的方向和分角线的方向以及切线长 T、外距 E，在实地测设出三主点的位置，并打桩标志；

6. 自 YZ_1 沿 JD_2 方向丈量一段 D（$D \leqslant 20$ m）得一 P 点，使 P 点里程为 20 m 的整倍数，写上桩号钉在 P 点位置；

7. 在 P 与 JD_2 间目估定线，自 P 开始沿 JD_2 每 20 m 打一木桩，写上相应桩号；同上法推算出 JD_2 的桩号，进行圆曲线的测设，直至终点。

六、注意事项

1. 里程桩测设的注意事项见教材相关内容；

2. 每组完成的路线全长不少于 100 m，且内含 1～2 个弯道；

3. 实训场所在山上时，要注意人身安全和仪器安全。

七、实训报告

每组上交中线测量记录表和桩号一览表一份。

表 9－6　中线测量记录表

班级________　组别________　观测________　记录________　日期________

<table>
<tr><td colspan="8">交点桩号　　　　　　　　　里程</td></tr>
<tr><td colspan="3">角度观测</td><td>点号</td><td>里程桩号</td><td>桩号计算</td><td>附图</td></tr>
<tr><td rowspan="3">盘左</td><td>后视</td><td></td><td>ZY</td><td></td><td rowspan="2">JD
$-T$</td><td rowspan="10"></td></tr>
<tr><td>前视</td><td></td><td></td><td></td></tr>
<tr><td>右角 β</td><td></td><td>QZ</td><td></td><td rowspan="2">ZY
$+L$</td></tr>
<tr><td rowspan="3">盘右</td><td>后视</td><td></td><td></td><td></td></tr>
<tr><td>前视</td><td></td><td>YZ</td><td></td><td rowspan="2">YZ
$-L/2$</td></tr>
<tr><td>右角 β</td><td></td><td></td><td></td></tr>
<tr><td colspan="2">β 平均值</td><td></td><td></td><td></td><td rowspan="2">QZ
$+D/2$</td></tr>
<tr><td rowspan="2">转角 α</td><td>左</td><td></td><td></td><td></td></tr>
<tr><td>右</td><td></td><td></td><td></td><td rowspan="2"></td></tr>
<tr><td colspan="3">$R=$　　$L/2=$
$T=$　　$D=$
$L=$　　$E=$</td><td></td><td></td></tr>
</table>

实训二 详细测设

一、实训目标

初步学会用偏角法、切线支距法进行圆曲线的详细测设。

二、实训场所

测量实训场。

三、实训形式

1. 偏角法测设圆曲线；

2. 切线支距法测设圆曲线。

四、实训备品与材料

经纬仪1台，花杆2根，钢尺1副，铁锤1把；自备铅笔、小刀、计算器、木桩若干、记录表等。

五、实训内容与方法

1. 偏角法测设圆曲线

(1) 根据实训9-1的圆曲线半径、曲线长度和圆曲线所处的地形起伏情况确定加桩的桩距l及加桩的桩号。

(2) 计算曲线测设元素。根据公式(9-8)、(9-9)和(9-10)计算偏角Δi、弧弦差δi和弦长。

(3) 测设方法。根据偏角和弦长测设各加桩点位置，具体方法参考教材相关内容。

2. 切线支距法测设圆曲线

(1) 确定加桩的桩距l及加桩桩号之后，根据公式(9-11)计算测设元素x、y。

(2) 根据测设元素x、y测设各加桩点位置，具体方法参考教材相关内容。

六、注意事项

1. 用偏角法测设圆曲线时，若曲线长度较长时，可以QZ为中心，分别在起点ZY、终点YZ安置仪器各测设一半圆曲线，并与曲线中点QZ来校核。

2. 用切线支距法测设圆曲线时，为减少量距，应以QZ为中心，分别从起点ZY、终点YZ开始测设半个圆曲线上的各点，并与曲线中点QZ来校核。

3. 校核时，两点间的桩号差不得超过所测曲线长度的1/500。

七、实训报告

每组上交偏角法测设圆曲线计算表和切线支距法测设圆曲线计算表一份。

表9-7 偏角法测设圆曲线计算表

点号	曲线段桩号	相邻点弧长/m	至起点弧长/m	偏角值	弧弦差/m	弦长/m

表 9-8　切线支距法测设圆曲线计算表

以曲线起点 ZY 为坐标原点				以曲线终点 YZ 为坐标原点			
桩号	弧长/m	x/m	y/m	桩号	弧长/m	x/m	y/m

思考与练习

一、选择

1. 用经纬仪观测某交点的右角，若后视读数为 200‰°00′00″，前视读数为 0°00′00″，则外距方向的读数为(　　)。

A. 100°　　B. 80°　　C. 280°

2. 公路中线里程桩测设时，短链是指(　　)。

A. 实际里程大于原桩号　　B. 实际里程小雨原桩号　　C. 原桩号测错

3. 采用偏角法测设圆曲线时，其偏角应等于相应弧长所对圆心角的(　　)。

A. 2 倍　　B. 1/2　　C. 2/3

4. 已知某弯道的转角为 a，圆曲线的半径为 80 m，查表所得测设元素值为 T、L、E、D，则该圆曲线的实际测设元素值应为(　　)。

A. 0. 80T、0. 80L、0. 08E、0. 80D

B. 1. 25T、1. 25L、1. 25E、1. 25D

C. T、L、E、D

5. 公路中线测量中，测得某交点的右角为 130°，则其转角为(　　)。

A. $a_{右}=50°$　　B. $a_{左}=50°$　　C. $a=130°$

6. 视线高等于(　　)＋后视点读数。

A. 后视点高程　　B. 转点高程　　C. 前视点高程

二、简答和计算

1. 简述园林道路实地定线应考虑的原则。

2. 中线测量的转点和水准测量的转点有何不同？

3. 在路线某交点安置经纬仪，盘左测得后视方向读数 201°16′18″，前视方向读数为 56°05′24″；盘右测得前视方向读数为 236°05′18″，后视方向读数 21°16′06″，求该弯道的转角是多少？若仪器盘右度盘不动，则分角线方向的读数是多少？

4. 设置里程桩的作用是什么？如何设置？应注意那些问题？

5. 什么叫断链？长链和短链？发生断链如何处理？

6. 已知某交点的里程桩号为 1+152.55，转角 $\alpha=60°36'$，半径 $R=55$ m，求圆曲线元素和三主点的里程桩号，并说明三主点的测设方法。

项目十
GPS 测量

知识目标

1. 了解全球导航卫星系统在测量工作中的作用和意义；
2. 掌握 GPS 卫星定位的基本原理；
3. 掌握 GPS 实时动态定位(RTK)的工作原理和方法；
4. 熟悉 GPS 控制网的精度要求，掌握 GPS 控制网设计的基本形式，掌握外业选点的基本原则；
5. 掌握 GPS 控制测量外业工作步骤和内业计算方法。

技能目标

1. 能够根据要求建立 GPS 控制网；
2. 能够进行内业数据的处理。

任务一　全球导航卫星系统(GNSS)

一、全球导航卫星系统概述

GNSS 的全称是全球导航卫星系统(Global Navigation Satellite System)，它是泛指所有的卫星导航系统，包括全球的、区域的和增强的，如美国的 GPS、俄罗斯的 Glonass、欧洲的 Galileo、中国的北斗卫星导航系统，以及相关的增强系统，等，还涵盖在建和以后要建设的其他卫星导航系统。国际 GNSS 系统是个多系统、多层面、多模式的复杂组合系统。

1. GPS(Global Positioning Systems)

GPS 是美国军方研制的第二代卫星导航系统，是具有海、陆、空全方位实时三维导航与定位能力的新一代卫星导航定位系统，其全称是卫星授时测距导航系统/全球定位系统(NAVSTAR/GPS；Navigation System timing And Ranging/Global Positioning System)。

2. GLONASS

GLONASS 是由苏联(现由俄罗斯)国防部独立研制和控制的第二代军用卫星导航系统，GLONASS 是俄文 GLObalnaya NAvigatsionnaya Sputnikovaya Sistema 的首字母。其可为全球海陆空以及近地空间的各种军、民用户全天候、连续地提供高精度的三维位置、三维速度和时间信息。

3. GALILEO

伽利略卫星导航系统(Galileo satellite navigation system)，是由欧盟研制和建立的全球卫星导航定位系统，该计划于1999年2月由欧洲委员会公布，欧洲委员会和欧空局共同负责。“伽利略”系统是世界上第一个基于民用的全球卫星导航定位系统，在2008年投入运行后，全球的用户将使用多制式的接收机，获得更多的导航定位卫星的信号，将无形中极大地提高导航定位的精度。“伽利略”系统可以发送实时的高精度定位信息，这是现有的卫星导航系统所没有的。

4. 北斗(BDS)

北斗卫星导航系统(BeiDou Navigation Satellite System，简称BDS)是中国自行研制的全球卫星导航系统，是继GPS、GLONASS之后第三个成熟的卫星导航系统。北斗卫星导航系统由空间段、地面段和用户段三部分组成，可在全球范围内全天候、全天时为各类用户提供高精度、高可靠定位、导航、授时服务，并具短报文通信能力，已经初步具备区域导航、定位和授时能力。2020年北斗全球系统建设将全面建成。

二、GPS的基本构成

GPS系统由空间部分(GPS卫星星座)、地面控制部分(地面控制系统)和用户设备部分(GPS信号接收机)三大部分构成(如图10－1所示)。

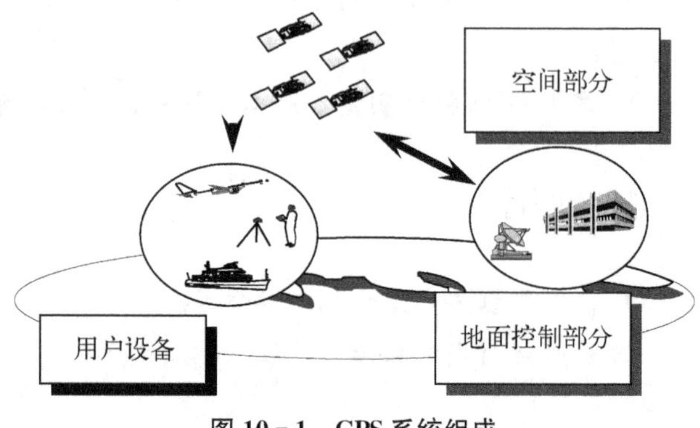

图10－1　GPS系统组成

1. 空间部分

GPS空间部分是由24颗卫星(21颗工作卫星和3颗在轨备用卫星)组成的GPS卫星星座。24颗卫星均匀分布在5个轨道面内，轨道倾角为55°，轨道平均高度(地面高度)为20 200 km，卫星运行周期为11 h 58 min。这样的空间分布，保障了在地球上任何地方可以同时观测到4～11颗高度角15°以上的卫星。

2. 地面控制部分

GPS地面控制部分由分布在全球的五个地面站组成，包括1个主控站(MCS)、3个注入站(GA)和5个监控站(MS)组成(如图10－2所示)。GPS地面控制系统，除主控站外均由计算机自动控制，无须人工操作。各地面站之间由现代化通信系统联系，实现高度的自动化。

图10－2　GPS地面控制部分构成

(1) 主控站(MCS)1个，设在美国本土的科罗拉多普林斯(Colorado springs)。主控站负责根据各监控站对GPS的观测数据，计算出卫星的星历和卫星钟的改正参数等，并将这些数据通过注入站注入卫星中去；同时，它还对卫星进行控制，向卫星发布指令，当工作卫星出现故障时，调度备用卫星替代失效的工作卫星工作。

(2) 注入站(GA)3 个，分别位于南大西洋 Ascencion(阿森松群岛)、印度洋 Diego Garcia(迭哥伽西亚)、南太平洋 kwajalein(卡瓦加兰)。注入站是将主控站计算出的卫星星历和卫星钟的改正数等注入卫星中去。

(3) 监控站(MS)5 个，除以上 1 个注入站和 3 个注入站具有监控站功能外，还在 Hawaii(夏威夷)设有一个监控站。监控站的主要任务是接收卫星信号，监测卫星的接收卫星信号，监测卫星的工作状态，传送到主控站。

3. 用户设备部分

GPS 用户设备部分包括接收机硬件和机内软件以及 GPS 数据的后处理软件。其主要功能是接收 GPS 卫星发射的无线电信号，以获得必要的定位信息和观测量，并经过数据处理而完成定位工作。

GPS 接收机根据原理、用途和功能等的不同来进行分类。按照用途不同可分为导航型接收机和测地型接收机；按照接收机的载波频率可分为单频接收机和双频接收机；按照工作原理可分为平方型接收机 、混合型接收机和干涉型接收机；按照接收机通道种类可分为多通道接收机、序贯通道接收机和多路多用通道接收机。

任务二　GPS 定位原理与方法

一、GPS 定位原理

GPS 定位是空间的距离交会。其原理就是利用空间分布的卫星以及卫星与地面点的距离交会得出地面点位置。

设想在地面待定位置上安置 GPS 接收机，同一时刻接收 4 颗以上 GPS 卫星发射的信号。通过一定的方法测定这 4 颗以上卫星在此瞬间的位置以及它们分别至该接收机的距离，据此利用距离交会法解算出测站的位置，即测站点的三维坐标(x、y、z)。

二、GPS 定位方法

GPS 进行定位的方法有很多种。若按照参考点的位置不同，则定位方法可分为绝对定位和相对定位；按用户接收机在作业中的运动状态不同，则定位方法可分为静态定位和动态定位。

(一) 静态定位和动态定位

1. 静态定位

即在定位过程中，将接收机安置在测站点上并固定不动，其处于静止状态。静态定位观测时间长，存在大量重复观测，但其定位可靠性强、精度高。主要应用于大地测量、精密工程测量、地球动力学及地震监测等领域。

2. 动态定位

即在定位过程中，接收机处于运动状态。动态定位可以实时地测定运动载体的位置，多余观测量少，但定位精度较低，多应用于导航领域。

(二) 绝对定位和相对定位

1. 绝对定位

GPS绝对定位又叫单点定位,即以GPS卫星和用户接收机之间的距离观测值为基础,并根据卫星星历确定的卫星瞬时坐标,直接确定用户接收机天线在WGS-84坐标系中相对于坐标原点(地球质心)的绝对位置。

根据用户接收机天线所处的状态不同,绝对定位又可分为静态绝对定位和动态绝对定位。因为受到卫星轨道误差、钟差以及信号传播误差等因素的影响,静态绝对定位的精度约为米级,而动态绝对定位的精度约为10~40 m。因此静态绝对定位主要用于大地测量。

将GPS用户接收机安装在载体上,并处于动态情况下,确定载体的瞬时绝对位置的定位方法,称为动态绝对定位。一般,动态绝对定位只能获得很少或者没有多余观测量的实数解,因而定位精度不是很高,被广泛应用于飞机、船舶、陆地车辆等运动载体的导航。另外在航空物探和卫星遥感领域也有着广阔的应用前景。

2. 相对定位

相对定位,是利用两台GPS接收机,分别安置在基线的两端,同步观测相同的卫星,通过两测站同步采集GPS数据,经过数据处理确定基线两端点的相对位置或基线向量。相对定位中,需要多个测站中至少一个测站的坐标值作为基准,利用观测出的基线向量,去求解出其它各个点的坐标值。

由于各测站同步观测同一组卫星,误差对各测站观测量的影响相同或者大体相同,对各测站求差可以消除或减弱这些误差的影响,从而提高相对定位的精度。其主要应用于大地测量、工程测量、地壳形变监测等精密定位领域。

根据定位过程中接收机所处的状态不同,相对定位可分为静态相对定位和动态相对定位(或称差分GPS定位)。

任务三　GPS实时动态定位(RTK)

随着动态用户应用目的和精度要求的不同,GPS实时定位方法可分为单点动态定位(绝对动态定位)和实时差分动态定位(实时相对动态定位)。在当前数字测图和工程测量中,应用较为广泛的是载波相位差分技术,又称为实时动态定位技术(Real Time Kinematic,RTK),其可以在一定范围内,为用户实时提供点位的三维坐标,并达到厘米级定位精度。

1. 常规RTK

常规RTK定位技术是一种基于单基站的载波相位实时差分定位技术。进行常规RTK工作时,除需配备参考站接收机和流动站接收机外,还需要数据通信设备,参考站需将自己所获得的载波相位观测值及站点坐标,通过数据通信链(如电台、手机模块等)实时播发给其周围工作的动态用户。流动站数据处理模块使用动态差分定位的方式确定出流动站相应参考站的位置,然后根据参考站的坐标求得自己的瞬时绝对位置。

常规RTK定位技术虽然可以满足很多应用的要求,但还存在一定的局限性,如作业需要的设备比较多、流动站与参考站的距离大于50 km时,常规RTK单历解算一般只能达到分米级的定位精度,要得到厘米级的精度作业范围要控制在15 km以内。

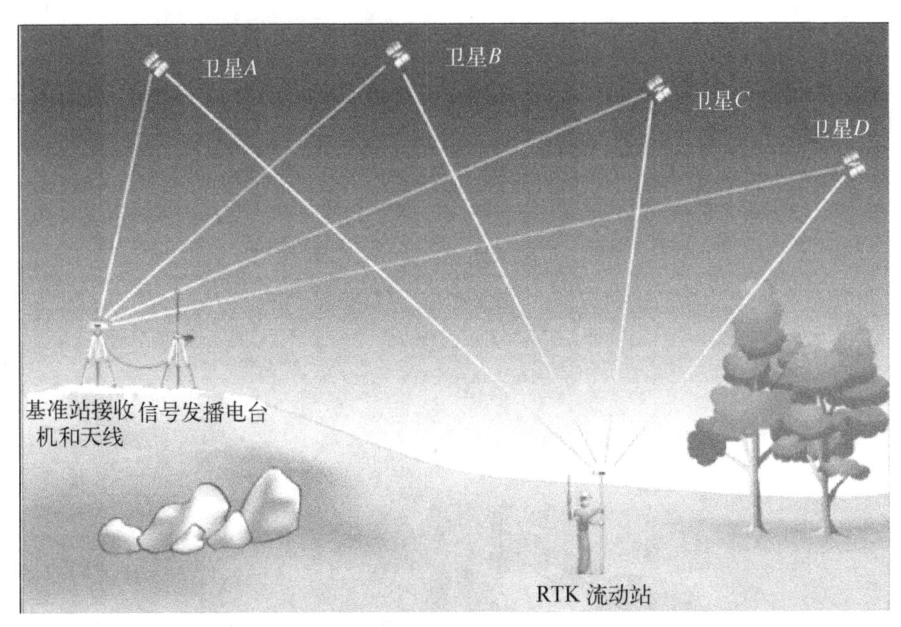

图10-3　常规RTK作业示意图

2. 网络RTK

网络RTK也称多参考站RTK，是近年来在常规RTK、计算机技术、通讯网络技术的基础上发展起来的一种实时动态定位技术。CORS系统是网络RTK技术的基础设施，它由参考站网、数据处理中心、数据通信链路和用户部分组成。一个参考站网可以包括若干个参考站，每个参考站上配备有GNSS接收机、数据通信设备等。

目前，网络RTK系统服务技术主要有MAX、VRS、FKP三种网络RTK技术。

网络RTK的优势：

① 无须架设参考站，省去了野外工作的值守人员和架设参考站的时间，降低了作业成本，提高了生产效率。

② 使传统的“1+1”GPS接收机真正等于“2”，生产效率双倍提高。

③ 不再为四处寻找控制点而烦恼。

④ 扩大了作业半径，避免了常规RTK随着作业距离的增大精度衰减的缺点，网络覆盖范围内能够得到均匀的精度。

⑤ 在CORS覆盖区域内，能够实现测绘系统和定位精度的统一，便于测量成果的系统转换和多用途处理。

3. JSCORS

JSCORS通过在江苏省范围内建设63个GNSS连续运行参考站，在江苏省域内建立一个高精度、高时空分辨率、高效率、高覆盖率的全球导航卫星系统（Global Navigation Satellite System，GNSS）综合信息服务网，把GNSS这一高新技术综合应用于大地测量、工程测量、房产测量、气象监测、地震监测、地面沉降监测以及城市地理信息系统等领域。同时兼顾社会公共定位服务，以满足日益增长的城市综合管理与城市化建设的需求。它是卫星导航定位技术、测绘学、气象学、地理信息系统、计算机技术与现代通讯技术等的有机结合。JSCORS的站点分布图如图10-4所示。技术指标如表10-1、10-2。

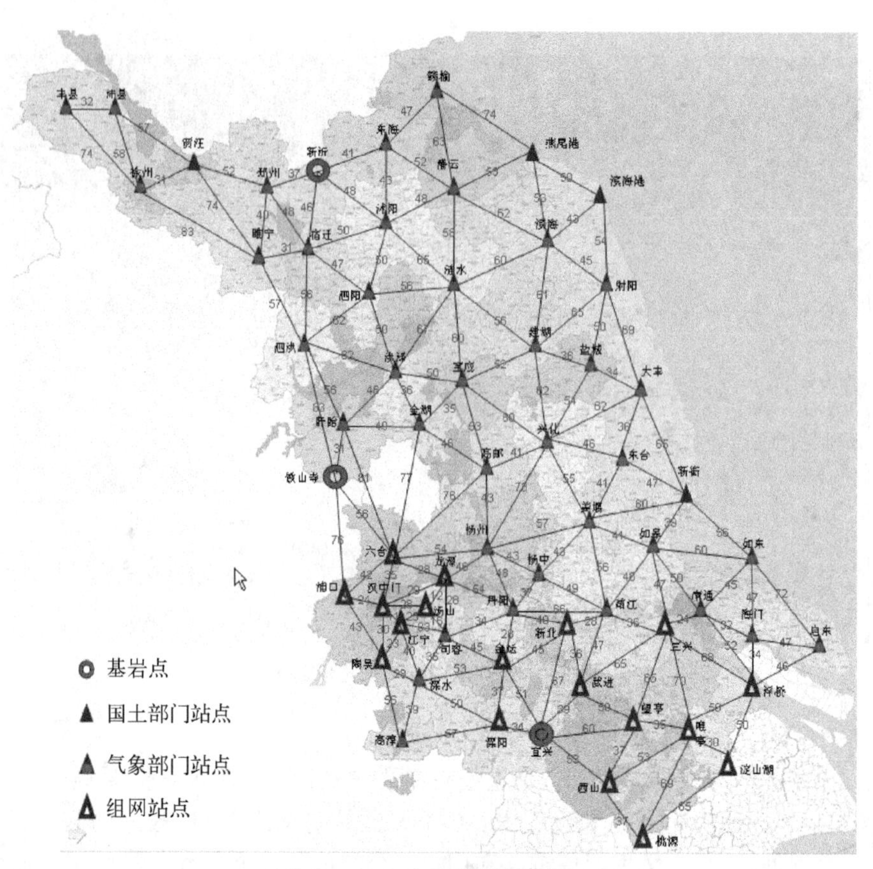

图 10－4　JSCORS 站点分布图

表 10－1　JSCORS 参考站分布表

地区	参考站名称	数量
南京市	六合、浦口、汉中门、江宁、汤山、龙潭、陶吴、溧水、高淳	9
镇江市	句容、丹阳、扬中	3
常州市	新北、金坛、溧阳、武进	4
无锡市	宜兴	1
苏州市	望亭、西山、唯亭、三兴、浮桥、淀山湖、桃源	7
南通市	南通、海门、启东、如东、如皋	5
泰州市	兴化、姜堰、靖江	3
扬州市	扬州、高邮、宝应	3
淮安市	盱眙、金湖、洪泽、涟水、铁山寺	5
盐城市	滨海港、滨海、建湖、射阳、盐城、大丰、新街、东台	8
连云港市	东海、赣榆、灌云、燕尾港	4
宿迁市	沭阳、泗洪、泗阳、宿迁	4
徐州市	徐州、丰县、沛县、贾汪、邳州、睢宁、新沂	7
总计		63

表 10－2 JSCORS 技术指标

项 目	内 容	指 标	
覆盖范围[注1]	导 航	全省范围	
	定 位	全省范围	
精 度[注2]	动态参考框架	地心坐标的坐标分量	绝对精度不低于 0.1 米
		基线向量的坐标分量	相对精度不低于 3×10^{-7}
	网络 RTK	水平≤3 cm	垂直≤5 cm
	事后精密定位	水平≤5 mm	垂直≤10 mm
	变形监测	水平≤5 mm	垂直≤10 mm
	导 航[注3]	水平≤5 m(1 m)	垂直≤ 7 m(2 m)
	定 时	单机精度≤100 ns	多机同步≤10 ns
可用性[注4]	导 航	95.0% (365 天内);95.0% (1 天内)	
	定 位	95.0% (365 天内);95.0% (1 天内)	
完好性[注5]	报警时间	< 6 秒	
	误报概率	< 0.3%	
兼容性	卫星信号	L1,L2,P1(C1),P2,L2C(L5)	
	差分数据	RTCM－SC104 v2.3,CMR,RINEX,RTCM 3.0 等	
容 量[注6]	实时用户	GSM、GPRS、CDMA 方式:不限制用户数量	
	事后用户	无限制	
应用领域	导 航	陆上导航,地理信息采集、更新等	
	定 位	测绘、气象、规划、变形监测、地壳形变监测等	

注 1:覆盖范围是指不顾及通信网络覆盖时,系统定位能够满足精度要求时的空间范围。
注 2:精度数值为 1 倍中误差。
注 3:导航精度为码差分精度,括号外为单频机精度,括号内为双频机精度。
注 4:可用性指标为不顾及通信网络可用性条件下的指标。
注 5:完好性指标中的报警时间为发生故障到通知用户的时间间隔。
注 6:容量与通信网络和服务平台性能有关,此处为不顾及通信网络条件下的用户数量。

任务四 GPS 控制测量

与常规控制测量方法相比,GPS 在布设控制网方面具有测量精度高、选点灵活、不需要造标、费用低、全天候作业、观测时间短、观测和数据处理全自动化等特点,因此,GPS 控制测量已经取代了常规的控制测量方法,成为控制测量的主要方法。

GPS 控制测量的主要内容包括控制网的技术设计、外业观测和数据处理。

一、确定 GPS 控制网精度标准

在 GPS 网总体设计中,精度指标是比较重要的参数,它的数值将直接影响 GPS 网的布设方案、观测数据的处理以及作业的时间和经费。在实际设计工作中,可根据所作控制的实际需要和可能，合理地制定。既不能制定过低而影响网的精度，也不必要盲目追求过高的精度造成不必要的支出。

GPS 网的精度指标，通常以网中相邻点之间的距离误差来表示：

$$\sigma = \sqrt{\alpha^2 + (b \times D)^2}$$

其中：σ 为网中相邻点间的距离中误差(mm)；

α 为固定误差(mm)；

b 为比例误差(ppm)；

D 为相邻点间的距离(km)。

根据我国 2001 年颁布的《全球定位系统(GPS)测量规范》(GB/T18314－2001)，GPS 基线向量网被分为 AA、A、B、C、D、E 六个级别。用于城市或工程的 GPS 网可根据相邻点的平均距离和精度参照表 10－3 可分为二、三、四等和一、二级。

表 10－3　城市或工程 GPS 控制网的精度指标

等级	平均距离(km)	固定误差 α(mm)	比例误差 b(ppm)	最弱边相对中误差
二	9	≤10	≤2	1/130 000
三	3	≤10	≤5	1/80 000
四	2	≤10	≤10	1/45 000
一级	1	≤10	≤10	1/20 000
二级	<1	≤15	≤20	1/10 000

二、选点

选点即观测站位置的选择。在 GPS 测量中并不要求观测站之间相互通视，网的图形选择也比较灵活，因此选点比经典控制测量简便得多。但为了保证观测工作的顺利进行和可靠地保持测量结果，用户注意使观测站位置具有以下的条件：

1. *测站点开阔*

GPS 测量主要利用接收机所接收到的卫星信号，而且接收机上空越开阔，则观测到的卫星数目越多。一般应该保证接收机所在平面 15°以上的范围内没有建筑物或者大树的遮挡。

2. *无电磁波干扰源*

GPS 接收机接收卫星广播的微波信号，微波信号都会受到电磁场的影响而产生噪音，降低信噪比，影响观测成果。所以 GPS 控制点最好离开高压线、微波站或者产生强电磁干扰的场所。邻近不应有强电磁辐射源，如无线电台、电视发射天线、高压输电线等，以免干扰 GPS 卫星信号。通常，在测站周围约 200 m 的范围内不能有大功率无线电发射源(如电视台、电台、微波站等)；在 50 m 内不能有高压输电线和微波无线电信号传递通道。

3. *减弱多路径效应的影响*

周围没有反射面，如大面积的水域，或对电磁波反射(或吸收)强烈的物体(如玻璃墙，树木等)，不致引起多路径效应。

4. 观测站最好选在交通便利的地方以利于其它测量手段联测和扩展

5. 地面基础稳固，易于点的保存

三、GPS 控制网布设

GPS 网以同步图形的形式连接扩展，构成具有一定数量独立的布网形式，不同的同步图形间有若干公共点连接，具有测量速度快、方法简单、图形强度较好等优点，是主要的 GPS 布网形式。其又可分为点连式、边连式、网连式和混连式。

1. 点连式

相邻两个同步图形只通过一个公共点连接，但图形强度较低，易有连环影响，一般不单独使用。

2. 边连式

相邻两个同步图形只通过一条边连接，具有较多的重复基线和独立环，图形条件较强，作业效率较高，已被广泛采用。

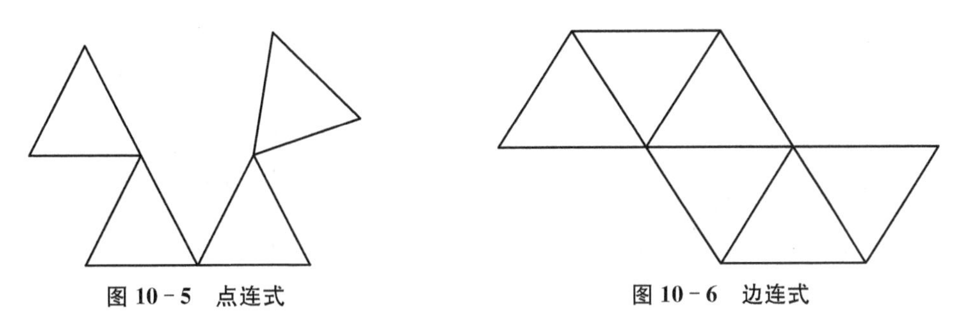

图 10－5　点连式　　　　图 10－6　边连式

3. 网连式

相邻两个同步图形通过三个以上的公共点连接，至少需要 4 台 GPS 接收机，图形条件很强，成本较高，多用于高精度的控制网。

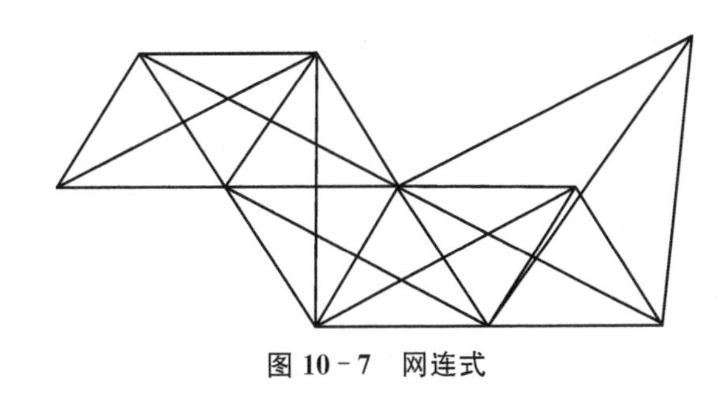

图 10－7　网连式

4. 混连式

相邻两个同步图形可能通过点、边、网等形式连接，自检性和可靠性较好，能有效发现粗差，在 GPS 工程控制网中广泛采用。

四、GPS 测量的作业模式

近几年来，随着 GPS 定位后处理软件的发展，为确定两点之间的基线向量，已有多种测量方案可供选择。这些不同的测量方案，也称为 GPS 测量的作业模式。目前，在 GPS 接收系统硬件和软件的支持下，较为普遍采用的作业模式主要有静态相对定位、快速静态相对定位、准动态相对定位和动态相对定位等。

① 经典静态定位模式

作业方法：采用两台（或两台以上）接收设备，分别安置在一条或数条基线的两端点，同步观测4颗以上卫星，每时段长45分钟至2小时或更多。作业布置如图10-8所示。

精度：基线的相对定位精度可达5 mm+1 ppm×D，D为基线长度(km)。

适用范围：建立全球性或国家级大地控制网，建立地壳运动监测网、建立长距离检校基线、进行岛屿与大陆联测及精密工程控制网建立等。

注意事项：所有已观测基线应组成一系列封闭图形（如图10-8），以利于外业检核，提高成果可靠度。并且可以通过平差，有助于进一步提高定位精度。

② 快速静态相对定位

作业方法：在测区中部选择一个基准站，并安置一台接收设备连续跟踪所有可见卫星；另一台接收机依次到各流动设站，每点观测数分钟。作业布置如图10-9所示。

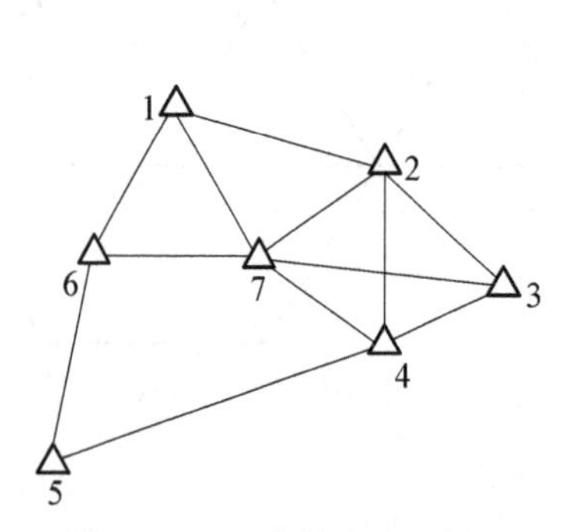

图10-8 经典静态定位模式

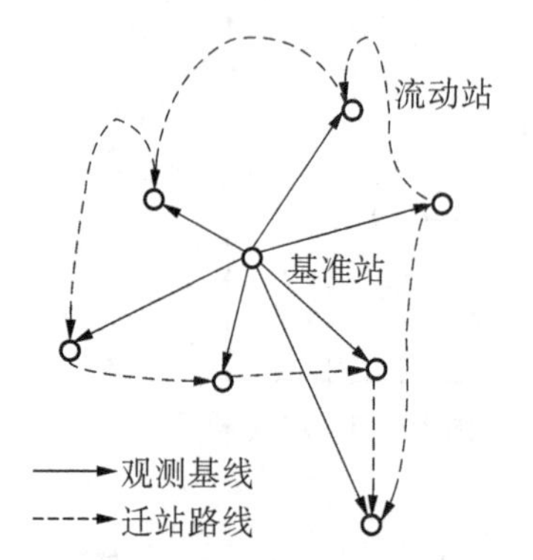

图10-9 快速静态相对定位

精度：流动站相对于基准站的基线中误差为5 mm+1 ppm×D。

应用范围：控制网的建立及其加密、工程测量、地籍测量、房产测量、大批相距百米左右的点位定点。

注意事项：在观测时段内应确保有5颗以上卫星可供观测；流动点与基准点相距应不超过20 km；流动站上的接收机在转移时，不必保持对所测卫星连续跟踪，可关闭电源以降低能耗。

优点：作业速度快、精度高、能耗低；缺点：二台接收机工作时，构不成闭合图形（如图10-9），可靠性差。

③ 准动态相对定位

作业方法：在测区选择一个基准点，安置接收机连续跟踪所有可见卫星；将另一台流动接收机先置于1号站（如图10-10所示）观测，在保持对所测卫星连续跟踪而不失锁的情况下，将流动接收机分别在2，3，4……各点观测数秒钟。

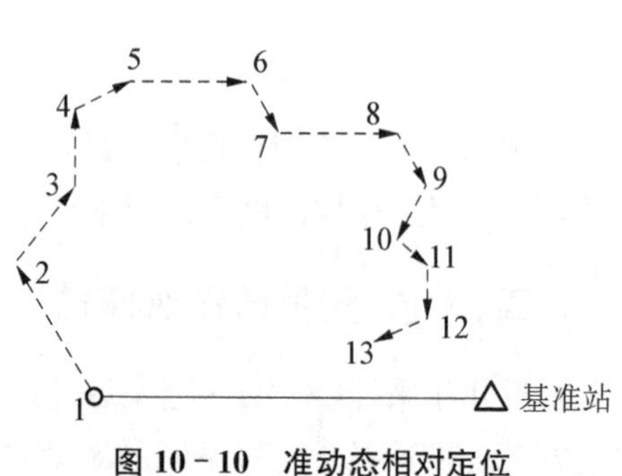

图10-10 准动态相对定位

精度：基线的中误差约为1～2 cm。

应用范围：开阔地区的加密控制测量、工程定位及碎部测量、剖面测量及线路测量等。

注意事项：应确保在观测时段上有 5 颗以上卫星可供观测，流动点与基准点距离不超过 20 km；观测过程中流动接收机不能失锁，否则应在失锁的流动点上延长观测时间 1～2 min。

④ 往返式重复设站

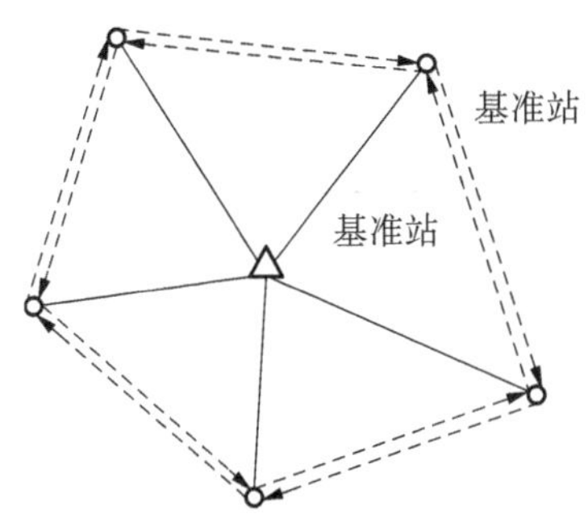

图 10－11 往返式重复设站

作业方法：建立一个基准点安置接收机连续跟踪所有可见卫星；流动接收机依次到每点观测 1～2 min；1 h 后逆序返测各流动点 1～2 min。设站布置如图 10－11。

精度：相对于基准点的基线中误差为 5 mm＋1 ppm×D。

应用范围：控制测量及控制网加密、取代导线测量及三角测量、工程测量及地籍测量等。

注意事项：流动点与基准点相距不能超过 20 km；基准点上空开阔，能正常跟踪 3 颗及以上的卫星。

五、数据预处理

为了获得 GPS 基线向量并对观测成果进行质量检核，首先要进行 GPS 数据的预处理。根据预处理结果对观测数据的质量进行分析并做出评价，以确保观测成果和定位结果的预期精度。

数据处理软件及选择：

GPS 网数据处理分基线解算和网平差两个阶段。各阶段数据处理软件可采用随机软件或经正式鉴定的软件。

1. 基线解算(数据预处理)

对于两台及两台以上接收机同步观测值进行独立基线向量(坐标差)的平差计算叫基线解算，有时也叫数据预处理。

预处理的主要目的是对原始数据进行编辑、加工整理、分流并产生各种专用信息文件，为进一步的平差计算作准备。它的基本内容，

数据传输：将 GPS 接收机记录的观测数据传输到磁盘或其他介质上。

数据分流：从原始记录中，通过解码将各种数据分类整理，剔除无效观测值和冗余信息，形成各种数据文件，如星历文件、观测文件和测站信息文件等。

统一数据文件格式将不同类型接收机的数据记录格式、项目和采样间隔，统一为标准化的文件格式，以便统一处理。

卫星轨道的标准化：采用多项式拟合法，平滑 GPS 卫星每小时发送的轨道参数，使观测时段的卫星轨道标准化。

探测周跳、修复载波相位观测值。

对观测值进行必要改正：在 GPS 观测值中加入对流层改正。

2. 观测成果的外业检核

对野外观测资料首先要进行复查，内容包括：成果是否符合调度命令和规范的要求；进行的观测数据质量分析是否符合实际。然后进行下列项目的检核：

① 每个时段同步边观测数据的检核

数据剔除率:剔除的观测值个数与应获取的观测值个数的比值称为数据剔除率。同一时段观测值的数据剔除率,其值应小于 10%。

采用单基线处理模式时,对于采用同一种数学模型的基线解,其同步时段中任一的三边同步环的坐标分量相对闭合差和全长相对闭合差不得超过表 10－4 所列限差。

表 10－4　同步坐标分量及环线全长相对闭合差限差(ppm · D)

限差类型 \ 等级	二	三	四	一级	二级
坐标分量相对闭合差	2.0	3.0	6.0	9.0	9.0
环线全长相对闭合差	3.0	5.0	10.0	15.0	15.0

② 重复观测边的检核

同一条基线边若观测了多个时段,则可得到多个结果。这种具有多个独立观测结果的边就是重复观测边。对于重复观测边的任意两个时段的成果互差,均应小于相应等级规定精度(按平均边长计算)的 $2\sqrt{2}$ 倍。

③ 同步观测环检核

当环中各边为多台接收机同步观测时,由于各边是不独立的,所以其闭合差应恒为零。例如三边同步环中只有两条同步边可以视为独立的成果,第三边成果应为其余两边的代数和。但是由于模型误差和处理软件的内在缺陷,使得这种同步环的闭合差实际上仍可能不为零。这种闭合差一般数值很小,不至于对定位结果产生明显影响,所以也可把它作为成果质量的一种检核标准。

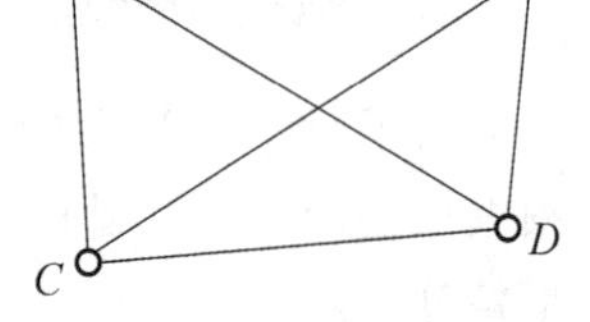

图 10－12　同步闭合环

一般规定,三边同步环中第三边处理结果与前两边的代数和之差应小于下列数值。

$$\omega_x \leqslant \frac{\sqrt{3}}{5}\sigma,\quad \omega_y \leqslant \frac{\sqrt{3}}{5}\sigma,\quad \omega_z \leqslant \frac{\sqrt{3}}{5}\sigma,\quad \omega = (\omega_x^2 + \omega_y^2 + \omega_z^2)^{1/2} \leqslant \frac{3}{5}\sigma$$

式中:σ 为相应级别的规定中误差(按平均边长计算)。

对于四站以上的多边同步环,可以产生大量同步闭合环,在处理完各边观测值后,应检查一切可能的环闭合差。以图 5－18 为例,A、B、C、D 四站应检核:a) $AB-BC-CA$、b) $AC-CD-DA$、c) $AB-BD-DA$、d) $BC-CD-DB$、e) $AB-BC-CD-DA$、f) $AB-BD-DC-CA$、g) $AD-DB-BC-CA$。

所有闭合环的分量闭合差不应大于 $\frac{\sqrt{n}}{5}\sigma$,而环闭合差 $\omega = \sqrt{\omega_x^2 + \omega_y^2 + \omega_z^2} \leqslant \frac{\sqrt{3n}}{5}\sigma$

④ 异步观测环检核

无论采用单基线模式或多基线模式解算基线,都应在整个 GPS 网中选取一组完全的独立基线构成独立环,各独立环的坐标分量闭合差和全长闭合差应符合下式:

$$\omega_x \leqslant 2\sqrt{n}\sigma$$
$$\omega_y \leqslant 2\sqrt{n}\sigma$$

$$\omega_z \leqslant 2\sqrt{n}\sigma$$

$$\omega \leqslant 2\sqrt{3n}\sigma$$

当发现边闭合数据或环闭合数据超出上列规定时，应分析原因并对其中部分或全部成果重测。需要重测的边，应尽量安排在一起进行同步观测。

3. 野外返工

对经过检核超限的基线在充分分析基础上，进行野外返工观测，基线返工应注意如下几个问题：

① 无论何种原因造成一个控制点不能与两条合格独立基线相连结，则在该点上应补测或重测不少于一条独立基线。

② 可以舍弃在复测基线边长较差、同步环闭合差、独立环闭合差检验中超限的基线，但必须保证舍弃基线后的独立环所含基线数，不得超过表 10－5 的规定，否则，应重测该基线或有关的同步图形。

表 10－5 闭合环或附合线路边数的规定

等 级	二	三	四	一级	二级
闭合环或附合路线的边数	≤6	≤8	≤10	≤10	≤10

③ 由于点位不符合 GPS 测量要求而造成一个测站多次重测仍不能满足各项限差技术规定时，可按技术设计要求另增选新点进行重测。

六、GPS 网平差处理

在各项质量检核符合要求后，以所有独立基线组成闭合图形，以三维基线向量及其相应方差协方差作为观测信息，以一个点的 WGS－84 系三维坐标作为起算依据，进行 GPS 网无约束平差。无约束平差应提供各控制点在 WGS－84 系下的三维坐标，各基线向量三个坐标差，观测值的总改正数，在基线边长以及点位和边长的精度信息。

在无约束平差确定的有效观测量基础上，在国家坐标系或城市独立坐标系下进行三维约束平差或二维约束平差。约束点的已知坐标，已知距离或已知方位，可以作为强制约束的固定值，也可作为加权观测值。平差结果应输出在国家或城市独立坐标系中的三维或二维坐标，基线向量改正数，基线边长，方位以及坐标，边长，方位的精度信息；转换参数及其精度信息。

无约束平差中，基线向量的改正数绝对值应满足下式：

$$\left.\begin{aligned} V_{\Delta x} &\leqslant 3\sigma \\ V_{\Delta y} &\leqslant 3\sigma \\ V_{\Delta z} &\leqslant 3\sigma \end{aligned}\right\}$$ 式中 σ 为该等级基线的精度。

否则，认为该基线或其附近存在粗差基线，应采用软件提供的方法或人工方法剔除粗差基线，直至符合上式要求。

约束平差中，基线向量的改正数与剔除粗差后的无约束平差结果的同名基线相应改正数的较差（$dv_{\Delta x}, dv_{\Delta y}, dv_{\Delta z}$）应符合下式要求：

$$\left.\begin{array}{l} dv_{\Delta x} \leqslant 2\sigma \\ dv_{\Delta y} \leqslant 2\sigma \\ dv_{\Delta z} \leqslant 2\sigma \end{array}\right\}$$ 式中 σ 为该等级基线的规定精度。

否则，作为约束的已知坐标，已知距离，已知方位与 GPS 网不兼容，应采用软件提供的或人为的方法剔除某些误差大的约束值，直至符合上式要求。

七、技术总结

GPS 测量工作结束后，需按《测绘技术总结编写规定》(CH/T 1001—2005)要求编写技术总结，其主要内容包括：

① 概述

a. 本次 GPS 测量项目名称、任务来源；任务内容、任务量和目标；成果交付与接收情况等；

b. 计划与实际完成情况、作业率的统计；

c. 作业测区概况和已有资料的利用情况。

② 技术设计执行情况

a. 说明本次 GPS 测量所依据的技术文件(项目设计书、专业设计书及设计更改文件，有关的技术标准和规范)。

b. GPS 测量过程中，专业设计书及设计更改文件、有关的技术标准和规范的执行情况。

c. 本次 GPS 测量中出现的主要技术问题和处理方法、特殊情况的处理及其达到的效果等。

d. 当作业过程中采用新技术、新方法、新材料时，应详细描述和总结其应用情况。

e. 总结本次 GPS 测量中的经验、教训(包括重大的缺陷和失败)和遗留问题，并对今后生产提出改进意见和建议。

③ GPS 测量成果质量情况

说明和评价成果的质量情况(包括必要的精度统计)，达到的技术指标，说明 GPS 测量成果质量检查报告的名称和编号。

④ 上交 GPS 测量成果资料清单

a. 说明 GPS 测量成果名称、数量、类型等，各种附图与附表[含点之记、环视图和测量标志委托保管书；数据加工处理中生成的文件(含磁盘文件)、资料和成果表 GPS 网展点图等]。

b. 文档资料[含项目设计书、专业设计书及设计更改文件、技术总结、检查报告，必要的文档以及作业过程中形成的重要记录，如卫星可见性预报和观测计划；外业观测记录(包括原始记录的存储介质及其备份)、测量手簿及其他记录(包括偏心观测)；接收设备、气象及其他仪器的检验资料；外业观测数据质量分析及野外检核计算等资料]。

c. 其他须上交和归档的资料。

思考与练习

1. 简述全球导航卫星系统 GNSS 的组成。
2. 简述 GPS 系统的组成。
3. 为何 GPS 系统需要至少 4 颗卫星才能进行定位。
4. 简述 GPS 控制网的选择原则。

综合实训

第一部分　技能训练须知

一、测量实训前的准备

实训前应提前预习所要实习的项目，认真阅读相关的教材和实训指导书，对实训的目的、要求、操作方法、实习步骤、记录、计算及注意事项等应有初步的了解，以便能够更好地完成实训内容。

二、测量实训的组织

实训前，应在指导教师的安排下，对所在班级进行分组(每组人数在4～5人)，并对所有实训小组进行编号，安排组长，实行小组长负责制。

三、测量实验的一般规定

1. 实训开始前，以小组为单位到测量实验室领取仪器和工具，做好仪器使用登记工作。领到仪器后，到指定的实训地点集中，待指导教师作全面的讲解后，方可开始实训；

2. 对实训规定的各项内容，小组内每人应轮流操作，实训报告应独立完成；

3. 实训应在规定时间内进行，不得无故缺席、迟到或早退；实训应在指定地点完成，不能擅自改变地点；

4. 应认真听取教师的指导，实训的具体操作应按照指导书的要求、步骤进行；

5. 实训中出现仪器故障、工具损坏和丢失等情况时，必须及时向指导老师报告，不可擅自处理；

6. 实训过程中，应爱护仪器和工具，避免出现不必要的损坏；若由于人为因素引起的仪器、工具的故障、损坏和丢失，应按规定进行赔偿；

7. 实训结束时，应把观测记录和实训报告交实训指导老师审阅，经教师认可后方可收拾和清理仪器工具，归还仪器室。

四、测量仪器的使用和维护

1. 携带仪器时，检查仪器箱是否锁好，提手和背带是否牢靠；

2. 开箱时将箱子置于平稳处；开箱后注意观察仪器在箱内安放的位置，以便用完按原样放回，避免因放错位置而导致盖不上箱盖；

3. 取放仪器时，应将所有制动螺旋松开，对水准仪应握住基座部分，对经纬仪应握住支架部分，严禁握住望远镜拿取仪器；

4. 安置三脚架之前，应将架高调适中，拧紧架腿上的螺丝；安置时，先使架头大致水平，然后一手握住仪器，一手拧连接螺旋；

5. 使用仪器时，人不能离开仪器，严防无人看管仪器；切勿将仪器靠在树上或墙上；严禁在仪器旁打闹；

6. 在阳光下或雨天作业时必须撑伞遮阳，以防日晒和雨淋；透镜表面有灰尘或污物时，应先用专用的毛刷清除，再用镜头纸擦拭，严禁用手帕、粗布、纸巾、手等擦拭；

7. 各种制动螺旋切勿拧得太紧，以免对仪器造成损伤；各微动螺旋切忌旋至尽头，以免失灵；

8. 转动仪器时，应先松开制动螺旋，动作力求准确、轻捷，用力要均匀；使用仪器时，对其性能不了解的部件，不得擅自使用；

9. 仪器装箱时，必须将各个制动螺旋旋开；装箱后，先试关箱盖，确认放妥(若箱盖合不上口，说明仪器位置未放置正确，应重放，切不可强压箱盖，以免损伤仪器)，再拧紧仪器各制动螺旋，然后关箱、搭扣、上锁；

10. 在行走不便的地段搬迁测站或远距离迁站时，必须将仪器装箱后再搬运；近距离或在行走方便的地段迁站时，可以将仪器连同三脚架一起搬迁，应一手握住仪器，另一手抱拢脚架竖直地搬移，切勿扛在肩上搬迁。罗盘仪迁站时，应将磁针固定，使用时再松开。

五、测量工具的使用和维护

1. 钢尺要防压(穿越马路量距时应特别注意车辆)、防扭曲、防潮，用完应擦干净上油后再卷如盒内；皮尺应防潮，一旦潮湿，须晾干后卷入盒内；

2. 水准尺、花杆禁止横向受力，以防弯曲变形；应由专人认真扶持，不用时安放稳妥，不得垫坐，不准斜靠在树上、墙上等防止倒下摔坏，要平放在地面或可靠的墙角处；

3. 不能拿测量仪器、工具玩耍。

六、测量数据的计算与记录

1. 所有测量成果均用绘图铅笔记录在专用表格内，不得用其他纸张记录再行转抄；

2. 字体力求工整、清晰，字高按稍大于格子一半的高度填写，留出可供改错用的空隙；

3. 记录数字要齐全，不能省略必要的零位，如水准读数 1. 600，不能写作 1. 6；度盘读数 124°00′06″不能写 124°0′6″或 124°6″；

4. 观测者读出读数后，记录者要复读一遍，以防听错、记错；禁止擦拭、涂改和挖补数据；

5. 数据运算中，按"四舍六入，五前奇进偶舍"的规则进行凑整；

6. 每测站观测结束后，必须在现场完成规定的计算和检核，确认无误后方可迁站，严禁超限等原因而更改观测数据。一经发现，将取消实训成绩并严肃处理。

第二部分　大比例尺地形图测绘

【实训目标】

一、综合技能训练的目标

(1) 使学生系统地掌握课堂教学理论知识和实际操作技能；

(2) 熟练掌握水准仪、经纬仪、全站仪等测量仪器的使用和操作方法；

(3) 掌握大比例尺地形图的测绘原理、作业程序、方法和测绘技能；

(4) 提高学生的动手能力和分析问题、解决问题的能力，培养良好的集体主义观念，逐步形成严谨求实、团结合作的工作作风和吃苦耐劳的工作态度。

二、综合技能训练的要求

(1) 每个实习小组完成一条闭合(或附合)水准路线的测量；

(2) 每个实习小组完成一条闭合导线的测量；

(3) 每个实习小组完成一幅(50 cm×50 cm)1∶500 地形图的测绘(从图根控制测量到地形图整饰)；

(4) 每人要求完成水准测量、导线测量的成果计算和全站仪数字化成图。

【实训场地】

学校北校区。

【实训形式】

测量综合实训的教学与组织管理工作由实训指导教师和各实训小组、有关班干部组成。

一、指导教师的职责

(1) 研究实习大纲和了解学生的实习情况，并按照实习大纲的要求制定实训计划；

(2) 做好实训仪器、图纸的准备工作；

(3) 组织学生学习实训大纲和计划并布置实训任务；

(4) 进行技术指导，检查实训进度，随时观察了解学生的实训情况，研究指导方法，发现问题要及时采取措施，不断地引导实训深入；

(5) 督促学生遵守实训纪律、爱护测量仪器和工具；

(6) 全面负责，教书育人，随时观察了解学生的思想表现，严格要求，严格管理。

二、班干部和小组长的职责

(1) 组织本组成员按实训计划和技术要求完成实训任务；

(2) 组织本组成员执行实训任务的均衡轮换，使人人都能参与实训的每个环节；

(3) 负责监督本组仪器和工具的安全和清洁；

(4) 经常向指导教师通报本组的实训情况和人员出勤情况。

实训纪律：

(1) 必须按照实训大纲和实训计划要求进行，认真完成实训任务；

(2) 实事求是，严格执行《工程测量规范》，坚决杜绝弄虚作假；

(3) 实训报告每人一份，在实训结束前三天着手进行，实训完毕交给实训指导教师；

(4) 每天必须至少工作六个课时(若实训任务完不成要适当增加)，工作时间不经批准不得私自离开现场，有事必须请假，须取得实训指导教师和班主任同时批准；

(5) 各种记录手簿的检查和计算工作必须当场(天)完成；

(6) 仪器不经指导教师批准，不得转让别人；

(7) 实训期间要爱护测量仪器和工具，出工和收工时，组长负责清点仪器，损坏或丢失测量仪器者应照价赔偿；

(8) 要注意仪器和人身安全，团结合作，互相帮助，吃苦耐劳。

【实训仪器及工具】

经纬仪1台，水准仪1台，全站仪1台，水准尺一对，钢尺1把，木桩若干个，锤1把，测伞一把，工具包一个，计算器一个，铅笔一支，橡皮一块，充电器一个。

【实训计划】

测量综合实训计划见下表：

<table>
<tr><th>序号</th><th colspan="2">实训项目</th><th>实训内容</th><th>时间安排</th></tr>
<tr><td rowspan="2">1</td><td colspan="2" rowspan="2">实习准备</td><td>领取并检查仪器</td><td rowspan="2">0.5天</td></tr>
<tr><td>踏勘选点，做好标记编号</td></tr>
<tr><td rowspan="4">2</td><td rowspan="4">图根控制</td><td>高程控制</td><td>水准测量</td><td>1天</td></tr>
<tr><td rowspan="3">平面控制</td><td>经纬仪导线角度测量</td><td rowspan="3">1天</td></tr>
<tr><td>全站仪边长测量</td></tr>
<tr><td>控制成果计算</td></tr>
<tr><td rowspan="2">3</td><td colspan="2" rowspan="2">1∶500地形图的测绘</td><td>全站仪测图</td><td rowspan="2">2.5天</td></tr>
<tr><td>全站仪数字化成图</td></tr>
<tr><td>4</td><td colspan="2">仪器操作考核，还仪器，实习总结，成绩评定。</td><td></td><td>0.5天</td></tr>
<tr><td>5</td><td colspan="2">合计</td><td></td><td>5.5天</td></tr>
</table>

【实训内容】

一、图根平面控制

图根平面控制一般采用闭合导线，导线点用木桩钉小钉表示，并用红油漆编号。如果在校园内实训，则最好有指导教师预先在学校内布好一定数量的导线点，供实训使用。

1. 踏勘选点：先到测区进行踏勘，在了解测区全貌的前提下，选一定数量的导线点，选点时应注意以下几个方面：

(1) 导线点之间必须相互通视；

(2) 应考虑量距方便、安全；

(3) 应选在比较开阔的地方，便于地形图的测绘，同时点应选在地面坚实，不易下沉的地方，且便于安置仪器；

(4) 导线边长最好大致相等，一般在 100 m 左右，最好不超过 300 m，短边尽量少。

2. 角度测量

(1) 使用测回法观测闭合导线的内角；

(2) 对中误差应不大于 3 mm，观测过程中水准气泡偏离不得超过 1 格；

(3) 测角两个半测回角值之差不超过$\pm 40''$。

3. 边长测量

用全站仪在教师的指导下进行边长的测量。每条边均要求往返观测一次，往测和返测均观测三次取平均值。往返测量相对误差不大于 1/3 000。

4. 导线成果计算

根据已知数据(一条边的坐标方位角，一个点的平面直角坐标)和观测数据进行闭合导线的成果计算，计算导线点的平面直角坐标。导线角度闭合差应$\leqslant \pm 40\sqrt{n}''$，导线全长相对闭合差应$\leqslant$1/2 000，坐标计算至毫米。

二、图根高程控制

一般情况下，图根高程控制采用导线点作为高程控制点，构成闭合水准路线。

1. 水准测量外业

用 DS_3 型水准仪和水准尺按四等水准测量的要求进行闭合水准路线的测量。技术要求：

(1) 前后视距差$\leqslant$5 m，前后视距累计差$\leqslant$10 m，视线离地面最低高度应$\geqslant$0. 3 m，仪器到水准尺间距不大于 75 m；

(2) 用改变仪器高法，两次高差之差$\leqslant$5 mm，闭合路线高差闭合差 $\leqslant \pm 12\sqrt{n}$ (单位为 mm)。

2. 水准测量内业

在外业观测成果检核符合要求，根据一个已知点的高程和高差观测数据进行闭合水准路线成果计算，推算出各个水准点(导线点)的高程。高程计算至毫米。

三、大比例尺地形图的测绘

1. 全站仪数字测图

(1) 在测站点安置全站仪；

(2) 在内存中选择坐标测量数据的默认存放路径(可选择一个已有的文件或重新建立一个新的文件)；

(3) 输入测站点坐标(N、E、Z 坐标)、仪器高和棱镜高；

(4) 后视定向。可选择后视已知点定向或者角度定向；

(5) 选择地物和地形特征点，进行坐标测量。

2. 全站仪数字化成图

(1) 将坐标测量所得到的观测数据导入电脑中；

(2) 使用专门的绘图软件进行地形图的绘制；

(3) 进行图形的检查与整饰。

【实训成果整理】

实训过程中,所有外业观测的原始数据均应记录在规定的表格内,全部内业计算也应在规定的表格内进行。实训结束,应对测量成果资料进行整理,并装订成册,上交实训指导教师,作为评定实训成绩的主要依据。

1. 小组应上交的成果和资料

(1) 水准测量观测手簿;

(2) 角度测量观测手簿;

(3) 距离测量观测手簿;

(4) 全站仪坐标测量部分观测数据;

(5) 1∶500 地形图一幅(电子稿或输出图纸);

(6) 实训总结一份。

2. 个人应上交的成果和资料

(1) 水准测量高程计算表一份;

(2) 导线坐标计算表一份;

(3) 实训报告一份。

【实训成绩评定】

1. 实训成绩的评定采用五级分制:优秀、良好、中、及格、不及格;

2. 实训成绩的评定程序:先评出小组实训成绩,小组内个人成绩以小组成绩为基准进行评定;

3. 实训成绩的评定方法:根据学生的出勤情况、实训记录、小组成员的分工配合情况、对测量知识的掌握程度以及动手能力、分析问题和解决问题的能力、完成任务的质量、所交资料及仪器工具的爱护情况、实训报告的编写水平、仪器操作考核成绩等各种情况综合评定;

4. 凡属于下列情况者,实训成绩均做不及格处理:

(1) 损坏或丢失测量仪器工具者;

(2) 有意涂改或伪造原始数据或计算成果者;

(3) 擅离岗位、经常迟到早退者;

(4) 请病假或事假超过实训总天数的 1/4 者;

(5) 未完成实训任务者;

(6) 抄袭他人测量数据、计算成果或描绘其他组测绘的图形者;

(7) 不交成果资料和实训报告者;

(8) 影响他人实训造成严重后果者;

(9) 违反实训纪律者;

(10) 水准仪、经纬仪、全站仪操作考核有一项不合格者。

第三部分　仪器技能考核

本部分主要介绍水准仪、经纬仪和全站仪操作考核的标准。仪器的考核由实训指导教师组织实施,考核成绩计入实训总成绩。

一、水准仪操作考核标准

<table>
<tr><th>序号</th><th>考核项目</th><th>技术要求</th><th>优</th><th>良</th><th>中</th><th>及格</th><th>不及格
(其中一项)</th></tr>
<tr><td>1</td><td>安置</td><td>高度适中,架头大致水平</td><td rowspan="7">$t<5'$,且全部达到要求</td><td rowspan="7">$5'<t<6'$;或 $t<5'$,但有视差现象或仪器安置不合适或符合水准气泡吻合不够精确</td><td rowspan="7">$6'<t<8'$,且全部达到要求</td><td rowspan="7">$6'<t<8'$且有视差现象或仪器安置不合适或符合水准气泡吻合不够精确</td><td rowspan="7">1) $t>6'$;
2) 气泡偏离>1格;
3) 符合水准气泡不吻合;
4) 观测程序错误;
5) 记录计算或结果错误;
6) 两次高差之差>5 mm</td></tr>
<tr><td>2</td><td>粗平</td><td>气泡偏差<1格</td></tr>
<tr><td>3</td><td>照准</td><td>照准准确,无视差</td></tr>
<tr><td>4</td><td>精平</td><td>符合水准气泡吻合</td></tr>
<tr><td>5</td><td>改变仪器高法进行一个测站的观测</td><td>观测程序正确</td></tr>
<tr><td>6</td><td>记录计算</td><td>记录计算和结果正确</td></tr>
<tr><td>7</td><td>限差</td><td>两次高差之差<5 mm</td></tr>
</table>

注:1. t—操作时间

2. 两人一组,用改变仪器高法进行一个测站的观测。一人观测,一人记录。

二、经纬仪操作考核标准

<table>
<tr><th>序号</th><th>考核项目</th><th>技术要求</th><th>优</th><th>良</th><th>中</th><th>及格</th><th>不及格
(其中一项)</th></tr>
<tr><td>1</td><td>对中</td><td>对中误差≤3 mm</td><td rowspan="6">$t<6'$,且全部达到要求</td><td rowspan="6">$6'<t<8'$;或 $t<6'$,但有视差现象</td><td rowspan="6">$8'<t<10'$,且全部达到要求</td><td rowspan="6">$8'<t<10'$且有视差现象</td><td rowspan="6">1) $t>10'$;
2) 对中误差≥3 mm;
3) 气泡偏离>1格;
4) 观测程序错误;
5) 记录计算或结果错误;
6) 上、下半测回互差超限</td></tr>
<tr><td>2</td><td>整平</td><td>气泡偏差<1格</td></tr>
<tr><td>3</td><td>照准</td><td>准确,无视差</td></tr>
<tr><td>4</td><td>测回法观测水平角一测回</td><td>观测程序正确</td></tr>
<tr><td>5</td><td>记录计算</td><td>记录计算和结果正确</td></tr>
<tr><td>6</td><td>限差</td><td>上、下半测回互差≤40″</td></tr>
</table>

注:1. t—操作时间

2. 两人一组,用测回法进行一测回观测一个水平角。一人观测,一人记录。

三、全站仪技能考核标准

序号	考核项目	技术要求	优	良	中	及格	不及格（其中一项）
1	对中	对中误差≤2 mm	t<6′，且全部达到要求	6′<t<8′；或 t<6′，但有视差现象	8′<t<10′，且全部达到要求	8′<t<10′且有视差现象	1）t>10′； 2）对中误差≥2 mm 3）气泡偏离>1格； 4）观测程序错误； 5）记录计算或结果错误； 6）上、下半测回互差超限；相对误差超限
2	整平	气泡偏差<1格					
3	测回法观测水平角一测回	观测程序正确					
4	距离测量	相对误差≤1/3 000					
5	记录计算	记录计算和结果正确					
6	限差	上、下半测回互差≤40″					

注：1. t—操作时间

2. 两人一组，用测回法观测一个水平角并测量角度边长。一人观测，一人记录。

附　录

扫码查看附录

参考文献

[1] 测绘学名词审定委员会.测绘学名词[M].3版.北京:科学出版社,2010.
[2] 陈学平主编.测量学[M].北京:中国建材工业出版社,2004.
[3] 李秀江主编.测量学[M].4版.北京:中国农业出版社,2013.
[4] 王侬,过静珺主编.现代普通测量学[M].2版.北京:清华大学出版社,2016.
[5] 林致福,王云江主编.市政工程测量[M].北京:中国建筑工业出版社,2003.
[6] 李生平主编.建筑工程测量[M].3版.武汉:武汉理工大学出版社,2010.
[7] 杨松林主编.测量学[M].2版.北京:中国铁道出版社,2010.
[8] 郑金兴主编.园林测量[M].北京:高等教育出版社,2010.
[9] 范国雄主编.数字化测图[M].北京:中国建筑工业出版社,2003.
[10] 潘正风,杨正尧编著[M].数字测图原理与方法.武汉:武汉大学出版社,2009.
[11] 张培冀主编.园林测量学[M].北京:中国建筑出版社,2008.
[12] 唐来春主编.园林工程与施工[M].北京:中国建筑出版社,1999.
[13] 金为民主编.测量学[M].北京:中国农业出版社,2006.
[14] 卞正富.测量学[M].北京:中国农业出版社,2002.
[15] 陈涛,王文焕.园林工程测量[M].北京:化学工业出版社,2009.
[16] 国家基本比例尺地图图式第1部分:1∶500　1∶1 000　1∶2 000地形图图式:GB/T 20257.1—2017[S].北京:中国标准出版社,2017.
[17] 魏占才.森林调查技术[M].北京:中国林业出版社,2006.
[18] 江苏省测绘局职业技能鉴定指导中心编写.房产测量[M].成都:成都地图出版社,2008.